U0395593

大众科学史

王 滨 著

上海科学普及出版社

图书在版编目(CIP)数据

大众科学史/王滨著. —上海：上海科学普及出版社，
2018.1

ISBN 978-7-5427-7037-0

Ⅰ.①大… Ⅱ.①王… Ⅲ.①自然科学史—世界—
普及读物 Ⅳ.①N091-49

中国版本图书馆 CIP 数据核字(2017)第 294267 号

责任编辑 丁 楠 王佩英

大众科学史
王 滨 著

上海科学普及出版社出版发行

(上海中山北路 832 号 邮政编码 200070)

http://www.pspsh.com

各地新华书店经销 上海叶大印务发展有限公司印刷

开本 700×1 000 1/16 印张 16.5 字数 316 000

2018 年 1 月第 1 版 2018 年 1 月第 1 次印刷

ISBN 978-7-5427-7037-0 定价：48.00 元

本书如有缺页、错装或坏损等严重质量问题
请向出版社联系调换

出版说明

科学技术是第一生产力。21 世纪,科学技术和生产力必将发生新的革命性突破。

为贯彻落实"科教兴国"和"科教兴市"战略,上海市科学技术委员会和上海市新闻出版局于 2000 年设立"上海科技专著出版资金",资助优秀科技著作在上海出版。

本书出版受"上海科技专著出版资金"资助。

上海科技专著出版资金管理委员会

前　言

1997 年，国际象棋世界冠军卡斯帕罗夫与美国 IBM 公司开发的电脑"深蓝"开启了一场世纪人机大战，结果，卡斯帕罗夫以 1 胜 2 负 3 平的战绩败北。与中国人发明的围棋相比，国际象棋招数变化相对有限，对计算机的搜索域要求相对简单，如果让机器来下围棋，其难度显然更大，简直不亚于将人类送上月球。2016 年，由位于英国伦敦的谷歌公司旗下 Deep Mind 公司开发的一款名为 AlphaGo（俗称"阿法狗"）的人工智能"棋手"对弈韩国围棋手李世石，结果"阿法狗"以 4 胜 1 负的绝对优势胜出。2017 年 5 月，"阿法狗"又以 3∶0 完胜中国围棋高手柯洁。难度堪称人工智能"阿波罗计划"的围棋挑战赛，最终还是让一只机器"狗"取得了胜利！

事实上，"阿法狗"的背后是谷歌的研发团队，谷歌是美国高科技公司，"阿法狗"的胜利是美国高科技的胜利。美国用一只"阿法狗"征服了中国的柯洁和韩国的李世石等围棋高手，也折服了全世界。这是美国给世界上的一堂高科技课。这再次表明，美国依然是信息时代的领导者，因为，美国不仅有谷歌，还有苹果、微软、特斯拉以及 Facebook 等一大批引领科技创新的精英和企业。在个人电脑时代，微软是统治者；移动互联时代，我们要么选择苹果系统，要么选择安卓系统，几乎没有其他，美国还是主导者。

科学技术是第一生产力。美国拥有无与伦比的核心高科技，就拥有其他国家难以比肩的竞争力。这是美国作为世界领导者的物质和智慧基础，因为美国有非常雄厚的基础科学和应用科学传统，以及历久弥新的科学教育基础。当互联网彻底改变人类的生活方式时，这也就意味着谁都离不开美国核心技术提供的生活和工作便利。但愿中国的科技能力和科技教育早日领先于世界，未来的颠覆者能够出自中国的高科技公司。在中国开启经济发展方式转型，实施创新驱动发展战略，积极倡导"大众创业、万众创新"的今天，强调科技的力量，点燃大众科普的燎原之火，已经迫在眉睫。

当今，一个国家的整体科技实力和公民科学素质已经成为国力的重要标志。以科技实力和经济实力为主的综合国力竞争，最终更多地体现为公民科学素质或者科学素养的竞争。对此，中国任重而道远。美国科学教育界早在 20 世纪 50 年代就提出了"科学素养"这一概念，认为提高公众的科学素养是提升国家综合实力的关键。这一观点立即得到了其他国家科学教育学者的普遍认同。美国先后推出了《面向全体美国人的科学》（提出加强各年龄段公众科学素养的目标）、"2061 计划"（保证科学素养目标的实现）以及由"2061 计划"所孕育的《科学教育改革的蓝本》，切实把提高全体美国人的科学素养作为重大国策来抓。

各国在制定科学素养目标的同时，也通过各种途径跟踪和了解公众的科学素养状况，其中最常见的途径是开展公众科学素养（Scientific Literacy）调查。1979年，时任美国伊利诺伊大学公众舆论研究所所长的米勒教授，开始尝试在美国进行公众科学素质调查，试图在连续调查中建立对美国成年人（18～69 岁）的科学素质评估体系。他提出的科学素养评价指标包括以下三方面：（1）公众具有认识和理解一定的科学术语和概念的能力，这是理解科学的基础；（2）公众具有理解科学探究过程的能力，具备科学的思维习惯；（3）公众具有全面正确地理解科学技术的社会影响的能力，即能够对人类生活及工作中出现的有关科技问题做出合理的反应。

我国从 1992 年开始，通过抽样问卷的方式，几乎每隔两年也要进行一次公民科学素质调查。到 2015 年已经是第 9 次。2015 年的调查显示，我国具备科学素质的公民比例达到 6.20%，比 2010 年的 3.27% 提高了近 90%，进一步缩小了与西方主要发达国家的差距。位居全国前三位的上海、北京和天津的公民科学素质水平分别为 18.71%、17.56% 和 12.00%，已经达到美国和欧洲世纪之交的水平。但我国区域差异较大，平均而言与发达国家相比仍存在很大的差距，特别是对占较大比重的农村居民而言，该指标从 2010 年的 1.83% 仅仅提高到 2.43%。

2002 年，我国颁布实施了《中华人民共和国科学技术普及法》，中国成为世界上第一个专门为科普立法的国家。2006 年，国务院印发实施了《全民科学素质行动计划纲要》，即"2049 计划"，目标是到 2049 年使 18 岁以上全体公民达到一定的科学素质，使全体公民了解必要的科学知识，并学会用科学态度和科学方法判断及处理各种事务。中国科学技术协会还与科技、教育界专家合作，研究制订公民科学素质标准和实施计划的具体步骤，力图逐步提高我国公民的科学素质。提升公民科学素质的途径很多，传统图书的阅读一直是非常重要的途径，这就要求有越来越多的科学技术史等方面的科普图书问世，并一定要做到"大众化"。

近年来，伴随着世界新科技革命的到来，世界范围内的科学教育改革如火如荼。要说这两年教育界的流行语排行榜，"核心素养"一定榜上有名。"核心素养"这个概念源于西方，英文词是"Key Competencies"。"Key"在英语中有"关键的""必不可少的"等含义。"Competencies"可直译为"能力"，但译成"素养"更为恰当。1996 年，经合组织正式提出了"知识经济"的概念，1997 年经合组织开始发起关于核心素养的研究。显而易见，它要解决的问题是：21 世纪培养的学生应该具备哪些最核心的知识、能力与情感态度，才能成功地融入未来社会，才能在满足个人自我实现需要的同时推动社会发展。欧盟的一个研究小组在 2002 年 3 月发布的研究报告《知识经济时代的核心素养》中,也使用了"Key Competencies"这一概念,并认为"核心素养代表了一系列知识、技能和态度的集合,它们是可迁移的、多功能的,这些素养是每个人发展自我、融入社会及胜任工作所必需的"。

在国际上,与"Key Competencies"同样火爆的一个词是"21st Century Skills",有人将之译为"21 世纪技能"或者"21 世纪能力",从该词所包含的内容看,译为"21 世纪素养"比较合适。"21 世纪素养"的概念起源于美国。2002 年,美国成立了"21 世纪素养合作组织",该组织制定了"21 世纪素养框架",提出 21 世纪最急需的技能是:学习与创新技能,信息、媒介和技术技能,生活与职业技能。其中学习与创新技能,具体包括批判性思维和问题解决能力,交流与合作能力,创造性和创新能力;信息、媒介和技术技能,具体包括信息交流和科技素养、信息素养和媒体素养。

2016 年,我国教育界也提出了中国学生的核心素养,分为文化基础(人文底蕴和科学精神)、自主发展(学会学习和健康生活)、社会参与(责任担当和实践创新)三个方面。

单纯的课堂教育,尤其是以传授知识为主的教育,能够使一个人的核心素养提升吗? 一个人的学科知识只是形成素养的载体,并不能直接转化为素养的。简单的复制、记忆、理解和掌握不能形成素养,而学科活动才是形成学科素养的渠道。学科活动意味着对学科知识进行加工、消化、吸收,以及在此基础上的内化、转化、升华。就一个人的科学知识而言,也同样如此,科学知识只是形成科学素养的载体。那么,如何对科学知识进行加工、消化、吸收呢? 最好的方式之一就是学习科学史,因为科学史已经是后人对科学知识的一种初步加工和重组,特别是大众化的、趣味性的科学史,与传统的专业的科学知识书籍或者教材相比,更能够起到促进加工、转化和消化、吸收的目的。因为只有在历史书中才有故事,才能够做到见物又见人,才会有由浅入深的递进,才会有启示和反思。

除科学素养、科学素质、核心素养的概念不断被提出外,STEM 概念也在国内成为热门。STEM 是科学(Science)、技术(Technology)、工程(Engineering)和数学(Mathematics)四门学科的首字母组合。STEM 教育(STEM Education)也源于美国。1986 年,美国国家科学委员会(National Science Board, NSB)发表《尼尔报告》。该报告是美国 STEM 教育集成战略的里程碑。报告中提出"科学、数学、工程和技术集成(SMET 集成)"的纲领性建议,被视为提倡 STEM 教育的开端。

1996 年,美国国家科学基金会(National Science Foundation,NSF)针对新的形势和问题,对社会各界提出了明确的政策建议。在 21 世纪初,NSF 将 SMET 这一缩写改为 STEM,分别代表科学、技术、工程和数学,体现了教育哲学的变化。2006 年 1 月 31 日,时任美国总统布什在其国情咨文中公布一项重要计划——"美国竞争力计划"(American Competitiveness Initiative, ACI),提出知识经济时代教育目标之一是培养具有 STEM 素养的人才,并称其为全球竞争力的关键。由此,美国在 STEM 教育方面不断加大投入,鼓励学生主修科学、技术、工程和数学,培养其科技理工素养。

2009 年 1 月 11 日,美国国家科学委员会发布致美国新当选总统奥巴马的一封公开信,其主题是"改善所有美国学生的科学、技术、工程和数学(STEM) 教育"。公开信明确指出:国家的经济繁荣和安全要求美国保持科学和技术的世界领先和指导地位。大学前的 STEM 教育是建立领导地位的基础,而且应当是国家最重要的任务之一。委员会敦促新政府抓住这个特殊的历史时期,并动员全国力量支持所有的美国学生发展高水平的 STEM 知识和技能。

2011 年,奥巴马总统推出了旨在确保经济增长与繁荣的新版的《美国创新战略》。该《美国创新战略》指出,美国未来的经济增长和国际竞争力取决于其创新能力。"创新教育运动"指引着公共和私营部门联合,以加强科学、技术、工程和数学(STEM)教育。

自提出 STEM 概念以来,STEM 教育便得到社会各界,包括政治、教育、经济等领域在内的广泛关注。在当今社会,人类遇到的现实问题不是以单一学科的问题出现的,而是科学、工程技术和数学问题的融合,所以要积极推进 STEM 的学科整合,培养复合型人才,能够运用多学科综合知识来解决实际问题。而阅读科学技术史图书,无疑是最好的 STEM 入门方式,它不仅能够激发学生学习 STEM 的兴趣,也为广大教师提供了一个科学普及的切入点。

从历史的角度来看,科学普及一直是科学的重要传统,也是科学不可分割的一部分。正如科学社会学家贝尔纳所指出的:科学不走进大众,总是高高在上的脱离了群众的觉悟,其结果对双方都极为不利。普通大众生活在日益被科技产品覆盖的世界中,却逐渐地越来越不认识制约着自己生活的科技。而科学家因得不到公众的理解,在失去支持的同时也强化了心理上孤立的倾向。这种心理上的孤立并非使科学家成为超凡脱俗的人,而最终可能会导致科学的孤立。

既然科学的大众化是如此必要,那么如何将高深的科学通俗化和大众化正是科学普及要承担的重要使命,从科学史的角度认识科学无疑是科学大众化的途径之一。历史上科学普及事业的发展不断在与时俱进,大致经历了三个阶段:即"传统科普"(Traditional Popularization of Science)阶段、"公众理解科学"(Public Understanding of Science)阶段和"科学传播"(Science Communication)阶段。科学普及由居高临下的单向传播过程变成了科学共同体、政府组织、媒体、教育机构与公众之间的多向互动过程,由少数人的事业变成了一项社会系统工程。在这个系统工程中,科学技术史实际上是最能够体现科学知识、科学思想、科学精神和科学方法四种科学形态的有机融合。

"科学知识、科学思想、科学精神和科学方法"是科学文化的四种表现形态,科学文化作为科学与人文的交融体,对社会进步起到了"治愚思进"的作用。英国科学史学家丹皮尔曾说:"科学并不是在一片广阔而有益于健康的草原——愚昧的草原上发芽成长的,而是在一片有害的丛林——巫术和迷信的丛林中发芽成长的。"这说明科学的发展壮大有赖于科学文化中所蕴涵的与愚昧、迷信、巫术、教条作斗争的精神力量。因此,在社会中营造一种科学文化氛围,不仅可以提高公众的科学人文素养,还有利于鉴别反科学和伪科学现象。从这个意义上说,科学传播也是一种中国特色社会主义文化建设行动,科学传播不仅仅是如很多人理解的功利性的促进经济发展,更是文化意义上的社会文化建设,也是促进文化大发展大繁荣的具体体现。

在从精英文化走向大众文化的今天,科学已不再只是少数精英群体的事业,联合国科教文组织1999年在《科学和利用科学知识宣言》中提出"人人有权参与科学事业"。由此,一方面,科学家向社会公众传播科学知识;另一方面,公众也参与科学知识的创造过程,参与科学政策的制定和科学体制的建立,与科学家一起共同塑造科学的恰当的社会角色,使科学更具有人性,更符合人类追求可持续发展的目标,使科学普及真正成为科学与社会的"血液循环系统"。

正是基于上述认识,本书以"大众科学史"为题,试图将人类漫长的对自然界认识的艰辛历程加以浓缩,将复杂的科学知识进行通俗化的叙述,以便通过阅读本书使更多的大众真心热爱科学、关注科学、支持科学,投身于科学事业之中,为中国的科技事业和公民科学素质的提高做出贡献。

王 滨

2017 年 3 月于同济大学

目　录

第一章

导论——科学的起源及古代科学发展

一、经验知识与科学萌芽

科学伴随着人类文明的产生与发展,可谓源远流长。尽管在很长时期内,科学并不是独立作为一项社会事业而存在的,但人类探索自然的勇气、思想和智慧就是科学的内在基因,探索科学的历史,就要从寻找这些基因开始。今天的人们往往以骄傲的神情看待现代科技成就,而忽视了一个事实,那就是原始人最先开始了人类对自然的探索,从而开始了对自然的理解,并做出了一系列有重大历史意义的发明创造。

大约在二三百万年以前,地球上开始有了人类,从而有了人类在与自然环境斗争中的进化历程。人类在制造工具、进行生产劳动的过程中,逐渐掌握了改造自然的技能,同时,人类最初的科学知识也给这一文明增添了理性的成分,这种理性为文明的发展指出了一种方向,科学技术也有了自己的萌芽形态。

科学是人的认识的一种形式,如同其他各种认识形式一样,它是一种社会现象,是人类社会历史的产物。所谓科学,是指人类在长期的社会历史中所获得和积累的认识成果即知识的总体,以及不断持续的认识活动本身。与其他认识活动相比,科学认识并不在于认识的对象有差异,而是认识方法上的差异,这一差异基于认识发展阶段的差异,而最先进、最高级的认识形式便是科学。

理论、认识、科学归根到底是由实践、生产和技术引发和决定的。人的认识的源泉是实践,人们在实践中首先产生的是经验知识,尤其是生产经验知识,人们把这些知识作为感性认识的直接成果来接受。在原始社会中还没有文字,但这并不等于人类在那时没有自然知识，也不等于那时的自然知识中没有任何科学成分。正如恩格斯在《自然辩证法》一书中所说："随着手的发展、随着劳动而开始的人对自然界的统治，在每一个新的进展中扩大了人的眼界。他们在自然对象中不断发现新的、以往所不知道的属性。"

我们只要分析一下原始人遗留下来的文物，就可以体会出这样的认识。石头是自然界为早期人类准备好的材料，但石头还不等于石器，原始人在石器工具的制作过程中逐步在摸索石头的性质，知道什么石头易于加工，怎样根据不同的用途确定加工的形状和方法，这是人类最初获得的经验知识。原始人在实践中学会保存火种，这也包括着经验知识的积累，他们至少知道了要"养活"火，应当用什么来"喂"它，即哪些自然物可用来作燃料。同样，把黏土制作成器皿，或用树枝条编成框架，并外涂黏土作容器，这已经需要经验知识，黏土被火烧过会变硬的事实启发了原始人去制作陶器，他们在这种制作中不仅会改变自然物的形态，而且会改变自然物的性质。而弓、弦、箭这些复杂的工具包含着奇妙的力学结构和原理，更是原始人手脑结合的伟大创造。

当丰富的经验知识不断地被重复和积累，即当社会生产发展，生产力增长的时候，科学的种子也开始逐渐生根发芽。人们从生产实践中直接产生的只是技术知识，这种知识经过实践的锤炼而变得可靠。然而这还不够，因为人们仅仅靠这些知识本身还不能得到普遍性的认识，即这些知识还不是真正的科学。因为科学是理性精神和求实精神的统一。

二、对自然界的原始认识——原始宗教自然观

著名科学史学家丹皮尔说过：科学是在巫术、神话的"丛林"和工艺、工具的"草原"上发芽成长的。另一位著名科学史学家梅森则说：科学有两个根源，一是技术传统，一是精神传统，这两个传统的汇流产生了一个新的传统，即科学传统。

早期人类在生产劳动中积累着实用经验知识的同时，也发展了自己的智力和思维，同时也有可能尝试对自然现象进行概括性的解释和想象，出现了原始的自然观。原始人刻画在石、骨或角上的线雕画，刻画于洞穴中的壁画，可以看作是当时的人们与自然界较量的写照。原始人刻画的内容除了人自身，多数是动物，而且大多是他们在狩猎中能捕获的大动物，如野牛、野马、鹿等。他们以集体的力量和简陋的工具与大自然作斗争时，一方面逐步认识到人们的生产活动与某些自然现象的联系；另一方面又受着大自然的沉重压迫，对自然界的千姿百态、千变万化得不到正确的理解。特别是日月星辰、风雨雷电、生老病死，都使他们迷惑不解。于是，

恐惧与希望交织一起，他们对许多自然现象做出了歪曲的、颠倒的反映，即将自然现象神化，原始宗教自然观就是这种理解的表现，它是对自然知识的补充，甚至是自然知识的一种特殊形态。原始宗教观念的主要内容是万物有灵论和自然崇拜。许多原始部落都相信雷公、风魔、各种树木的精灵以及山神河怪。在原始人心目中，几乎有多少种自然现象，就有多少要崇拜的神灵。譬如，在新中国建立前还过着原始氏族生活的鄂伦春人仍旧崇拜着得勒钦（太阳神）、别亚（月亮神）、奥伦（北斗星神）、阿丁博儿（风神）、莫都儿（雨神）、阿克的恩都力（雷神）、透欧博加坎（火神）、白那恰（山神）、吉雅其（管狩猎的神）等。

除万物有灵观念外，原始宗教表现形态多为植物崇拜、动物崇拜、天体崇拜等自然崇拜，以及与原始氏族社会存在结构密切相关的生殖崇拜、图腾崇拜和祖先崇拜等。对大自然的崇拜，是原始宗教最早的一种崇拜形式，持续的时间最久，直到人类进入阶级社会后相当长的时期内，仍然盛行不衰。自然崇拜所反映的是人和自然界之间的矛盾。人们崇拜那些神灵，不但由他们生活着的自然环境所决定，而且由他们生产、生活的需要来决定。自然崇拜的神灵大抵有喜和怒两种性格，这实际上是按照人们自我意识仿造的。自然崇拜的神灵地位完全平等，这反映出人们当时经济地位和社会地位的平等关系。

动物崇拜也是原始宗教自然观的内容之一。原始人不了解自己的起源，认为他们是从某种动物转变为人形并获得灵魂的。原始人用各种动物命名氏族，这就是图腾崇拜。例如，澳大利亚土著人把袋鼠说成"我的弟兄"，这就源于袋鼠图腾崇拜。在不少的氏族中，氏族成员不得捕杀或吃掉作为图腾的动物，有的氏族则认为食用图腾动物才能使自己成长并具有灵魂。灵魂不死以及由此而产生的对死者的崇拜，是原始宗教观念的发展，即由认为万物都有灵魂，进而认为灵魂可以脱离万物单独存在，并且会永远不灭地存在。原始人不能解释做梦和死亡，他们认为人在入睡时，是"另外一个我"（灵魂）离开了躯体去活动（进入梦境），当这个面貌相同的"第二重人"返回到躯体时，人就醒了。如果"第二重人"由于某种原因没有回到躯体，人就死去。人死后灵魂仍然活着，而死者（尤其是长辈）的灵魂是活着的人的庇护者和保卫者。

巫术、祭典是原始的宗教仪式。原始人不知道自然界和人怎样相互影响，又希冀按自己的愿望去影响自然界。这就是原始巫术的由来。在原始部落中，为了求雨，人们洒水；为了农作物丰收，妇女们披头散发跳舞。为了祈求神灵息怒，博得神灵的欢心，在巫术仪式上原始人除了要念咒语，还要贡献各种"牺牲者"，这就是原始的祭典。

著名科学史学家丹皮尔在其《科学史》的前言，写了一首序诗，也算是对科学起源的一种注解，诗中写道：

最初，人们尝试用魔咒，

来使大地丰产，

来使家禽牲畜不受摧残，

来使幼小者降生时平平安安。

接着，他们又祈求反复无常的天神，

不要降下大火与洪水的灾难；

他们的烟火缭绕的祭品，

在鲜血染红的祭坛上焚燃。

后来又有大胆的哲人和圣贤，

制定了一套固定不变的方案，

想用思维或神圣的书卷，

来证明大自然应该如此这般。

但是大自然在微笑——斯芬克斯式的笑脸。

注视着好景不长的哲人和圣贤，

她耐心地等了一会——

他们的方案就烟消云散。

接着就来了一批热心人，地位比较卑贱，

他们并没有什么完整的方案，

满足于扮演跑龙套的角色，

只是观察、幻想和检验。

从此，在混沌一团中，

字谜画的碎片就渐次展现；

人们摸透了大自然的脾气，

服从大自然，又能控制大自然。

……

原始宗教自然观包含着许多谬误的东西，但是它毕竟是原始人对自然界的一种理解，是他们对无法解释的自然现象的一种解释。在原始的宗教神秘观念中，一定包含着对自然事物属性的反映；或者说，原始人对自然事物属性的某些认识，是通过当时的宗教自然观来表达的。原始宗教的自然崇拜，乃是对自然事物属性的人格化和神圣化。太阳神能给人带来温暖和光明，也能带来酷热和干旱。雷神会发出轰鸣和闪光，风神来去无踪，盐神能带来咸味，玉蜀黍、豆荚、南瓜这一"三姐妹神"是"我们的赡养者"或"我们的生命"。原始人认为图腾动物同人有亲属关系，这是没有可靠根据的猜想。然而，他们终究提出并在思考着人是从何而来的问题。

同近代的"从猿到人"的见解相比,"袋鼠变人"的原始想象虽幼稚,但并非纯属荒唐。

原始人在长期生产劳动中所积累的实际经验,以及原始宗教自然观中所反映的合理内容,都是原始社会中的自然知识,古代社会的实用科学和自然哲学在原始人那里已有了胚胎、萌芽,并且是原始自然知识的延续。这种传统即使到了文明古国时期仍被保持,这也说明原始宗教是一种人对自然界不能认识的认识,不能理解的理解。

三、文明古国的出现与东方科学

经过几百万年的漫长岁月,人类结束了蒙昧的原始时代,进入了有文字可考的文明时代。人类的自然知识在奴隶社会逐步形成为科学的形态,并得以传播和发展。古埃及、古巴比伦、古印度和中国,这四大文明古国在公元前4000年至公元前2000年相继形成,并各具特色,在科学技术领域都做出了开创性的贡献。当时逐渐形成的数学、天文学和医学,后来在古希腊均得到进一步发展,并达到奴隶制时代科学文化的高峰。古巴比伦、古印度的算术和占星术通过阿拉伯人流传到近代,与日益发达的商业社会的计算需要相适应,导致了近代代数的大发展。中国则独立发展出了技术型、经验型、实用型的科学技术体系,在中古时期孕育出了伟大的四大发明,这四大技术成就通过阿拉伯人传到欧洲之后又促进了西方近代科技的诞生。

位于西亚的底格里斯河和幼发拉底河的两河流域,是世界古文明的发源地之一,希腊人称之为美索不达米亚(意指两河之间的地方)。远在公元前3500年到公元前3100年,苏美尔人在此建立了一批城市国家。公元前1894年,这里出现了古巴比伦王国。

古巴比伦王国在美索不达米亚平原上发展了世界上第一个城市,曾颁布了第一部法典——汉谟拉比法典。古巴比伦城垣雄伟、宫殿壮丽,城内还有被称为世界七大奇迹的"空中花园",充分显示了古代两河流域的建筑水平。古巴比伦的科学以数学和天文学最为发达,计数法采用十进位和六十进位法(如图1-1)。六十进位法应用于计算周天的度数和计时,至今为全世界沿用。在代数领域,古巴比伦人可解含有三个未知数的方程式。在天文学方面,则已知如何区别恒星与行星,还将已知的星体命名。当时的历法为太阴历,将一年分为12个月,一昼夜分为12时,一年分为354日。为适应地球公转的差数,已经知道设置闰月。古巴比伦人在天象观测方面的长期积累,使后来的新巴比伦人能预测日食月食和行星会冲现象,并进一步推算出一年是 365 天 6 时 15 分 41 秒,比近代的计算只多了 26 分 55 秒。

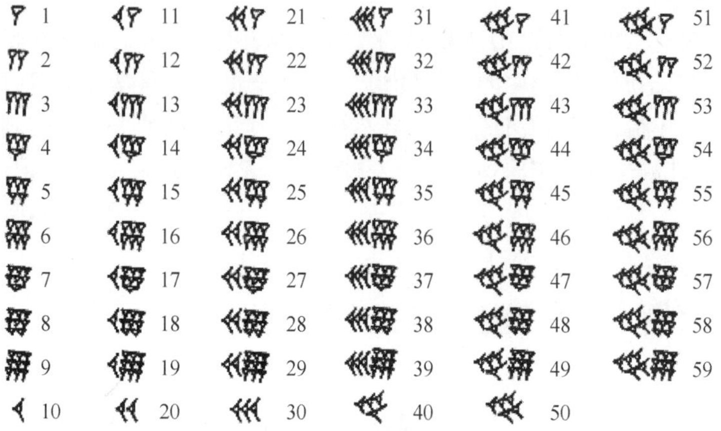

1	11	21	31	41	51
2	12	22	32	42	52
3	13	23	33	43	53
4	14	24	34	44	54
5	15	25	35	45	55
6	16	26	36	46	56
7	17	27	37	47	57
8	18	28	38	48	58
9	19	29	39	49	59
10	20	30	40	50	

图 1-1 古巴比伦的六十进位法数学符号

在公元前 1650 年,巴比伦城曾经遭到一个部落——赫梯人的洗劫,尽管赫梯人最后并没有建立统治,但他们却向西亚传播了一项最重要的发明——铁器。后来巴比伦又被亚述人征服,亚述人所使用的工具也是铁制的武器。亚述帝国是把铁技术和军事技术很好结合起来的一个典范。亚述帝国仅仅存在 100 多年便销声匿迹了,但亚述人出色的军事技术和帝国管理方式,部分地被后期的波斯人,乃至之后的罗马人所采用。公元前 6 世纪,古巴比伦被波斯帝国所灭。

古埃及的文化非常丰富,创造的象形文字对后来腓尼基字母的影响很大,而希腊字母是在腓尼基字母的基础上创建的。此外,金字塔、亚历山大灯塔、阿蒙神庙等建筑体现了埃及人高超的建筑技术和数学知识,在几何学、历法等方面,埃及人也有很大的成就。古埃及的国土实际上就是尼罗河中下游两岸狭长地带。尼罗河谷的农田不必深耕,不必上肥,连杂草也不多生,在土地上撒了种子,用牛拉的原始犁稍微翻起一些土把种子埋上,再赶来羊群或猪群把地踩平,在作物生长期间,人们只加以灌溉就能丰收。这样良好的农业条件使农业劳动所需劳动力数量相对较少,古埃及人能够把大量劳动力投入到其他事业方面。

古埃及拥有相当水准的天文学知识,他们通过观测太阳和大犬座 α 星(即天狼星)的运行制定历法,将一年定为 365 天,每年 12 个月,一个月 30 天,剩余 5 天作为节日。古埃及使用太阳历的做法是世界上最早的,这种历法和我们今天所使用的差不多。古埃及人把一年分为 3 个季节,每季 4 个月,他们还发明了水钟及日晷(即以太阳的倒影来计时)这两种计时器,把每一天分为 24 小时。考古学家发现古埃及人了解许多星座,如天鹅座、牧夫座、仙后座、猎户座、天蝎座、白羊座以及昴星团等。另外,古埃及人还把黄道恒星和星座分为36组,在历法中加入旬星,一旬为10天,这与中国农历的旬的概念类似。

古埃及人最伟大的技术成就是用石头建造成金字塔。今天,在埃及还存在大大小小共80多座金字塔。金字塔是古埃及国王(又称法老)在生前为自己建造的陵墓,最大的金字塔是古王国第四王朝(公元前2700年)国王胡夫的墓,它高146米,底边各长230多米,共用了约230万块磨制过的巨石,每块平均重2.5吨,有的甚至重达15吨。据记载,运石的路铺了10年,造金字塔花了20年,有10万人参加这项工程。胡夫金字塔以其雄伟的身姿还被列入世界十大奇观之一。

这座金字塔有很多传奇故事,其建造之谜至今还没有被完全揭开,比如金字塔位置十分特殊,穿过它的子午线均分地球上的大陆和海洋,金字塔的重心也接近各大陆的引力中心,其高的10倍约等于地球与月亮之间的距离,塔底边和其高的比值乘以2,约等于圆周率。金字塔高的平方等于塔的一个侧面积。这些数据仅仅是巧合还是埃及人数学真的达到了那么发达的水平?这些疑问至今还难以解答。

古埃及人还发明了木乃伊,即长久保存人的尸体的方法。这些尸体能保存数千年是因为它们经过特别的处理。制造木乃伊的人是古埃及的祭司,祭司除了把尸体制成木乃伊外,还需祭祀神明及为法老在墓穴、纪念碑和庙宇的墙上刻上“神碑体”。古埃及人喜欢把木乃伊放入人形的棺木内,而这个藏有木乃伊的棺木被埋葬在墓穴中,考古学家在现今的埃及各地发掘出很多木乃伊,这些发现有助于我们认识古埃及人的面貌及文明程度。

四、逻各斯——古希腊人对自然规律的追问

西方科学源远流长,它深深扎根于西方人文文化之中而产生了西方科学文化。西方科学文化不仅包括技术的、实证的、数学的或逻辑的“形而下”层面,还包括科学的精神、理念、理想和价值观等“形而上”的层面。如果说前者构成了科学文化的“形而下”之“体”,那么后者则构成了科学文化的“形而上”之“魂”。西方科学文化的渊源正是来自于古希腊,即古希腊文化中蕴含的“逻各斯”。

人类在它的历史进程中最早产生的具有严密“学问”的科学,可以说是在古希腊时代。古希腊的先哲并没有停留在对零碎技术知识的积累上,而是建立了系统的逻各斯的科学。当然,这个常被提起的“希腊人的奇迹”也绝不是朝夕之间完成的,已经有了之前东方文明的长期积累,这为古希腊科学准备了各方面内容和原理,只有在东方科学的土壤上才会产生古希腊科学的光荣。

古希腊位于欧洲南部的希腊半岛和附近的一些岛屿。希腊地区的地理特点是近海多山，海岸线曲折多湾，岛屿星罗棋布。它的地理位置使它容易接近古代东方文明，古希腊人渡海向南经过克里特岛可以到埃及，向东从小亚细亚半岛可以到达巴比伦等国家。在公元前2000年左右，克里特岛上出现了奴隶制国家，这是古希腊最早出现奴隶制国家的地方。当克里特势力扩展到希腊本土的时候，希腊半岛南部出现了可以和克里特相对抗的迈锡尼王国。公元前1450年到前1400年期间，迈锡尼战胜克里特，迈锡尼文化逐渐代替克里特文化。大约在公元前12世纪末期，由于希腊北部原始部落的入侵，迈锡尼文化遭到毁灭。希腊又处在从原始社会向奴隶社会过渡的阶段。公元前8世纪，雅典等奴隶制国家建立起来，希腊历史开始了一个新阶段。雅典等奴隶制国家建立和发展的时候，也是铁器推广的时候，社会发展和技术发展步调一致、相互促进。这便是古希腊迅速赶超古埃及、古巴比伦和腓尼基等国，后来居上的重要原因之一。

古希腊独特的经济和政治状况，促进了科学技术和哲学的发展。科学文化的形而上层面蕴含着多元的理想追求，其核心是以理性的方式探究自然规律。不同于巫术、宗教和神话等前科学或非科学的人类文化，古希腊科学文化的理性内核蕴含着如下基本的信念：第一，在宇宙表面无序而多样的现象背后，存在着普遍、统一而稳定的秩序和规律。第二，在宇宙的实际运行中，起决定作用的并非是超自然的原因，而是物理的原因。因此，人类能凭借自己的理性探究支配自然运作的物理原因。第三，为理性所领悟的自然知识能通过语言而得到有效的交流和沟通，借助于理性知识，人类得以超越自身的局限。

逻各斯（希腊语为λογοσ）是古希腊人提出的重要哲学概念。事实上，逻各斯是一个含义相当复杂而丰富的概念。第一，逻各斯确立了宇宙中普遍有效的本体秩序和规律。古希腊哲学家赫拉克利特最早使用了这个概念，认为逻各斯是一种隐秘的智慧，是世间万物变化的一种微妙尺度和准则。对赫拉克利特来说，逻各斯是支配着包括自然世界和人类世界在内的宇宙的普遍规律，该规律不以时间和空间的变化而变化。斯多亚学派是逻各斯的提倡者和发扬者。他们认为，逻各斯是宇宙事物的理性和规则，它充塞于天地之间，弥漫无形。柏拉图和亚里士多德虽然并未使用逻各斯这个概念，但是柏拉图思想中的"理念"就可以视作"逻各斯"这一概念的变种。逻各斯虽然不存在于中国语境中，但是"道"对中国人来说却并不陌生。"道"就是自然规律和法则。但老子说"道可道，非常道"，似乎认为"宇宙大道"是无法"言论"的，只可意会。第二，逻各斯肯定了人类的智慧可以超越自身的有限性而把握宇宙间的各种规律。尽管赫拉克利特对普通民众的理性能力没有什么信心，但他并没有主张用超自然的力量来解释宇宙，仍然肯定少数出类拔萃者的智慧和理性拥有领悟逻各斯的能力。

图 1-2　古希腊的智者

　　古希腊学者的自然知识通常是与哲学观点交织在一起的,他们既是哲学家,又是当时的自然科学家。因为早期的自然科学还没从哲学中分化出来,或者说,古希腊的自然哲学乃是古代自然科学的一种特殊形态。古代自然哲学中有许多错误的东西,也有不少合理的知识和包含着合理成分的猜测。恩格斯说过:"在希腊哲学的多种多样的形式中,差不多可以找到以后各种观点的胚胎、萌芽。因此,如果理论自然科学想要追溯自己今天的一般原理发生和发展的历史,它也不得不回到希腊人那里去。"

　　古希腊最伟大的思想家和科学家是亚里士多德。他生活在雅典末期,早年是柏拉图的学生,以后曾是马其顿王亚历山大的老师。亚里士多德不像柏拉图那样鄙弃自然研究,而是倡导积极接触自然、研究自然规律,他是古希腊自然哲学的集大成者;他也不像柏拉图那样只是崇尚思辨,而是重视观察、分析和实验性的活动(如解剖),在亚里士多德的著作中就体现出了自然哲学和经验知识的早期结合。亚里士多德是古希腊学者中最博学的人,是古代的百科全书式的自然科学家,也是对近代自然科学影响最大的古代学者。他的著作甚多,在自然科学方面主要有《物理学》《论产生和消灭》《天论》《气象学》《动物的历史》《论动物的结构》等。

　　科学的发达使技术发明有了科学的指导。在希腊化时期出现了一位著名科学巨匠,名叫阿基米得,他受埃及人用沙杜夫杠杆提水的启发,提出了杠杆原理,他还发明了提水螺旋。另一个家喻户晓的传说是他为了鉴别工匠们给叙拉古国王做的王冠是否是纯金的,发现了浮力定律。杠杆定律和浮力定律是古代力学最伟大的成就,也是后来机械设计和船舶设计计算最基本的科学基础。

公元前2世纪中叶,意大利半岛的罗马人征服了古希腊,建立了罗马帝国。罗马人虽然接受了古希腊的科学遗产,但是罗马帝国出于征战和王公贵族的需要,对科学发展不重视,并对古希腊科学抱有一种轻蔑的态度。罗马时代在科学上日趋衰落,但在实用技术方面却取得了突出的成就,特别是在建筑、水利、公路建设等方面都有重大进展。

五、中国古代科学进展

中国是世界文明发源最早的国家之一,在长期的发展中,创造了灿烂的古代文化。中国古代的科学技术成果作为中华民族灿烂文化的一个重要组成部分,同样有着惊人的辉煌历史,并处于当时那个时代的世界最前列。中国古代的科技成果不仅对于中华民族几千年来屹立于世界民族之林做出了重大的贡献,而且对东方乃至西方各国科技的发展都产生了重要影响。

我国古代科学技术的发展,特别是科学思想的发展,既有连续性,又显示出阶段性高潮的特点。我国古代社会从夏、商、周、春秋战国直至清末,持续数千年,一直绵延不断,既不曾发生过像罗马帝国那样中断无继的历史悲剧,也不曾经历西欧中世纪的黑暗时代。这就使我国古代科学技术的火种得以世代相传、科技成就连续积累,并在这个基础上走向自己的巅峰。

然而,在漫长的历史长河中,春秋战国、两汉(尤其是东汉)与宋元(尤其是北宋)时期,中国古代科学技术的发展基于政治、经济、文化、社会等方面的内外因素又都显示出阶段性的高潮。春秋战国时期可以说是我国古代科学技术的全面奠基时期,也是第一次大发展时代,由于新兴封建制度优于奴隶制度,其成就不仅赶上而且超过了早期科学技术最发达的古希腊。

两汉时期是我国古代科学技术发展的又一高峰期。一方面,由于科技本身经过了春秋战国的长期酝酿、积累和实践,到这时达到了量变足以引起质变的地步;另一方面,则是社会政治上的统一与安定,经济的恢复与持续发展,为科技活动和科技新高潮的到来创造了良好的外部条件。它呈现出科技人才辈出,科技著作大批问世,科技成果辉煌,科技对生产的渗透与协调日益显著等诸多特点。

宋元时期是我国古代科学技术达到高度发展阶段的又一高潮时期。我国的科学技术自两汉而后，经魏晋南北朝的充实和提高，到隋唐五代技术发展，并呈现一个继续高涨的趋势。这种趋势因宋元时期经济发展、文化昌盛、理学形成、战争和其他需要而得到强化。统治阶级为满足自身、政权和社会对科学技术的多方面需要，通过完善教育体系，举行多元化考试，奖励发明创造和培养扶植科技人才等措施，助长、推动和促进了科技的发展，而安定与富裕的社会环境和发达的出版业则又提供了良好的研究条件。怀疑、探索、创新的学风催促知识分子中具有务实思想的人考察和研究自然事物以及如何使之有利于国计民生。国内各民族之间的文化交流与国外的文化交流，也加速着科技的发展。这一切使宋元时期成为中国古代科技发展的黄金时代，不论天文、地学、生物、数学、物理、化学均有突出成就。明清时期虽相对于之前发展势头明显下降，但明末清初中西科学成就交融与会通的起步以及清代传统科技仍然缓慢推进也是清晰可见的。

《中国科学技术史》是英国剑桥大学学者李约瑟教授的鸿篇巨著。全书共分七卷，内容包括：我国有史以来的地理和历史情况（第一卷），科学思想的发生和发展（第二卷），数学、天文学、地学（第三卷），物理学、工程技术（第四卷），化学、化工（第五卷），生物学、农业、医药（第六卷），以及这些学科得到发展的社会背景（第七卷）。仅仅以各分卷的主题情况看，这部书就称得上是中国古代科学技术的百科全书。

李约瑟考察中国古代科技史料时，特别重视宋代。不管在应用科学方面或在基础科学方面都是如此。特别应该提及的是中国古代的水利工程成就以及它们的扩大应用，如闸门和新的测量仪器等。在宋代，至少有496项水利工程收到了效果，而唐代只有91项。在建筑方面，李诫在公元1103年出版的《营造法式》是中国建筑工程的经典著作。宋代的代数学达到了古代中国的最高峰。当然，宋代对人类作出最大贡献的还是化学——发明了火药。宋金之战便是火药的第一个试验场。最迟在公元1000年左右，宋代人就已经用弩炮来发射"炸弹"了。在公元1040年左右出版的《武经总要》一书中，就已确定了"火药"这一名称，并且记载了抛射武器、毒气和信号弹、喷火器等一些大大小小的新发明。

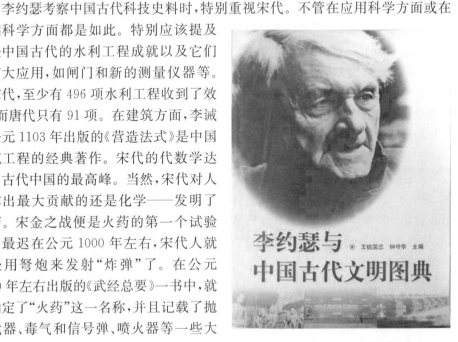

图1-3　李约瑟与中国古代文明图典

我国古代另一项伟大发明——活字

印刷术，也出现在这一时期，沈括在《梦溪笔谈》里详细记载了活字印刷的发明人及工作原理。中国古代的另外一项伟大发明，也在这部书里有了最早的描述，那就是罗盘。《梦溪笔谈》是一部详尽的科技著作，其中科学的内容占全书 3/5，包括许多天文学、数学以及化学方面的记载，还包括凸雕地图和制图方面的注意事项，此外还有冶金方法的描述以及占很大篇幅的生物学观察。

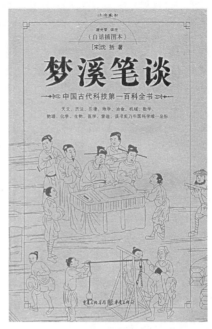

图 1-4　梦溪笔谈

如果说中国古代存在一种具有独特特色的学科，并且在现代还有发展的话，那就是中医药学。从第一个著名中医扁鹊、第一部医书《黄帝内经》开始的中医药传统，有一条明亮夺目的发展轨迹，到明代出现了一个总结性的人物李时珍，他的《本草纲目》无疑是明代最伟大的科学成就。李约瑟指出，李时珍在与伽利略、凡萨利乌斯（16 世纪德国名医，现代解剖学的奠基人）的科学运动完全隔离的情况下取得如此辉煌的成就，这对任何人来说都是难能可贵的。《本草纲目》共 52 卷，详细叙述了约 1 000 种植物和 1 000 种动物，并说明它们在药用上的价值。李时珍还在书中非常精确地描述了蒸馏法及其发展历史、预防天花的牛痘接种，水银、碘、高岭土和其他物质在治疗中的用途等。

同时，由于我国古代的封建经济主要是农业经济，国家又采取重农抑商的政策，因此，与农业关系密切的学科，如天文学、农学、地学、医学等在中国古代都得到较大的发展。先秦以来，一直强调以农为本，编制历法、授民以时正是历代王朝必须从事并给予极大关注的重大事项。比如作为地学分支之一的气象学，远在 3 000 多年前，在我国殷商时期的甲骨文中，就有关于天气实况的记录，《卜辞》

图 1-5　本草纲目

里还表达出人们已有预知天气状况的要求，这些都和当时农业生产的需要相适应。水利工程与水文知识的发展同样与农业灌溉、防止水患侵袭、保障皇粮军粮运输等需求紧密相连，正因为这样，都江堰、郑国渠、龙首渠、黄河大堤、海塘等我国古代水利工程都是闻名世界的杰作。与这些学科不同，一些与手工业生产关系密切的学科，像力学、物理学等都不像与农业关系密切的学科那样发达，也不成体系。

李约瑟在他有关中国古代科技史的著作中，不仅探讨了具体的古代科技成就，还讨论了中国哲学中科学思想的发生和发展问题。他认为，中国人已经用自己的历史证明，中国人在较早时期至少是和古希腊人一样善于推测大自然的法则。中国没有产生亚里士多德那样的人物，只是因为阻碍现代科学技术在中国发展的那些因素，早在中国可能产生亚里士多德那样的人物以前，就已经开始起作用了。虽然中国人总是运用原始型的理论与假说，但那些经验性的发现和发明，还是对世界的历史产生了深远的影响。这是因为中国人很善于计划并能进行有用的实验来进一步改良技术。很清楚的一个事实是，中国社会发展技术的有利条件虽然少于文艺复兴以后的欧洲社会，但中国古代却取得了比古代地中海地区奴隶制的城邦文明或封建时代的欧洲文明大得多的成就。欧洲从中国汲取的技术极为丰富多彩，可是在公元1～14世纪，欧洲人往往完全不知道这些技术的来源。

无论是西方人还是中国人都发现古代中国人具有惊人的科学创新精神、突出的技术成就和善于思考的洞察力。既然如此，为什么现代科学诞生在西方？为什么伽利略、哈维、牛顿等伟大科学家也诞生在西方，而不是诞生在中国或亚洲其他任何地方呢？李约瑟在全书的最后部分提出了这个问题。这个问题后来被称为"李约瑟难题"，直到今天，大批学者还在试图对这个难题给出自己的解答。

其中一个重要的解释是，在中国古代，以满足封建自然经济和统治阶级生活等需要为目的的实用科学技术得到优先发展，而离实际较远的、基础性科学研究明显落后，后者正是西方哲学家所追求和擅长的。我国古代科学技术发展在封建社会初创的秦汉时期就形成了自己的独特性。从建立与巩固新的封建秩序出发，要求科学技术直接为发展生产服务就成为必然的事，因此它更多地具有实用性的色彩。实用科学特别注重生产实践和直接经验，注重工艺过程、工艺方法和实际操作的效益，具有实际经验的古代工匠、文人、医生对实用科学作出了巨大贡献。实用科学把研究的最后落脚点放在应用上，如把天文学的研究建立在观测的基础上，以便更好地为修订历法服务。中国传统数学在古代形成了以计算见长，以解决实际问题见长的体系。各项技术的发明则直接同工程建设、工农业生产工具的改进、军事工程设施、武器的改进联系在一起，因而其实用性、应用性更加突出。由于封建社会绵延2 000多年，中国科技在秦汉时期形成的这种特色，也就被进一步固定化，几乎成为一种前后继承的固有模式。

从总体上和主导方面来看，中国古代科学技术基本上属于经验科学。由于在延续2 000多年的中国封建社会中，自给自足的小农经济一直是社会生产的基础与主体，它对科学技术能提供的经验往往是片断而零星的，不可能有其系统性，这样，在这个基础上进行的科学抽象当然多数也就只能是经验性的；同时在这样的社会生产条件下，为科学实验与观测所提供的仪器设备，总的讲也必然是既有限又简陋的，这就使人们对自然现象的观测受到限制，对其本质的揭示只能停留在描述阶段。而这种情况，与着眼于实用要求，特别关注工艺技巧与可操作性是密切相关的。

重视经验而忽视理论抽象的传统在很大程度上限制了中国古代科技向高级形态的发展，这一缺点在中国古代实用科学体系终于走到了经验科学形态的尽头之后便暴露出来，它使中国古代科学迟迟难以过渡到近代科学形态。

此外，中国古代的科学发展更多是由官办所主导。几千年来，天象记录、历法编制都是连续不断，代代相传，和它相关的大型天文仪器的研制，大规模的天体测量，水利工程的兴建与治水理论的探讨，地理志的编纂，一些大型药典的修撰等方面都是在"士"的积极参与下由统治者组织庞大人力、物力来完成的。另外，技术的绝大多数精华也都掌握在官办企业及其人员手中。《考工记》《武备志》《营造法式》等技术著作也都是在官办情况下编纂完成的。对各门科学技术有重要贡献的著名科学家或技术专家多数人又均出身于官僚世家，而本人也都是时任的高官。

值得肯定的是，中国古代科学技术成就几乎全是中国人自己独自创造出来的，这一点与古希腊科学技术的发展不同，古希腊的早期科学如几何学、天文学中的很多东西是从两河流域文明古国那里学来的。正是这种独创的科技成就的长期发展、历代继承才形成了中国古代的科学技术体系。李约瑟在他的《中国科学技术史》的序言中曾对此做出了公正的评价，他说："中国的这些发明和发现往往远远超过同时代的欧洲，特别是在15世纪之前更是如此（关于这一点可以毫不费力地加以证明）。"

中国古代科学技术从春秋战国时期开始逐渐赶上其他文明古国，继而在长达千余年之久的"大一统"封建社会的兴衰时期持续发展并始终处于世界领先地位。

第二章

数学科学的历史

一、人类对数的认识

❶ 数字与计数法

与许多其他科学一样,数学也是从离我们极其遥远的人类生存时期开始的,那个时期未曾留下任何书面的文献,因此最基本的数学概念在人类发明记录自己思想的符号和文字之前很早就产生了。

数是我们生活中表示一切数量关系的尺度。因为数量变化在大多数的数学关系中具有重要的意义,所以我们追溯人类数学的发展,首先要追溯人类对数量变化的认识。人类从"多"这个概念中,分出"一"的概念,这被认为是人类经过最困难的阶段才产生的数的概念。分出"一"的概念,想必发生在人类处于低级发展阶段。人通常总用一只手拿一件物品,这便把"一"从"多"中分了出来。因此,计数的开端就建立了由一和不确定的多这两个概念构成的计数。对于"二"的出现,可能是由于用双手各拿一件物品。在计算的初级阶段,人们把这个概念与双手中各有一件物品联系起来了。表示"三"的概念时则遇到了难题:人没有第三只手。当人们领悟到可以把第三件物品放在自己的脚边时,这道难题也就解决了。这样,"三"的特征就是举起双手和指定一只脚。由此比较容易地将"四"的概念区分出来,因为一方面两只手与两只脚形成对照,另一方面能够在每只脚边各放一件物品。在发展计数的初级阶段,人们还绝对不会使用数的名称,在表达数字时,古人或者用实际拿在手上或放在脚边的物品,或者就靠相应的身体动作和手势。

计数的继续发展,与当时人类狩猎和捕鱼等生产方式有关。为了从事这些生产,人们不得不造出简单的工具。此外,人们进入寒冷地带,就迫使他们制作衣服和创造加工皮毛的工具。原始公社社会随着对食物、衣服和武器作适当的分配,迫使人们以某种方式对公共财富进行计算,记数于是逐渐地形成。为占领新领土,他们不得不对与之战斗的敌人的力量和其他方面做出统计。计算的过程已经不能停留在"四"上,应当不断地发展。

在发展阶段中,人们抛弃了必须将被数的物品拿在手中或置于脚边的做法。数学中发生了第一次抽象,这就是把一些被数的物品用另外某些彼此同类的物品或标记来代替:如用小石块、贝壳、核、绳结、树枝、刻痕等。根据彼此一一对应的原则进行这种计算,也就是给每个被数物品选择一个相应的东西作为计算工具(如一块小石子,细绳上的一个结子等)。这种计算方法的痕迹至今在许多民族中还保留着。有时候为了不致丢失这些简陋的计算工具,就把它们串在细绳或小棒上。到后来就导致人们发明出更有效的计算工具——算筹和算盘。

当人们领悟到离自己最近的和天生的计算器——自己的手指时,计算的发展才大幅度地加快了。在现代汉语中,保留着"屈指可数"这样的成语,各国的小学生开始学习计算时,几乎无一不是从扳手指数数开始的。手指参加计数和计算时,人们很容易越过了数"四",因为当开始用一只手上的所有手指计算相同的个体时,就能够一下子把数数到五。计算的继续发展要求计算工具更加复杂,人们在开始使用第二只手的手指时,找到了这方面的出路。之后又扩展到使用自己的脚趾,因为对不穿鞋子的部落原始人来说,利用脚趾是很自然的事。

现代世界各民族大都用十进制来计算,可能与人手指有着某种内在的联系。二进位制被认为是最古老的记数法。它出现在人们还没有用手指进行计算的时候,也就是在一只手是低级单位,一双手和一双脚是高级单位之前的时候。我们甚至到今天还可以在高度发展的民族中找到二进位制记数法的痕迹。比如说,人们有时希望用一双、一对来数数。中国的算盘上档串两个珠,下档串五个珠。上档两个珠代替高一位上的下档的一个珠。此外,在中国的《易经》所记载的一套记号里也能发现这个二进位制痕迹。易经中用八卦代表自然现象,两卦相叠成"复卦",一共有64种,代表物与物之间的作用,有了作用,就产生变。这"八卦"每一个图形都由完整的线段和分成半的线段组成(如图2-1)。

图2-1 中国古代八卦图

这种记号在很长时间里无法被解释,直到17～18世纪著名的哲学家和数学家莱布尼茨才揭开这种记号的意义。他解释说,《易经》的图形表示从零开始的前 64 个数,所记录的是二进位制。一条完整的线段表示 1,中间断了的线段表示零,并且下面的线条总是与我们所写的二进位制右面的数字相对应,例如最上卦"坎"的图形线段表示数 010。当然也有现代数学史学家对莱布尼茨的这个解释提出异议。

❷ "几何"概念的产生

在人们的生活需求普遍增长的同时,人类社会中紧密依赖于生活的要求也普遍增长,除记数和计算以外,人的思维和实践活动的另一个分支也逐渐发展,即人们发明了各种度量和测量的方法。人们对周围的物体及其形状的观察和各种测量方法的发展,则促进了数学的另一个分支——几何学的产生。几何概念起源的历史,就它的性质而言,与产生数和计算的历史一样久远。人们产生最初的空间认识也可以追溯到史前时期。每个人从自己诞生起就处在大自然环境之中,在与大自然的直接接触中,会不由自主地开始感到每个物体的个别特性。人们从这种环境中获知了最初的几何形式和最初的几何图形。

他们不得不在数百甚至数万次来往中力求发现最短的道路,就这样,人们渐渐地产生了直线的概念。当人们不得不制造最简单的狩猎武器——绷紧绳子的弓时,直线的概念就更为明确了。每当人们经常在开阔的牧场上和草原上时,在他们的视野中展现出天空与大地的分界线,这就在无意之中形成了圆周和以它为界的圆的概念;他们还在其他情况下遇到过类似的轮廓,如看到天上太阳和月亮的圆盘,而后来正是他们制成了圆形的车轮和器皿。因此,人们在制造日常生活中必不可少的物品时,逐渐地熟悉了他们努力模仿的各种形状。

因此,人们最初的几何概念基本上不是靠对周围客体简单的直接观察,而是借助于满足自身必需的生活要求的实际活动产生出来的。甚至在许多情况下,自古以来保留在几何学里的术语都可证明这一点。例如,单词"点"——几何学中的基本概念——是从拉丁语"Pungo"翻译过来的,意思是"刺""触动"。单词"线"来自拉丁语"Linea",意思是"亚麻""麻线";有时候这个词作为"直线"理解,并从这里产生了画直线所用的工具的名称——"尺"。

二、中国古代的数学成就

❶ 中国古代的数学名著

在中国,数学的发生和发展与生产实践有关。数学总是致力于解决一些实际问题，比如，土地的丈量、谷仓容积计算、堤坝和河渠的修建、税收等，而纯数学的运用场合则很少。因而古代中国仅有算术（计算之术）而没有数学（有关数的学问），纯粹的数学家不多，从事数学研究的人总是同时还在进行其他研究或从事其他职业。比如祖冲之就任过南徐州迎从事、娄县县令、谒者仆射等官职，还当过南齐王朝的长水校尉。

尽管这样，中国古代还是为我们留下了极其丰富的数学遗产，其中也不乏对纯数学发展极为有益的内容。直到明朝中叶以前，在数学的许多分支领域，中国一直处于世界领先地位。现在所知的中国最早的数学著作是《周髀算经》和《九章算术》。在《周髀算经》中，记载了一段被尊为古代圣人的周公与一位名叫商高的数学家的对话，在对话中就提到了西方称为毕达哥拉斯定理的一条定理，也就是"直角三角形斜边平方等于两个直边平方之和"，所以这个定理在中国也称商高定理。书中还有记载陈子和荣方两人的对话，他们谈论日影，估计在不同纬度上日影的长度差，同时谈到用窥管测量太阳直径的方法。书中还载有与太阳周年运动有关的计算，提到利用水平仪来取得测日影所需要的水平面，还列出了一年中各个节气的日影长度表。

和《周髀算经》几乎同时，还有一部数学著作，科学史上称为《九章算术》。[①] 比起《周髀算经》，《九章算术》中的数学水平要进步得多。《九章算术》共包含九章，246 个问题。内容主要包括：（1）土地测量；（2）百分法和比例；（3）算术级数和几何级数；（4）处理当图形面积及一边长度已知时求其他边长的问题；（5）立体图形（棱柱、圆柱、棱锥、圆锥、圆台、四面体等）体积的测量和计算，实际计算的有围墙、城墙、堤防、水道和河流等；（6）解决征收税收中的数学问题；（7）过剩与不足的问题；（8）解方程和不定方程；（9）直角三角形的性质。

《九章算术》对中国古代数学发生的影响，正像古希腊欧几里得《几何原本》对西方数学所产生的影响一样，是非常深远的。很长一段时间里，它一直被直接作为教科书使用。古代日本、朝鲜也都曾用它作教科书。历代学者都十分重视对这部书的研究。在欧洲和阿拉伯的早期数学著作中，过剩与不足问题的算法就被称为"中国算法"。在中国古代，著名的数学著作当然不只上述两部，从汉代到唐代，虽然许多算书都失传了，但现在仍知道曾有包括上述两种书籍在内的十余种书籍，如《孙子算经》《夏侯阳算经》《缀术》等。其中书中提到的一些数学名词一直沿用到今天，如：分子、分母、开平方、开立方、正、负、方程等。也许人们还不知道，这些今天极普通的数学名词，有的已经有两千多年的历史了。

---

① 有人认为《九章算术》比《周髀算经》的成书年代还要早，但一般认为它们的年代差不多。

② 祖冲之与圆周率

有一种数,在数学上称为无理数,即无限不循环小数,这种数无论计算到小数点后多少位,都无法找出它的重复循环部分,圆周率 π,即圆周长与直径之比就是这样一种数。这是无法用有限次加减乘除和开方等代数运算求出来的数。正因为如此,古人在解决圆周长、圆面积、球体积等类问题时,就遇到了计算 π 值的问题,从那时起到现在,π 值已经计算到小数点后几百万位了,还没有算完,当然也不会算完。

虽然如此,π 值还是越来越精确化了。起初,人们采用的圆周率是"周三径一",即周长是直径的三倍,π 值取作 3。这个数值当然相当粗糙,用它来进行一般计算都会产生相当大的误差,更不用说进行天文、地理的测量和计算了。

随着生产和科学的发展,对 π 值的要求越来越精确。人们开始探索圆周率的计算。公元 1 世纪,中国制造的律嘉量斛——一种圆柱形标准量器,它取的圆周率是 3.154 7。东汉天文学家张衡,在《灵宪》一书中取 $\pi = \dfrac{730}{232} \approx 3.146\ 6$,又在球体积中取 $\pi = \sqrt{10} \approx 3.162\ 2$。三国时吴国人王蕃在《浑仪论》中取 $\pi = \dfrac{142}{45} \approx 3.155\ 6$。这些 π 值虽然比早期取值精确,但还都是经验的结果,而不是通过严格、科学的理论计算得出的,这些先辈都没有给出 π 值的理论计算方法。

魏晋之际杰出的数学家刘徽,在计算圆周率方面做出了突出的贡献。刘徽在公元 263 年注释古书《九章算术》,并撰写《重差》一书。《重差》一书在唐朝称为《海岛算经》。在为《九章算术》作注时,刘徽正确地指出,"周三径一"不是圆周率的值,实际上是圆内接正六边形周长和直径的比值。用这样的圆周率计算圆面积,算出的不是圆面积,而是圆内接正十二边形的面积。刘徽发现,当圆内接正多边形的边数增加时,多边形的周长就越来越逼近圆周长。这样的发现启发他创立了割圆术,为计算圆周率和圆面积建立了相当严密的理论和完善的算法。

刘徽认识到:"割之弥细,所失弥小,割之又割,以至于不可割,则与圆合体而无所失矣。"这就萌发了极限的思想,多边形边数无限增加时,它周长的极限就是圆的周长,它面积的极限就是圆面积。刘徽从圆内接正 6 边形算起,边数逐步加倍,相继算出内接正 12 边形、正 24 边形,直至正 96 边形的每边长,并求出正 192 边形面积 $S_{192} = 3.14$(这就是有名的"徽率")。这相当于求得 π = 3.141 24。刘徽又继续求下去,直求出圆内接正 3 072 边形的面积,验证了前面的结果,并且得出了更精确的圆周率值 $\pi = \dfrac{3\ 927}{1\ 250} = 3.141\ 6$。

刘徽割圆术的创立，从理论上为计算圆周率探索出科学的方法，到了南北朝时期，中国出现了一位杰出的数学家，他的名字叫祖冲之。公元 429 年，祖冲之生在现在的河北省涞水县。祖冲之在数学上的巨大贡献是对圆周率的精确计算。他利用刘徽的割圆术，在小数概念还处在萌芽的时代，设圆的直径为 1 亿丈，以惊人的勇气和毅力，用简陋的算筹完成了大量极其复杂的计算，精确地求出圆周率 π 的值为：3.141 592 6＜π＜3.141 592 7。

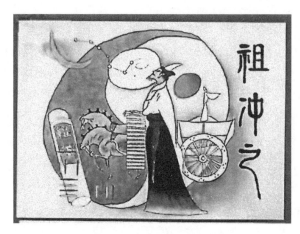

图 2-2　数学家祖冲之

这个计算把 π 值推算到小数点后 7 位，取得极为准确的结果，在当时乃至于以后的 1000 年中都是相当先进的。直到 15 世纪阿拉伯数学家阿尔·卡西和 16 世纪法国数学家维叶特才又把 π 值向更为精确的数值推进了一步。祖冲之是无愧于文化名人之称的，因为要把 π 值准确计算到小数点后 7 位，需要求出圆内接正 12 288 边形的边长和 24 576 边形的面积。这是一项非常艰难繁杂的工作，只有纯熟的技巧，深厚的理论，坚韧不拔的毅力，才能取得这样的成就。

春秋战国时代，中国人发明了世界上第一个人工计算器——算筹。算筹是一些几寸长的圆形小棍，依材质不同，有竹筹、木筹、骨筹、玉筹和牙筹等。它与天然的计算工具不同，它不是用筹的多少表示数，而是采用一定的排列方式表示数的大小。它按个、十、百、千、万……一位一位地分布，表示一个千位数，只用四根算筹就可以了。祖冲之就是利用算筹计算出了当时最精确的圆周率值。他用算筹计算12 288 边形的边长时，进行了包括乘方、开方和四则运算在内的 130 多次复杂的计算。单是把一个 9 位数开方，就要进行 22 次计算，这些计算全部用算筹摆开，起码要放好几个大厅。

祖冲之还确定了两个分数形式的 π 的近似值,它们是:$\pi = \dfrac{22}{7} \approx 3.14$,这个结果称为"约率";$\pi = \dfrac{355}{1\,137} \approx 3.141\,592\,9$,这个结果称为"密率"。约率和密率是用分数来逼近 π 值的两个结果。其中密率是祖冲之独立提出和首创的,密率的近似程度也是相当高的,所以,国际上曾提议将"圆周率"定名为"祖率"。祖冲之也被列入世界文化名人。近年来,人们对月球上的环形山加以命名,其中一座就被冠以祖冲之的名字。

三、古希腊的数学成就

❶ 古希腊数学家——毕达哥拉斯

如果有人问你:直角三角形中两个直角边的平方之和等于斜边平方,这是什么定理? 你一定会不假思索地回答:勾股定理。不错,这是勾股定理,中国人早在秦汉时期就已经知道这个定理了。但是这个定理还有一个名字,在西方,人们都称它为"毕达哥拉斯定理"。毕达哥拉斯这个名字,除了同这条定理联系在一起以外,还是早期古希腊的科学和哲学学派之一,即"毕达哥拉斯学派"。

毕达哥拉斯生于公元前 582 年。他父亲是一个有钱的商人。他想让儿子受到良好的教育,便请了当时著名的菲罗西德斯和赫摩达摩斯两位老师来教毕达哥拉斯。毕达哥拉斯是一位天才少年,在很短时间里他的数学和哲学程度就超过了老师。于是,毕达哥拉斯 20 岁时,怀着理想和好奇心来到了古巴比伦进一步求学。古巴比伦是世界四大文明古国之一。在古希腊还处在野蛮时代时,古巴比伦的文化就已经很成熟了。在古巴比伦他学到了许多知识,但他并不满足,毕达哥拉斯接着又来到另一个文明古国——古印度。结束了在古印度的学习后,毕达哥拉斯又到了古埃及。从古埃及的祭司那里,他学习了几何学。相传,毕达哥拉斯定理就是他在古埃及发现的。

毕达哥拉斯返回故乡古希腊时,已经是一位 53 岁的老人了。他把从东方学来的佛教思想融进了自己的生活。他组织了一个盟社,盟社的三个基本要求就是节戒、清静、默思,即要求人们清心寡欲,使自己从生命的漩涡中超脱出来,进行宗教般的思考。这个盟社对数异常崇拜,说明他们对周围生活现象进行了观察,同时给数贴上了神秘的标签。例如,毕达哥拉斯学派在悦耳的音乐中,觉察了"和声的谐音",并注意到在用三根弦发音时,当这三根弦的长度之比为数 3∶4∶6 时,就得到和声的谐音。毕达哥拉斯学派在许多其他的场合也发现了同样的比例关系,例如,立方体的面数、顶点数、棱数的比等于6：8：12。

黄金分割的创始人也是毕达哥拉斯,他在当时十分有限的科学条件下大胆断言:一条线段的某一部分与另一部分之比,如果正好等于另一部分同整个线段的比,即比值为0.618,那么,这样的比例会产生一种美感。后来,这一神奇的比例关系被古希腊著名哲学家、美学家柏拉图誉为"黄金分割律"。黄金分割线的神奇和魔力,在数学界还没有明确定论,但它屡屡在实际中发挥着意想不到的作用,即0.618这个值的作用不仅体现在艺术上,如绘画、雕塑、音乐等,在建筑、管理、工程和设计中也有至关重要的作用。

A:毕达哥拉斯   B:黄金分割

图 2-3

同时,毕达哥拉斯还发现,10＝1＋2＋3＋4,因而认定10是最完美的数字。由此出发,毕达哥拉斯学派建立了他们的宇宙理论。他们认为,各行星与地球间距离也是符合音乐要求的比例的,从而奏出"天体的音乐"。由此,天上的运动发光体必然有10个。但是,由于当时只可以看到9个(太阳、月亮、水星、金星、火星、天王星、木星、土星和地球),他们便断定必然还存在一个看不见的"对地星"。

此外,毕达哥拉斯还把整个自然数列分成偶数——"男人的",奇数——"女人的"。如果一个数除其本身外的所有因数的和等于这个数,那么这个就叫"完全"数。例如数6是完全数,因为它的因数1、2、3的和是6。如果两个数中每个数的因数的和等于另一个数,具有这种性质的数叫做"相亲"数,例如220和284。我们可以验明,这两个数的确是相亲数。事实上,220的因数是1、2、4、5、10、11、

20、22、44、55、110，而 284 的因数是 1、2、4、71、142。容易检验，第一个数的所有因数的和等于 284，第二个数的因数的和等于 220。

数 7 和 36 在毕达哥拉斯学派那里具有特殊的意义。尊敬数 7 是因为古巴比伦人给它增添了神秘的意义，这是从古巴比伦传到了毕达哥拉斯学派的。至于数 36，则是它的性质对毕达哥拉斯产生了强烈的印象：一方面这个数表示自然数列前三个数的立方和（$1^3+2^3+3^3$）；另一方面，这个数又是自然数列前四个偶数与前四个奇数的和（$2+4+6+8$）＋（$1+3+5+7$）＝36。

按照毕达哥拉斯学派的看法，整个宇宙是建立在前四个奇数和前四个偶数基础之上的，他们认为用数 36 作的誓言是最可怕的。毫无疑问，给数添上了神秘的意义在数学史上并不能促进数学的进步，但是毕达哥拉斯学派的数的几何概念促进了数学的发展。

毕达哥拉斯认为：世界上只存在整数和分数，除此以外，没有别的什么数了。可是，公元前 5 世纪，一位古希腊著名哲学家和自然科学家，被尊为"希腊七贤"之首的希伯斯，做出了一个惊人的发现，由此导致第一次数学危机。当时学派遇到这样一个问题：当一个正方形的边长是 1 的时候，对角线的长 m 等于多少？是整数呢，还是分数？毕达哥拉斯和他的门徒费了九牛二虎之力，也不知道这个 m 究竟是什么数。世界上除了整数和分数以外还有没有别的数呢？这个问题引起了学派成员希伯斯的兴趣，他花费了很多的时间去钻研，最终希伯斯断言：m（即 $\sqrt{2}$）既不是整数也不是分数，是当时人们还没有认识的新数，这就是后来所说的无理数。相传，当时毕达哥拉斯学派的人正在海上航行，就因为希伯斯这一发现而把他抛入大海。

❷ 欧几里得与《几何原本》

在科学史上，没有哪一本书像欧几里得的《几何原本》（又称《原本》）那样把卓越的学术水平与广泛的普及性完美地相结合。它集希腊古典数学之大成，构造了世界数学史上第一个宏伟的演绎系统，对后来的数学发展起到了不可估量的作用。同时，它又是一本出色的教科书，以至毫无变动地被使用了两千多年，尽管流传到今天的不是欧几里得本人写的手稿，而是许多中古时代的抄写本和修订本。在西方历史上，也许只有《圣经》在抄写本数量和印刷数量上可与之相比。

据估计，自印刷术传入欧洲后，《几何原本》被再版上千次，被翻译成各国文字。我国明代杰出的科学家徐光启于 1607 年与传教士利玛窦合作译出了《几何原本》的前六卷，这是我国最早的译本，"几何"一词与"几何原本"这一书名，都是徐光启第一次使用的。

几何学是人类最古老的科学理论之一，其拉丁文为 Geometria，英文为 Geometry，都是一个意思。前缀 Geo 是希腊文"土地"，后缀 metria 或 metry 均表示"测量"。即最初的几何学就是从土地测量中产生出来，是测量土地的方法和学问。

据古希腊一位历史学家考证，在古埃及由于尼罗河水定期泛滥，这使得法老租给人们的土地每年都要被冲跑一些，土地的界限也被冲毁，这样就需要定期重新测量和划分土地，由此产生了几何学。的确，在以泰勒斯为代表的古希腊人向古埃及人学习几何学以前，古埃及人已经积累了丰富的几何学知识。他们有了计算矩形、三角形和梯形面积的固定方法，还会用 $S=(8\times 直径/9)^2$ 的公式来计算圆面积，这个公式等于将 π 值取为 3.160 5。最了不起的是他们还会计算棱台体积，运用的公式是：$V=\dfrac{h}{3}(a^2+ab+b^2)$。

其中 h 是棱台的高，a 和 b 分别是上底、下底的边长。但古埃及人的这些公式不是运用理论证明出来的，而是经验总结得出的实用法则。古希腊人从古埃及那里学到几何学后，在几百年的时间里使它有了系统化和理论化的发展。从泰勒斯到毕达哥拉斯学派，使几何学前进了几大步，他们不但证明了一些新定理，而且还尝试按某种逻辑把已知的定理排列起来。到了公元前 300 年，欧几里得把前人的知识集大成，写出了他的《几何原本》。

据说，公元前 300 年应托勒密王的邀请，欧几里得来到亚历山大里亚的缪塞昂学院研究和讲授几何学。有一天托勒密王也慕名前来听课，托勒密王听了半天也没有听懂。他问欧几里得有没有更便利的学习方法，欧几里得回答说："在几何学中，没有专为国王设置的捷径。"这句话后来成了传诵千古的治学箴言。

《几何原本》共 13 篇。第一篇讲直边形，包括全等定理、平行定理、毕达哥拉斯定理、初等作图法等；第二篇讲用几何方法解代数问题，即用几何方法做加减乘除法，包括求面积、体积等；第三篇讲圆，讨论了弦、切线、割线、圆心角、圆周角的一些性质；第四篇还是讲圆，主要讲圆的内接和外切图形；第五篇是比例论；第六篇运用已经建立的比例论讨论相似形；第七、八、九、十篇继续讨论数论，第十一、十二、十三篇讲立体几何，其中第十二篇主

13卷视图全本
几何原本

[古希腊]欧几里德 原著
建立空间秩序最久远最权威的逻辑推演语系

图 2-4　几何原本

要讨论穷竭法,这是近代微积分思想的早期来源。全部13篇几乎包括了今日初等几何课程中的所有内容。

一般认为,《几何原本》所述内容都属于希腊古典时代,几乎所有的定理都在那时候证明出来了。欧几里得的主要贡献是将它们汇集成一个完美的系统,并且对某些定理给出更简洁的证明。今天我们已无法知道哪些定理是由哪些数学家在什么时候发现的,但爱奥尼亚的自然哲学家们如泰勒斯、阿那克西曼德、阿那克西米尼、阿那克萨哥拉,毕达哥拉斯及其弟子,爱利亚学派的巴门尼德、芝诺,智者学等,对欧几里得的《几何原本》都做出过贡献。

欧几里得与阿波罗尼、阿基米得被并列称为古希腊三大数学家,阿波罗尼大约在公元前262年生于小亚细亚西北部的帕加,比欧几里得晚了一个世纪。据说他青年时代到亚历山大里亚跟随欧几里得的学生学习数学,此后一直在亚历山大城研究数学。他的主要工作是研究圆锥曲线,他之所以能与欧几里得齐名,是因为他对圆锥曲线的研究水平极高,空前绝后。

什么是圆锥曲线呢?如果用任意一个平面去切割一个正圆锥,必然会得到一个切割口。由于切割圆锥的平面与圆锥的交角不同,切割口的几何形状当然就会不同。平面如果平行于圆锥的底面而垂直于圆锥的高切割,切割口的几何形状是一个正圆;平面向圆锥底面方向逐渐加大,会得到扁率不等的椭圆;平面切割圆锥通过圆锥的底面,就会得到抛物线或双曲线。所以,圆锥曲线包括椭圆(圆为椭圆的特例),抛物线,双曲线。

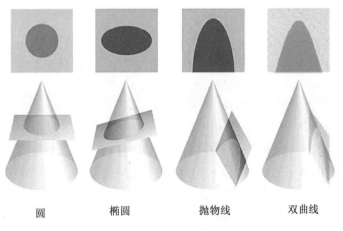

圆　　　　椭圆　　　　抛物线　　　　双曲线

图 2-5　圆锥曲线图

圆锥曲线最初是柏拉图学派发现的,不过,他们不知道双曲线有两支,但阿波罗尼却知道这一点。用纯几何的方法处理圆锥曲线问题相当复杂,如今人们不再这样处理了,而有关的定理我们可以用解析几何的方法很容易得到。阿波罗尼表现出高超的几何思维能力,他对圆锥曲线的研究为后世奠定了基础。

③ 阿基米得与丢番图

古希腊的另一个伟大数学家是阿基米得。在人类的历史上,很难找到一位数学家,在发展数学和它的相邻科学方面能与之比肩。阿基米得出生于西西里岛上的叙拉古城。他的父亲是位数学家和天文学家,他给了儿子良好的数学方面的家庭教育。阿基米得一生酷爱天文学,但他的天文学著作没有一篇留存到现在。然而从他的另外著作中我们可以发现,他不仅对天文学问题感兴趣,为了进行天文观测,甚至还自己制作了仪器。除了行星仪模型,阿基米得还发明了测量太阳的视角直径的仪器,用它来测量能达到很高的精确度。

阿基米得许多著作的手稿一直留存到现在。其中多半是几何内容的著作,也有力学和计算问题的著作。其主要著作有:《论球体和圆柱体》《圆的测量》《论螺线》等。

阿基米得在他的著作《圆的测量》里介绍了穷竭法的最简单的应用。在数学史上,阿基米得首先提出了关于测量圆周长的问题,以及求圆的周长与直径之比 π 的近似值问题,并且确立了这方面的误差可以允许的限度。阿基米得从两个方面着手计算圆周长,即计算圆内接和外切正多边形的周长。从正三角形开始,然后把三角形的边数倍增,阿基米得把边数扩大到96边形。这时他发现直径等于1的圆内接正96边形的周长大于 $3\frac{10}{71}$,而同一个圆的外切正96边形的周长小于 $3\frac{1}{7}$。这样,他得出了 π 的上界,也就是说,π 值在下界和上界之间。取上界和下界的平均值,他得出了 π 的近似值为 3.141851。阿基米得还断定,圆的面积等于底为圆的周长、高为圆的半径的三角形的面积。

阿基米得在《圆的测量》一书中,解决了如何计算圆的周长与圆面积问题,而在《论球体和圆柱体》一书中,则解决空间的对应问题,即计算球的表面积和体积的问题。阿基米得熟练地使用穷竭法,证明了球的表面积等于球大圆面积的4倍;球的体积是一个圆锥体积的4倍,这个圆锥的底等于球的大圆,高等于球的半径。在阿基米得的这部著作里还有一系列有趣的结论。例如,他证明了球冠的面积,等于以连接球冠顶点与它底面圆周上任一点的线段为半径的圆面积。此外,阿基米得最为满意的一个数学发现是,如果在等边圆柱中有一个内切球,即"圆柱容球"——圆柱容器里放了一个球,这个球顶天立地,四周碰边——那么球的体积是圆柱体体积的2/3,并且,球的表面积也是圆柱表面积的2/3。阿基米得希望把这个图形刻在他的墓碑上。后来,在阿基米得的墓碑上,真的刻着球内切于圆柱的图形。竖立这

样的墓碑是根据阿基米得本人的遗嘱,因为这块墓碑象
征着他特别珍视的发现。

图 2-6　阿基米得的墓碑设计

　　大约生活在公元 3 世纪的丢番图也是一位古希腊
后期的重要学者和数学家。丢番图是代数学的创始人
之一,他对算术理论有深入的研究,其研究完全脱离了
几何形式,在希腊数学中独树一帜。

　　丢番图对代数学的发展起到了极其重要的作用,对
后来的数论学者有很深的影响。丢番图写了《算术》一
书,是专门讲数论的著作,书中讨论了一次、二次以及个别的三次方程,还有大量的
不定方程。现在对于具有整数系数的不定方程,如果只考虑其整数解,这类方程就
叫"丢番图方程",它是数论的一个分支。不过丢番图并不要求解答是整数,而只要
求是正有理数。从另一个角度看,《算术》一书也可以归入代数学的范围。代数学
区别于其他学科的最大特点是引入了未知数,并对未知数加以运算。就引入未知
数,创设未知数的符号,以及建立方程的思想(虽然未有现代方程的形式)等几方面
来看,丢番图的《算术》完全可以算得上是代数。古希腊数学自毕达哥拉斯学派后,
兴趣中心在几何学,他们认为只有经过几何论证的命题才是可靠的。为了逻辑的
严密性,代数也被披上了几何的外衣。一切代数问题,甚至简单的一次方程的求
解,也都纳入了几何的模式之中。直到丢番图,才把代数解放出来,摆脱了几何学
的羁绊。他认为,代数方法比几何的演绎陈述更适宜于解决问题,他被后人称为
"代数学之父"。

　　这位代数学家还因为其独特的墓志铭而闻名于世,在他的墓碑上没有写自己
的年龄,而是出了一道数学题,让后人通过计算来寻找答案,其墓志铭写道:

　　哲人丢番图,在此处埋葬,寿命相当长,

　　六分之一是童年,十二分之一少年行,

　　又过了生命的七分之一,娶了新娘,

　　五年后生了个儿郎,

　　不幸儿子只活了父亲寿命的一半,先父四年亡,

　　丢番图到底寿命有多长?

　　后人利用列方程的方法来计算他的年龄。解:设丢番图活了 x 岁。

$$x - \left(\frac{1}{6}x + \frac{1}{12}x + \frac{1}{7}x + 5 + \frac{1}{2}x + 4 \right) = 0$$

$$x - \left(\frac{25}{28}x + 5 + 4 \right) = 0$$

$$x - \frac{25}{28}x - 9 = 0$$

$$x - \frac{25}{28}x = 9$$

$$\frac{3}{28}x = 9$$

$$x = 84$$

答：丢番图活了 84 岁。

四、古代东方国家的数学

❶ 阿拉伯数字的创立

我们今天用的数字称为阿拉伯数字，实际上，阿拉伯数字起源于印度，但却是经由阿拉伯人传向西方的，这就是它们后来被称为"阿拉伯数字"的原因。公元 3 世纪，印度的一位科学家巴格达发明了数字(后来被称为"阿拉伯数字")。最古的计数大概至多到 3，为了要得到"4"这个数字，就必须把 2 和 2 加起来，5 是 2 加 2 加 1，3 这个数字是 2 加 1 得来的，大概较晚才出现了用手写的五指表示 5 这个数字和用双手的十指表示 10 这个数字。这个原则实际也是我们计算的基础。

罗马的计数只有到 Ⅴ(即 5)的数字，Ⅹ(即 10)以内的数字则由 Ⅴ(5)和其他数字组合起来。Ⅹ 是两个 Ⅴ 的组合，同一数字符号根据它与其他数字符号位置关系而具有不同的量。这样就开始有了数字位置的概念，在数学上这个重要的贡献应归于两河流域的古代居民，后来古鳊人在这个基础上加以改进，并发明了表达数字的 1、2、3、4、5、6、7、8、9、0 十个符号，这就成为我们今天记数的基础。8 世纪时印度出现了有零的符号的最老的刻版记录。当时称零为首那。

公元 500 年前后，随着经济、文化以及佛教的兴起和发展，印度次大陆西北部的旁遮普地区的数学一直处于领先地位。天文学家阿叶彼海特在简化数字方面有了新的突破：他把数字记在一个个格子里，如果第一格里有一个符号，比如是一个代表 1 的圆点，那么第二格里的同样圆点就表示十，而第三格里的圆点就代表一百。这样，不仅是数字符号本身，而且是它们所在的位置次序也同样拥有了重要意义。以后，印度的学者又引出了作为零的符号。可以这么说，这些符号和表示方法是今天阿拉伯数字的祖先了。

② 东方数学的发展与传播

　　大约公元700年前后,阿拉伯人征服了印度旁遮普地区,他们吃惊地发现:被征服地区的数学比他们还先进。于是,印度北部的数学家被抓到巴格达,被迫给当地人传授新的数学符号和体系,以及印度式的计算方法(即我们现在用的计算法)。由于印度数字和印度计数法既简单又方便,其优点远远超过其他的计算法,阿拉伯的学者们很愿意学习这些先进知识,商人们也乐于采用这种方法去做生意。

　　后来,阿拉伯人把这种数字和计算法传入西班牙。公元10世纪,又由教皇热尔贝•奥里亚克传到欧洲其他国家。公元1200年左右,欧洲的学者正式采用了这些符号和体系。至13世纪,在意大利比萨的数学家费婆拿契的倡导下,普通欧洲人也开始采用阿拉伯数字,15世纪时这种现象已相当普遍。欧洲人只知道这些数字是从阿拉伯地区传入的,所以便把这些数字叫做阿拉伯数字。以后,这些数字又从欧洲传到世界各国。那时的阿拉伯数字的形状与现代的阿拉伯数字尚不完全相同,只是比较接近而已,为使它们变成今天的1、2、3、4、5、6、7、8、9、0的书写方式,又许多数学家花费了不少心血。

　　阿拉伯数字传入我国的时间是13～14世纪。由于我国古代有一种数字叫"筹码",写起来比较方便,所以阿拉伯数字当时在我国并没有得到推广运用。筹码是利用竹木棍表示数字的一种方法,在十以内,数字的表示方法,可以参考罗马数字,或者参考算盘上下珠。主要方法是以横杆表示5,竖杆表示1,一横杆下面列3竖杆,即表示数字8,很形象,也很好用。用来排布数字的竹棍或者木棍,就叫做算筹,这种计算方法叫"筹算"。筹算使用中国商代发明的十进位制计数,可以很方便地进行四则运算以及乘方,开方等较复杂的运算,并可以对零、负数和分数作出表示与计算。从战国时期一直到明代被珠算取代之前,筹算一直是中国古代进行日常计算的方法,开创了中国古代以计算为中心的数学体系,这与古希腊以逻辑推理为中心的数学体系有所不同;以计算为中心的数学体系是一千多年世界数学的主流。

　　可以说筹码数字不管是书写还是使用,并不比我们现在的阿拉伯数字差多少,也有人认为阿拉伯数字体系就是起源于筹算,不过无法证实。这种数字表示方法唯一的缺陷,就是没有数字0的符号,而以空位表示,这样一来,如果将200和2 000录于纸上就很难辨别二者区别,从而限制了它在书面上的使用。

　　20世纪初,随着我国对外国数学成就的吸收和引进,阿拉伯数字在我国才开始慢慢使用,也就是说,阿拉伯数字在我国推广使用只有100多年的历史。如今阿拉伯数字已成为人们学习、生活和交往中最常用的数字了。

五、近代数学科学的发展

① 文艺复兴时期的数学

从 15 世纪中期到 16 世纪末期，在历史上称为"文艺复兴时期"，西方和欧洲中部的许多国家在科学和艺术上有了很大的发展。资本主义制度开始兴起，航海和地理大发现大大开阔了欧洲人的视野，并激起了科学家的求知欲望。航海技术的发展需要大量的计算工作和天文学知识，正在兴起的资本主义工业技术也要求天文学进一步的发展，而当时欧洲的数学不能充分地为这些新兴的需要服务。1453 年，东罗马帝国首都(君士坦丁堡)被土耳其人侵占，许多当地居民携带着希腊和罗马学者的手稿逃离，来到西欧的一些国家。这使欧洲学者能够接触到这些手稿并加以研究，文艺复兴时期，欧洲的数学也由此呈现出生气勃勃的景象。

第一批铅印的数学书籍得以在德意志出现。1482 年，出版了乌布利希·瓦格涅尔编写的《算术》。在数学史上，韦德曼第一次在大学讲台上讲授代数课程。在瓦格涅尔和韦德曼的著作里，首次出现符号"＋""－"，这对发展数学符号体系具有特殊意义。关于这些符号的来源存在着各种说法，其中有一种说法是：这些符号是从商业实践中借用的。酒商在从大桶里出售酒时，用横线条标出从桶里减少了多少酒，当桶里酒的储量恢复到原状时，为了表示早先取掉多少酒又补足了，再用竖线条把原来做的横线标记划掉。这样得到的结果是，在减的时候(即把桶里的酒倒出时)就出现符号"－"，而在加进的时候(即往酒桶里进酒时)就出现符号"＋"。

16 世纪末，法国数学家弗朗西瓦·韦达的贡献，在发展现在的符号代数中有决定性的意义。韦达的本职工作是法学家和宫廷有名望的国务活动家，但他把所有的空闲时间都花在研究数学上。韦达的主要著作是《分析法引论》，他在这部著作中，除了改进代数符号外，还发展了解方程的理论，在几何学中扩大了应用代数的范围，开始在代数中使用三角，促进了三角学的大发展。

韦达的主要功绩是把字母表示数的写法引入代数。他不仅用字母表示未知量，而且还用字母表示数字系数。韦达的符号能够适用于一般的量，他使用了"系数"这个词(意思是"促进的")。他于 1615 年在著作《论方程的识别与订正》中，论述了方程根与系数的关系，由于韦达最早发现代数方程的根与系数之间有这种关系，人们把这个关系称为韦达定理。该定理的表述是：

设一元二次方程 $ax^2 + bx + c = 0 (a,\ b,\ c \in \mathbf{R},\ a \neq 0)$ 中，两根 x_1、x_2 有如下关系：

$$x_1 + x_2 = -\frac{b}{a} \qquad x_1 x_2 = \frac{c}{a}$$

❷ 对数的创立

16 世纪时，数学家广泛地推广一种方法，这种方法能在计算时用加法代替比较复杂的乘法运算。例如，用如下代数式：

$$ab = \frac{1}{4}\big[(a+b)^2 - (a-b)^2\big]$$

同时，进行这类计算时，人们可以查阅现成的任意数的平方表，因此这种方法就显得方便而受到重视。到了 17 世纪，上述繁琐的方法又逐渐被新的方法——对数方法所代替。瑞士的钟表匠乔伯斯特·别尔基和苏格兰人约翰·纳皮尔是对数的发明人，他们创造出了实际应用的对数表，并给出了它的理论根据。

纳皮尔不是数学家，他只是对计算感兴趣，热衷于探索简化计算的方法。例如，他在《算筹术》一书中，叙述了自己发明的仪器，后人把这个仪器叫做"纳皮尔计算尺"。纳皮尔的主要贡献是其对数思想，在有关对数问题的第一本书《奇妙的对数表的说明》里，纳皮尔创造出了对数表，叙述了它的性质，并指出各种计算的实际应用。纳皮尔写了《奇妙的对数表的构造》一书。在这本书里，他系统解释了对数的计算方法。后人将对数的发明归功于纳皮尔，因为他不仅创造了实用的对数表，而且还仔细深入地研究了对数的理论，并揭示了它的本质，同时也倡导使用以 10 为底的常用对数。

❸ 费马大定理

17 世纪时，生产活动中开始陆续出现了一些用人力、畜力、风力、水力带动的简单机械，后来随着工厂手工业的发展，纺织、采矿等越来越多采用机器生产。工业资产阶级开始认识到掌握机器生产的重要性，因此，对数学提出了新的要求。同时，不断产生的技术问题已经不能光靠初等数学来解决，这种需求促进了数学的发展，新方法、新科学分支出现了。例如，代数学超过几何学有了更大的发展，无穷小量的理论在分析中逐渐取得稳固的地位。新方法大大地扩大了数学在研究现实生活方面的应用范围，同时这些方法的逐步完善也为现代数学奠定了基础。

此时，在初等数学内部也正在酝酿着一种转折：数学家们转向研究数学的基本理论；数论和组合论得到了发展，以组合论为基础建立了数学的新分支——概率论。在数学史中，新思想的第一批数学家代表开始出现。

从 17 世纪法国大数学家皮埃尔·费马的著作中，可以看出他对数论问题产生了很大的兴趣。费马的职业是律师，与数学研究相距甚远。但费马有充足的空余时间，他把空余的时间都用在自己热爱的数学研究上。由于费马的数学天赋极高，又具有对问题刨根问底的顽强精神，他在不同的研究领域中都取得了丰硕的成果。

图 2-7　数学家费马

使费马留名于世的是他提出的著名的"费马大定理"。费马在阅读丢番图的《算术》时发现，该书中谈到形如 $x^2 + y^2 = z^2$ 方程的解法，费马在书页面的空白处写道："然而，一个立方数不可能分解成两个立方数的和，一个四次方的数不能分解成两个四次方的数的和，一般地说，大于 2 的任意次幂的数都不能分解为两个同次幂数的和。我找到了这个命题的一个真正奇妙的证明，但是书上空白的地方太少，写不下。"

费马的这个论断现在表达为如下的定理："当指数 n 是大于 2 的整数时，关于 x、y、z 的方程 $x^n + y^n = z^n$ 在有理数范围内没有解。"这个定理对于很多特殊情况都被证实是正确的。虽然有许多大数学家对这个定理感兴趣并试图去证明它，但都没有成功。1907 年，德国数学家佛尔夫斯克尔临终时立下遗嘱，出资 10 万马克奖励给完整证明这个定理的人。但之后的 80 多年，谁也没有领到这笔奖金。

直到 1993 年 6 月，英国数学家维尔斯证明了：对有理数域上的一大类椭圆曲线，"谷山——志村猜想"成立。由于他在报告中表明了弗雷曲线恰好属于他所说的这一大类椭圆曲线，也就表明了他最终证明了"费马大定理"。但专家对他的证明审察后发现有漏洞，于是，维尔斯又经过了一年多的拼搏，于 1994 年 9 月彻底圆满证明了"费马大定理"。该定理历经几百年，终于被后人所证明。

费马发展的组合论是他在代数方面的主要贡献。组合论的某些问题，在古代就由希腊人和印度人解决了。但直到 17 世纪，这些问题的科学的论述才出现在费马以及他的同代人——法国著名的哲学家、数学家和物理学家帕斯卡的著作里。此外，这两位学者根据组合论的原理，为数学的新理论——概率论打下了基础。

早在 16 世纪就已经有了促使概率论萌芽的那些问题。它们的产生起因于保险计算和赌博。数学家对掷骰子特别感兴趣。例如，塔塔利亚已经知道，在骰子游戏中，投掷骰子的时候，能得到某一点数的多少种不同的组合。费马和帕斯卡在其著作中建立了概率论的基本原则，即数学期望的概念。概率论在费马和帕斯卡奠定基础之后，便迅速地发展起来。18 世纪它获得了重要的理论基础，概率论逐渐得到推广，并开始在科学的各个领域和实际工作中得到应用。

4 笛卡儿在数学领域的贡献

笛卡儿是法国伟大的哲学家、物理学家、数学家和生理学家,他出身于古老的贵族家庭。笛卡儿的科学著作大部分是居住在荷兰时撰写的。1649 年他应瑞典女王克利斯蒂娜邀请,移居斯德哥尔摩,女王在那里为他的科学工作提供了非常好的条件。但是寒冷的气候,对笛卡儿孱弱的身体不利,1650 年他因患肺炎而去世。

笛卡儿对哲学和数学这两门学科特别热衷,他认为数学是一门"次序和度量"的科学,数学比其他科学更符合理性的要求,因此,他对数学很感兴趣。笛卡儿把物质运动的概念作为自己科学哲学的基础,他也把运动也带进了数学。如果说在笛卡儿之前,数学还处于常量数学阶段的话,那么随着笛卡儿的研究,数学有了转折点,即笛卡儿将变数引入数学。有了变数,运动就进入了数学,数学也进入了变量数学时代。

笛卡儿在 1637 年匿名发表了《方法谈》一书。《几何学》是该书的附录。在《几何学》里,笛卡儿给出了字母符号的代数和解析几何的原理,那就是通过引进坐标系,使得能用方程表示几何形状和解析的依赖关系的方法,这就导致了解析几何的诞生。这个方法尽管早些时候就被应用过,例如费马曾大力发展过这个方法,然而笛卡儿使这个方法具有更巨大的意义,因为借助这个方法,笛卡儿能够进一步发展数学研究的新方向。在笛卡儿之前,从古代起在数学中起优势作用的是几何学,连代数概念和公式通常也用几何形式表示。但是笛卡儿提出用几何形状表示解析式,同时又建立起新的符号体系,把数学引向另一种途径,这就使代数获得了更重大的意义。

六、微积分的诞生

1 牛顿在数学上的贡献

17 世纪,欧洲资本主义开始萌芽、科学和生产技术开始了大发展,航海、天文、力学、军事、生产等给数学提出了一系列迫切需要解决的问题。归纳起来主要集中在以下 4 个方面:第一,变速运动求即时速度的问题;第二,求曲线的切线的问题;第三,求函数的最大值和最小值问题;第四,求曲线长、曲边梯形面积、不规则物体的体积、物体的重心、压强等问题。

对上述问题的解决,导致了数学史上最重大的创新成果,那就是微积分的创立。如今,微积分已成为基本的数学工具而被广泛地应用于自然科学的各个领域。

微积分是微分学和积分学的总称。微分学包括求导数的运算,是一套关于变化率的理论。它使得函数、速度、加速度和曲线的斜率等均可用一套通用的符号进行讨论,主要内容包括:极限理论、导数、微分等。积分学,包括求积分的运算,为定义和计算面积、体积等提供一套通用的方法,主要内容包括:定积分、不定积分等。

在牛顿之前,为解决上述几类问题,许多科学家已做了大量的工作。比如,开普勒在研究天体运动问题时,也遇到了类似于无穷小量那样的一些概念。他之所以能熟练地运用这些概念,实际上得益于他建立了一种运用这些概念的特殊方法,这种方法类似于积分学。

开普勒所用方法的要点是:在求线段的长度、平面图形的面积、物体的体积时,他把被测量的量分成很多非常小的部分,然后利用一些几何学方法求出这些小部分的和。这种方法其实就是积分法。诚然,开普勒并没有提出"无穷小量"这个概念。但是,例如在量线的长度时,他提出线是由点组成的,在他的推论里,相当于把一条弧分解成无限多的小元素,即线段。开普勒在计算圆的面积时,他把圆分成了许多相等的扇形。当扇形的个数较多时,可以认为这些扇形接近等腰三角形,三角形的高是圆的半径,底是所给扇形的弧。因此,圆的面积可以看成是各个扇形面积的和,并且各个扇形底边的和是圆的周长。每个扇形的面积不可能等于三角形的面积,因此开普勒作了这样的修正,应当认为扇形的个数是无限的,那时候扇形的底边变成一个点。在这种情况下,开普勒没有注意到,用这样的说明时,扇形变成了半径,因而圆的面积将可以看作是无限条半径的无限的和。

英国科学家艾萨克·牛顿和德国数学家莱布尼茨分别把两个貌似毫不相关的问题联系在一起,一个是切线问题(微分学的中心问题),一个是求积问题(积分学的中心问题),从而建立的微积分学。

牛顿是英国数学家、物理学家、天文学家和自然哲学家。牛顿在数学上最卓越的贡献一是发现了二项式定理,二是创建了微积分。牛顿于1661年入剑桥大学三一学院,受教于巴罗,在大学里他刻苦钻研伽利略、开普勒、笛卡儿和沃利斯等人的著作。通过自学掌握了17世纪的全部成就后,1664~1666年,牛顿花费了两年时间理出了他关于微积分的基本思想。就数学思想的形成而言,笛卡儿的《几何学》和沃利斯的《无穷算术》对他影响最深,正是这两部著作引导牛顿走上了创立微积分之路。

牛顿对微积分问题的研究始于他对笛卡儿圆法发生兴趣而开始寻找更好的切线求法。起初他的研究是静态的无穷小量方法,他也像费马那样把变量看成是无穷小元素的集合。1669年,他完成了第一篇有关微积分的论文。在这篇文章中他总结了前人各种求积方法,给出了求一个变量对另一个变量的瞬时变化率的普遍方法,同时证明了求积运算是求变化率的逆过程。这就揭示了微积分的基本性质,即得到现在成为微积分学基本定理的牛顿—莱布尼茨公式。这篇文章是牛顿创立微积分的标志。

牛顿在他的《流数简论》一书中，讨论了如何借助于这种逆运算来求面积，从而建立了"微积分基本定理"。牛顿的数学分析的基本概念是力学概念的反映，连最简单的几何图形——线、角、体——都被牛顿看作是力学位移的结果。线是点运动的结果，角是它的边旋转的结果，体是表面运动的结果。牛顿认为变量是运动着的点，他把任何变量都叫做流动量。至今我们还用术语"流动点"表示坐标连续变化的点，即运动的点。因为任何运动都离不开时间，所以牛顿总是把时间作为自变量。运动的速度，今天称为距离对时间的"导数"，牛顿当时把它叫做"流数"，并用一个点来表示，如果流动量为 x，那么流数或流动率就表示为 $\dot{x}$，即现在所说流动量对时间的导数，现在我们一般都不采用牛顿的符号，而用 $\dfrac{\mathrm{d}x}{\mathrm{d}t}$ 表示它。当然，《流数简论》中对微积分基本定理的论述还不能算现代意义下的严格证明。牛顿在后来的著作中对微积分基本定理又给出了不依赖于运动学的较为清楚的证明，并对微积分思想做了更广泛而明确的说明。

图 2-8　牛顿的数学手稿

牛顿的《曲线求积数》是他最成熟的微积分著作。牛顿在其中改变了对无限小量的依赖并批评自己过去那种随意忽略无限小量的做法，在此基础上定义了流数概念之后，牛顿写道："流数之比非常接近于在相等但却很小的时间间隔内生成的流量的增量比。确切地说，它们构成增量的最初比。"牛顿接着借助于几何解释把流数理解为增量消逝时获得的最终比，这是他对初期微积分研究的修正和完善。

❷ 莱布尼茨异曲同工的数学贡献

对微积分的创立做出重大贡献的，除牛顿外，还有德国大数学家和哲学家莱布尼茨。戈特弗里德·威廉·莱布尼茨 1646 年出生在德国的莱比锡，他的父亲是莱比锡大学的哲学教授。莱布尼茨从童年时代起便能利用他父亲良好的藏书条件，这使他能完全独立地熟悉某些科学。他自学了拉丁文，学习了经院哲学以及笛卡儿的机械论哲学，后者极大地吸引了年轻的莱布尼茨。在这种吸引下，他对数学问题特别感兴趣。莱布尼茨 15 岁进入莱比锡大学，在大学里他选择了法学作为主要专业。1672 年，莱布尼茨来到法国巴黎，在那里他结识了惠更斯等许多杰出的学者。与他们结识，使莱布尼茨以往对数学的兴趣重燃。在这个时期，在数学家中已经开始流传牛顿在自然数学研究中运用新方法的消息。牛顿本人当时并没有发表自己的发现,这消息是从牛顿与他人来往的书信中传出去的。当牛顿把这些发现告诉了莱布尼茨时,莱布尼茨指出,他也发现了一种方法,这个方法与牛顿的方法获得同样的结果。莱布尼茨将自己的方法写在两本著作中发表,即《一种求极大值与极小值和切线的新方法》(1684年)和《潜在的几何与分析不可分和无限》(1686年)。莱布尼茨在前一本书中叙述了微分学的基本原理,在这方面他以求函数的无限小增量的目标为出发点,认为函数取得这种增量是自变量无限小变化的结果。莱布尼茨把这个函数的增量叫做微分。在莱布尼茨的第二本著作中,从求以曲线为界的图形面积出发得到积分的概念,并引入了积分的符号($\int$),这个符号一直保留到现在。但是,"积分"的概念出现得比较迟,它是由威廉·伯努力提出的,是他第一次将 $\int$ 这个符号命名为积分,以前他也曾像莱布尼茨那样把它叫做"和"。

总之,牛顿和莱布尼茨研究微积分学的思路可谓异曲同工。如果说牛顿主要是从力学的概念出发,那么莱布尼茨是作为哲学家和几何学家对这些方法感兴趣的。牛顿接近最后的结论要比莱布尼茨早一些,但莱布尼茨发表自己的结论要早于牛顿。此外,莱布尼茨成功地建立起更加方便的符号体系和计算方法,因此在这些符号体系和计算方法发表之后,莱布尼茨的思想马上被广泛地采用,莱布尼茨的计算方法甚至在英国也逐渐地取代了牛顿的方法。

微积分学的创立,极大地推动了数学的发展,过去很多初等数学束手无策的难题,运用微积分,往往迎刃而解,这充分显示出微积分方法的非凡威力。事实证明,微积分无论对数学还是对其他学科甚至技术的发展都产生了巨大的影响,充分显示了数学对于人的认识发展、改造世界的能力的巨大促进作用。

❸ 18 世纪法国数学家

微积分这一锐利无比的数学工具为牛顿、莱布尼茨共同发现。这一工具一问世,就显示出它的非凡威力。以前许许多多的疑难问题运用这一工具后变得易如反掌。但是不管是牛顿,还是莱布尼茨,其创立的微积分理论都还不够严谨。两人的理论都建立在无穷小量分析之上,但他们对作为基本概念的无穷小量的理解与运用却是混乱的。因而,从微积分诞生时就遭到了一些人的反对与攻击。由此形成了第二次数学危机,这场危机无疑是源于微积分工具的使用。其中最猛烈攻击微积分的是英国大主教贝克莱,贝克莱认为,无穷小量在牛顿的理论中一会儿说是零,一会儿又说不是零。因此,贝克莱嘲笑无穷小量是"已死量的幽灵"。数学史上把贝克莱的问题称为"贝克莱悖论"。到了18世纪,经过法国数学家柯西用极限的方法定义了无穷小量,微积分理论得以发展和完善,从而使数学大厦变得更加辉煌美丽。1784 年,为了"对数学中称之为无穷的概念建立严格和明确的理论",柏林科学院作出了悬赏征求。著名的法国数学家、力学家约瑟夫·路易·拉格朗日当时是柏林科学院院长,他企图使数学分析摆脱使用无穷小量和极限的概念。为此,拉格朗日提出了作为函数的幂级数展开式系数的各阶导数的概念。这样,他根据有限量代数的概念顺利作出了分析的概念。此外,拉格朗日能够有成效地研究数学分析中的很多重要问题。他给出了表示泰勒级数余项的公式,这种公式实际运用起来很方便。他研究了条件极大值和极小值的理论。在解线性微分方程时,他发明了常数变易法。

法国数学家、哲学家让·勒朗·达朗贝尔试图为数学分析作出严格的论证。他首次把极限理论作为分析的基础。达朗贝尔在《科学、技艺和手工业的百科全书》里对变量极限给出了这样的定义:"一个量是另一个量的极限,假如第二个量能比任意给定的值更为接近第一个量,无论这个给定的量是多么小,不过作逼近的量任何时候都不能超过被接近的量。这样,这个量与它的极限的差绝对指不出来。"显然,这是对单调增加的量作的极限定义。达朗贝尔在数学发展史上的功绩并不限于此。他在微分方程的级数理论方面他做了相当多的工作。他提出了正项级数收敛性的判别法。至于常系数微分方程,以及一阶和二阶线性方程组,达朗贝尔也在相当大的程度上促进了它们的理论发展。此外,他给出了一个二阶的数学物理偏微分方程的解法,这个方程表示弦的横振动,名叫波动方程。在达朗贝尔的著作中,第一次发表复变函数的实际应用。

奥古斯丹·路易·柯西是法国杰出的数学家,他 1789 年出生在巴黎,从幼年起就表现出极大的数学才能,在综合技术学校毕业后,他在瑟堡任工程师,1816 年成为科学院的委员和巴黎一所技术学校的教授。柯西的《分析教程》(代数分析)和《无穷小算法讲义概要》应该算作是自成系统的数学基本教程。柯西在《分析教程》里第一次提出了数学分析的新的理论基础。在这本著作中有无穷小量严格的定义,并把取极限的概念作为基础。这种定义能够给微积分学课程中的无穷小量的整个运算提供根据。柯西还发展了无穷级数收敛的学说,并作出了作为积分和极限的积分概念。柯西在数学史上另一项大的功绩是,他为复变函数理论的发展奠定了基础。他证明在复数范围内的幂级数具有收敛圆,又给出了含有复积分限的积分概念以及残数理论等。柯西的数学分析的理论根据是如此可靠,以至于这个理论根据一直保持到 19 世纪末。

法国资产阶级革命时期还出现了一位著名的几何学家,他的著作大大地扩大了研究空间形状的范围,并使这种研究具有严格的科学基础。他就是加斯巴尔·蒙日。1769 年,蒙日被任命为梅齐埃尔军事学校教授。他在这所学校里工作多年,这是他一生中发展他的数学基本思想的时期。这些基本思想为数学增加了新的方向，并被应用于工程学。数学中产生了数学知识的新分支，即画法几何学，这应该归功于蒙日。画法几何学是研究平面上用图形表示立体形体和解决空间几何问题的理论和方法的学科。蒙日是画法几何学的创始人。他在18世纪70年代中期写完了《画法几何学》。这本著作多年以手稿的形式用于教学，直到1799年才出版。

❹ 18世纪其他数学家

提到18世纪数学家，就一定要提到德国著名数学家、物理学家、天文学家卡尔·弗里德里希·高斯，他是近代数学奠基者之一，有"数学王子"之称。高斯和阿基米得、牛顿并列为世界三大数学家。他一生成就极为丰硕，以他名字"高斯"命名的成果达110个，属数学家中之最。他对数论、代数、统计、分析、微分几何、大地测量学、地球物理学、力学、静电学、天文学、矩阵理论和光学皆有贡献。

高斯1777年出身于一个贫穷的工人家庭。在一位公爵的赞助下，他得以在哥廷根大学接受高等教育。在1799年高斯得到副教授的职位，从1807年起，他成为教授和哥廷根大学天文台的负责人，他在天文台一直工作到逝世。

高斯的大量内容深刻的著作与数学各个方面有关，与天文学和大地测量学也有关。高斯最初所写的重要的数学著作之一是《算术研究》。这部著作是现代数论的基础。在书的第一部分，高斯发展了二次剩余理论。在同一部分中提出了二次互反定律（高斯把这个定律称为"算术中的宝石"），这个定理是欧拉发现的，但是高斯首先作出了证明。《算术研究》的第二部分包含二次型的探讨，就是当 a、b、c、m、n 为整数时，确定三项式 $am^2 + 2bmn + cn^2$ 能够取怎样的值。该书第三部分专门介绍形如 $x^n = 1$ 的二项方程的问题。这里重点探讨了类似二次根式的方程的可解性。它与几何作图问题有关。只有当几何图形与不高于二次的有理方程或无理方程相联系时，才能用圆规和直尺进行几何作图。高斯把自己的二项方程解法的理论应用于作正多边形，发现了正十七边形的尺规作图法，从而解决了自欧几里得以来悬而未决的一个难题。用高斯的方法可以作出判断，利用圆规和直尺能作出哪些正多边形，以及如何作图。高斯认为这个问题的解法具有很大的意义。因此遵照他的遗嘱，在他的

图 2-9　数学家高斯

墓碑上画了一个内接于圆的正十七边形。

高斯对非欧几何的探索也是开拓性的。非欧几何的开山祖师有三人,高斯、罗巴切夫斯基和波尔约。其中波尔约的父亲是高斯的大学同学,波尔约曾想试着证明平行公理,虽然父亲反对他继续从事这种看起来毫无希望的研究,但他还是沉溺于平行公理,最后发展出了非欧几何,并且在1832~1833年发表了研究结果,老波尔约把儿子的成果寄给老同学高斯,想不到高斯却回信道:我无法夸赞他,因为夸赞他就等于夸奖我自己。早在几十年前,高斯就已经得到了相同的结果,只是怕不能为世人所接受而没有公布而已。

18世纪数学界最杰出的人物之一还有莱昂哈德·欧拉,瑞士数学家、自然科学家,1707年出生于瑞士巴塞尔,其父亲是位牧师,欧拉自幼受父亲的影响,13岁时就读巴塞尔大学。1727年,欧拉应圣彼得堡科学院的邀请到俄国工作。1731年,他成为圣彼得堡科学院的物理教授。他以旺盛的精力投入研究,在俄国的14年中,他在分析学、数论和力学方面作了大量出色的工作。1741年受普鲁士腓特烈大帝的邀请到柏林科学院工作,长达25年之久。1783年9月18日在圣彼得堡去世。

欧拉是数学史上最多产的数学家,平均每年写出800多页的论文或专著,《无穷小分析引论》《微分学原理》《积分学原理》等著作都成为数学的经典著作。

欧拉对数学的研究如此之广泛,因此在许多数学的分支中也可经常见到以他的名字命名的重要常数、公式和定理。此外欧拉还涉及建筑学、弹道学、航海学等领域。法国数学家拉普拉斯对他十分推崇:读读欧拉,他是所有人的老师。

欧拉引入了空间曲线的参数方程,给出了空间曲线曲率半径的解析表达式。1766年他出版了《关于曲面上曲线的研究》,建立了曲面理论。这篇著作是欧拉对微分几何最重要的贡献,是微分几何发展史上的一个里程碑。欧拉在分析学上的贡献不胜枚举,如他引入了 Γ 函数(伽马函数)和 β 函数(贝塔函数),证明了椭圆积分的加法定理,最早引入了二重积分等。数论作为数学中一个独立分支的基础是由欧拉的一系列成果所奠定的。他还解决了著名的组合问题:柯尼斯堡七桥问题。

欧拉渊博的知识,旺盛的创作精力和空前丰富的著作,都是令人惊叹不已的!他从19岁开始发表论文,直到76岁,半个多世纪写下了大量书籍和论文。至今几乎每一个数学领域都可以看到欧拉的名字,从初等几何的欧拉线,多面体的欧拉定理,立体解析几何的欧拉变换公式,四次方程的欧拉解法到数论中的欧拉函数,微分方程的欧拉方程,级数论的欧拉常数,变分学的欧拉方程,复变函数的欧拉公式等,数也数不清。据统计,他那笔耕不辍的一生,共写下了886本书籍和论文,其中分析、代数、数论占40%,几何占18%,物理和力学占28%,天文学占11%,弹道学、航海学、建筑学等占3%,圣彼得堡科学院为了整理他的著作,足足忙碌了47年。

欧拉曾任圣彼得堡科学院教授,是柏林科学院的创始人之一。他是刚体力学和流体力学的奠基者,弹性系统稳定性理论的开创人。他认为质点动力学微分方程可以应用于液体(1750年)。他曾用两种方法来描述流体的运动,即分别根据空间固定点(1755年)和根据确定的流体质点(1759年)描述流体速度场。前者称为"欧拉法",后者称为"拉格朗日法"。欧拉奠定了理想流体的理论基础,给出了反映质量守恒的连续方程(1752年)和反映动量变化规律的流体动力学方程(1755年)。欧拉在固体力学方面的著述也很多,诸如弹性压杆失稳后的形状,上端悬挂重链的振动问题等。

七、19～20世纪的数学成就

❶ 伽罗瓦与群论

人们在寻找五次方程的解法中,一个新的数学分支——群论诞生了,其创立者是法国数学家埃瓦里斯特·伽罗瓦。他在19岁时,就使用群的思想解决了五次方程的问题。在数学和抽象代数中,群论研究名为群的代数结构。群在抽象代数中具有基本和重要地位:许多代数结构,包括环、域和模等都可以看作是在群的基础上添加新的运算和公理而形成的。群的概念在数学的许多分支都有出现,而且群论的研究方法也对抽象代数的其他分支产生重要影响。群论的重要性还体现在物理学和化学的研究中,因为许多不同的物理结构,如晶体结构和氢原子结构可以用群论方法来进行建模,于是群论和相关的群表示论在物理学和化学中有大量的应用。

伽罗瓦1811年出生在巴黎附近的布拉伦。1829年,伽罗瓦报考巴黎综合技术学校,这所学校开设的各门课程,以及学生的革命传统都深深吸引着他。然而,最终伽罗瓦没有被录取,这使伽罗瓦非常失望,他后来无奈进入巴黎师范学院学习。但是在入学的第二年,伽罗瓦因自己的政治倾向被学校开除了。在被学校开除之后,他又投身于当时的政治活动,参加了一个秘密的共和协会"人民之友"。他曾遭逮捕,差点被投入监狱。法庭以严重的后果警告过伽罗瓦,但是在开庭时由于法官们同情被告年纪尚轻(那时他19岁)而判他无罪。1831年7月14日,伽罗瓦因积极参

图 2-10　数学家伽罗瓦

加纪念 1789 年法国革命的示威游行而入狱。他在狱中顽强地进行数学研究,一面修改他关于方程论的论文,一面着手撰写将来要出版的著作的序言。1832 年 5 月 31 日,被释放后不久的伽罗瓦因爱情纠纷而卷入一场决斗,伽罗瓦不幸地在这次决斗中身亡,当时他年仅 21 岁。

伽罗瓦在短暂的一生中为数学增添了全新的思想。这些思想显著地改变了代数发展的进程,并把它引上新的轨道。伽罗瓦在世时总共发表了五篇不长的论文,伽罗瓦两次向法兰西科学院提交自己的重要著作,而且这些著作交给大数学家柯西审核,但是他对伽罗瓦提出的著作的重要性认识不足,柯西甚至把伽罗瓦的手稿遗失了。在决斗前的一个夜里,伽罗瓦写了一封信给自己的朋友 A. 舍瓦利叶,信中说他在分析方面已经有一些新的发现,其中一部分涉及到方程的理论,另一部分涉及可积函数。按照伽罗瓦的意见,可以把他的著作看作是三篇论文。在阐明自己著作的实质时,他委托舍瓦利叶去找雅可比和高斯,请他们对他的著作在科学上的重要性作结论,而不是要他们对著作中定理的正确性作结论,因为伽罗瓦对这些定理的正确性是深信无疑的。可是这些学者对伽罗瓦的著作也不重视,因此也没有从他们那里获得回答。只是在伽罗瓦死后 14 年,他的著作才由法国数学家若泽弗·刘维尔进行认真的研究,是刘维尔发现了这些著作的巨大意义,直到这个时候这些著作才得以为人所知。

伽罗瓦在研究数学时建立了许多新概念,这些概念能使代数的研究深化。如群、子群、体等概念就属这一类。伽罗瓦著作的成果在各种各样的数学问题上都有应用。后来,在他的著作的基础上产生出了许多新的数学分支,例如,对多值函数及其单值推广给出几何形式的黎曼面的概念;发展了自守函数学说,即函数的自变量经过线性分式变换其值不变的解析函数的学说。

❷ 康托尔与集合论

德国数学家格奥尔格·康托尔是集合论的创始人。他 1845 年生于俄国圣彼得堡,父亲是犹太血统的丹麦商人,母亲出身于艺术世家。1856 年他们全家迁居德国的法兰克福。1862 年康托尔进入苏黎世大学学工科,翌年转入柏林大学攻读数学和神学。1867 年,康托尔在库默尔指导下以解决一般整系数不定方程 $ax^2 + by^2 + cz^2 = 0$ 求解问题的论文获博士学位。毕业后受魏尔斯特拉斯的直接影响,康托尔由数论转向严格的分析理论的研究,不久便崭露头角。他在哈雷大学任教初期就证明了复合变量函数三角级数展开的唯一性,继而用有理数列极限来定义无理数。1879 年康托尔成为该校教授。之后由于学术观点上受到的沉重打击,康托尔曾一度患精神分裂症,他虽在 1887 年恢复了健康,继续工作,但晚年一直病魔缠身。1918 年 1 月 6 日康托尔在德国哈雷大学附属精神病院去世。

康托尔 1870 年开始研究三角级数并由此取得了 19 世纪末、20 世纪初最伟大的数学成就——集合论和超限数理论。除此之外,他还努力探讨在新理论创立过程中所涉及的数理哲学问题。因为集合论在刚产生时,曾遭到许多人的攻击。但不久这一开创性成果就为广大数学家所接受了,并且获得广泛而高度的赞誉。数学家们发现,从自然数与康托尔集合论出发可建立起整个数学大厦,因而集合论成为现代数学的基石。"一切数学成果可建立在集合论基础上"这一发现使数学家们为之陶醉。

可是,好景不长。1903 年,一个震惊数学界的消息传出:集合论是有漏洞的!这起源于英国数学家罗素提出的著名的罗素悖论,由此引发了数学史上的第三次危机。

罗素构造了一个集合 S:S 由一切不是自身元素的集合所组成。然后罗素问:S 是否属于 S 呢?根据排中律,一个元素或者属于某个集合,或者不属于某个集合。因此,对于一个给定的集合,问是否属于它自己是有意义的。但对这个看似合理的问题的回答却会陷入两难境地。如果 S 属于 S,根据 S 的定义,S 就不属于 S;反之,如果 S 不属于 S,同样根据定义,S 就属于 S。无论如何都是矛盾的。

为通俗起见,罗素提出了一个与这个悖论等价的悖论——理发师悖论。该悖论表述如下:在某个城市中有一名理发师,他的广告词是这样写的:"本人的理发技艺十分高超,誉满全城。我将为本城所有不给自己刮脸的人刮脸,我也只给这些人刮脸。我对各位表示热诚欢迎!"来找他刮脸的人络绎不绝,自然都是那些不给自己刮脸的人。可是,有一天,这位理发师从镜子里看见自己的胡子长了,他本能地抓起了剃刀,可他能不能给他自己刮脸呢?如果他不给自己刮脸,他就属于"不给自己刮脸的人"的集合,他就要给自己刮脸;而如果他给自己刮脸呢,他又属于"给自己刮脸的人"的集合,他就不该给自己刮脸。于是,理发师陷入了两难境地。

其实,在罗素之前集合论中就已经发现了悖论。如 1897 年,布拉利和福尔蒂提出了最大序数悖论。1899 年,康托尔自己发现了最大基数悖论。但是,由于这两个悖论都涉及集合论中的许多复杂理论,所以只是在数学界掀起了一点小涟漪,未能引起大的注意。罗素悖论则不同,它非常浅显易懂,而且所涉及的只是集合论中最基本的东西。所以,罗素悖论一提出就在当时的数学界与逻辑学界引起了极大震动。如 G. 弗雷格在收到罗素介绍这一悖论的信后伤心地说:"一个科学家所遇到的最不合心意的事莫过于在他的工作即将结束时,其基础崩溃了。罗素先生的一封信正好把我置于这个境地。"可以说,这一悖论就像在平静的数学水面上投下了一块巨石,而它所引起的巨大反响则导致了第三次数学危机。

危机产生后,数学家纷纷提出自己的解决方案。人们希望能够通过对康托尔的集合论进行改造,通过对集合定义加以限制来排除悖论,这就需要建立新的原则。1908 年,策梅罗在自己这一原则基础上提出第一个公理化集合论体系,后来经其他数学家改进,称为 ZF 系统。这一公理化集合系统很大程度上弥补了康托尔朴素集合论的缺陷。除 ZF 系统外,集合论的公理系统还有多种,如诺伊曼等人提出的 NBG 系统等,成功排除了集合论中出现的悖论,从而比较圆满地解决了第三次数学危机。

但在另一方面,罗素悖论对数学而言有着更为深刻的影响。它使得数学基础问题第一次以最迫切的需要摆到数学家面前,导致了数学家对数学基础的研究。而这方面的进一步发展又极其深刻地影响了整个数学界。如围绕着数学基础之争,形成了现代数学史上著名的三大数学流派,即逻辑主义、形式主义和直觉主义,而各派的工作又都促进了数学的大发展等。

❸ 非欧几何学创立

欧几里得在其《几何原本》中提出了五条公理(也称公设),这五条公理分别为:(1)过两点能作且只能作一直线;(2)线段(有限直线)可以无限地延长;(3)以任一点为圆心,任意长为半径,可作一圆;(4)任何直角都相等;(5)同一平面内一条直线和另外两条直线相交,若在某一侧的两个内角的和小于两直角,则这两直线经无限延长后在这一侧相交。

长期以来,数学们发现第五公理(公设)和前四个公理比较起来,显得文字叙述冗长,而且也不那么显而易见。一些数学家提出,第五公理能不能不作为公理,而作为定理? 能不能依靠前四个公理来证明第五公理? 这就是几何发展史上最著名的争论了长达两千多年的关于"平行线理论"的讨论。到了 19 世纪 20 年代,俄国喀山大学教授罗巴切夫斯基在证明第五公理的过程中,经过极为细致深入的推理,得出了一个又一个在直觉上匪夷所思,但在逻辑上毫无矛盾的命题。最后,罗巴切夫斯基得出两个重要的结论:

第一,第五公理不能被证明。

第二,在新的公理体系中展开的一连串推理,得到了一系列在逻辑上无矛盾的新的定理,并形成了新的理论。这个理论像欧式几何一样是完善的、严密的几何学。

这种几何学被称为罗巴切夫斯基几何(简称罗氏几何)。这是第一个被提出的非欧几何学。罗巴切夫斯基几何的公理系统和欧几里得几何不同的地方仅仅是把欧式几何中的第五个公设,即平行公理,用"在平面内,从直线外一点,至少可以做两条直线和这条直线平行"来代替,其他公理基本相同。由于平行公理不同,经过演绎推理却引出了一连串和欧式几何内容不同的新的几何命题。

罗氏几何除了一个平行公理不同之外,其他公理均采用了欧式几何的一切公理。因此，凡是不涉及到平行公理的几何命题，在欧式几何中如果是正确的，在罗氏几何中也同样是正确的。在欧式几何中，凡涉及到平行公理的命题，在罗氏几何中都不成立，他们都相应地含有新的意义。

对非欧几何做出贡献的还有德国数学家乔治·费里德利希·伯恩哈德·黎曼，他是 19 世纪的伟大数学家之一。黎曼是微分方程理论的创始人之一。他的论文《不超过已知数的质数的个数》(1859 年)对于发展复变数理论和解析数论具有重大的意义。黎曼在其博士学位论文《单复变函数的一般理论基础》中，研究了新学科的理论，即拓扑学。就在罗巴切夫斯基创立新的、证明可能存在其他几何学的非欧几何学的消息从俄罗斯传到西欧之后不久，黎曼也研究并提出了自己创立的非欧几何学。现在这种几何学就用黎曼的名字命名——黎曼几何。这门几何学对发展数学的其他分支学科，如相对论、拓扑学等是十分有益的。黎曼的著作《用三角级数的方法表示函数的可能性》(1853 年)对积分理论和集合论，以及实变函数论都有很大的意义。

遗憾的是，结核病过早地夺去了这位伟大数学家的生命，黎曼去世时只有 40 岁。

❹ 攻克哥德巴赫猜想

从 1729 年到 1764 年，德国数学家哥德巴赫与欧拉保持了长达 35 年的书信往来。在 1742 年 6 月 7 日给欧拉的信中，哥德巴赫提出了一个猜想，这就是后来著名的哥德巴赫猜想。

用通俗的语言，这两个猜想可表述如下：

A：任何一个不小于 6 的偶数都是两个奇素数之和。

B：任何一个不小于 9 的奇数都是 3 个奇素数之和。

所谓素数，又称质数。指在一个大于 1 的自然数中，除了 1 和此整数自身外，不能被其他自然数整除的数。

1742 年 6 月 30 日，欧拉给哥德巴赫回信。欧拉表示相信猜想是对的，但他不能给出证明。容易证明，他的猜想 B 是猜想 A 的推论，所以猜想 A 是最基本的。有人对 3×10^6 以内的每一个偶数一一进行验算，都说明猜想 A 是成立的。关于猜想 A 的内容，甚至 5、6 年级的小学生都可以理解。但是，这样一个看似简单的问题却难倒了 270 年以来所有的数学家！全世界的数学家都说难以证明猜想。从 1742 年直到 20 世纪初，除了用具体偶数验证猜想外，对此猜想的证明没有任何进展。

1900 年，德国数学家希尔伯特在巴黎召开的第二届国际数学大会的演讲中，把哥德巴赫猜想看成是以往遗留的最重要的问题之一，介绍给 20 世纪的数学家来解决。1912 年在剑桥召开的第五届国际数学大会上，德国数学家兰岛在他的演说中,将猜想 A 作为素数论中四个未解决的难题之一加以推荐。1921 年,英国数学家哈代在歌本哈根召开的数学大会上说过,证明猜想 A 的困难程度是可以和任何没有解决的数学问题相比拟的。因此,哥德巴赫猜想不仅是数论,也是整个数学中最著名与最困难的问题之一。

直接证明哥德巴赫猜想不行,人们采取了迂回战术,就是先考虑把偶数表为两数之和,而每一个数又是若干素数之积。如果把命题"每一个大偶数可以表示成为一个素因子个数不超过 a 个的数与另一个素因子不超过 b 个的数之和"记作"$a+b$",那么哥德巴赫猜想就是要证明"$1+1$"成立。从 20 世纪 20 年代起,外国和中国的一些数学家先后证明了"$9+9$""$2+3$""$1+5$""$1+\cdots$"。

我国著名数学家华罗庚是中国最早从事哥德巴赫猜想研究的数学家。1936～1938 年,他赴英国留学,师从哈代研究数论,并开始研究哥德巴赫猜想,他验证了对于几乎所有的偶数猜想。1950 年,华罗庚从美国回国,在中国科学院数学研究所组织数论研究讨论班,选择哥德巴赫猜想作为讨论的主题。参加讨论班的学生,例如王元、潘承洞和陈景润等,后来在哥德巴赫猜想的证明上均取得了相当大的突破。

1956 年,王元证明了"$3+4$";同年,苏联数学家阿·维诺格拉朵夫证明了"$3+3$";1957 年,王元又证明了"$2+3$";潘承洞于 1962 年证明了"$1+5$";1963 年,潘承洞、巴尔巴恩与王元又都证明了"$1+4$";1966 年,陈景润在对筛法作了新的重要改进后,在极其艰苦的条件下,利用简陋的数学工具,证明了"$1+2$",即他证明了任何一个充分大的偶数,都可以表示为两个数之和,其中一个是素数,另一个或为素数,或为两个素数的乘积。"$1+2$"被称为"陈氏定理",并认为是"筛法发展的顶峰"。

世界数学界公认,用目前方法的改进是不可能证明猜想 A 的,要想证明猜想 A,必须有一个全新的数学思想。中国科学院的 4 位院士陈景润、王元、潘承洞和杨乐,1992 年曾经召开新闻发布会,公开告诫人们不要试图证明哥德巴赫猜想了,因为没有证明它的数学思想,在几十年,几百年,甚至上千年都不可能证明猜想 A。2000 年 3 月,英国费伯出版社和美国布卢姆斯伯里出版社联合悬赏 100 万美元向全世界征解,但至今仍无人能证明这个猜想。

事实充分说明,从 1742 年到现在根本没有找到证明猜想的正确数学思想。由此可知,没有正确的数学思想是不能证明哥德巴赫猜想的根本原因。虽然有了"$1+2$"的陈氏定理,但是陈氏定理没回答从 6 到充分大的区间内"$1+2$"是否成立,而且没有人知道充分大是多大。显然的,这充分的范围越大,陈氏定理没有解决"$1+2$"的范围就越大。这本身就说明"$1+2$"的理论和方法存在致命缺陷。

270 年的实践告诉我们,要想证明猜想 A,必须从头开始,从寻找证明猜想 A 的新的数学思想开始。当然,新理论必须既符合此前已有的经典理论和方法,同时又必须有新发现和对新发现的理论概括,并且有由此带来新的理论突破和新的方法突破。那么,全新的数学思想在哪里? 全新的数学思想有哪些内容? 这是证明哥德巴赫猜想的突破口,是研究者必须回答的问题。

1900 年 8 月 6 日,第二届国际数学家代表大会在巴黎召开,德国数学家大卫·希尔伯特以"新世纪对数学家的挑战"为题,向国际数学界提出了 23 个尚待解决的数学问题,这就是著名的希尔伯特演讲。这一演讲,成为世界数学史的重要里程碑,为 20 世纪数学的发展揭开了光辉的第一页。

希尔伯特对代数不变量、代数数论、元数学、积分方程、变分法、泛函分析等许多领域作出了杰出的贡献,以他名字命名的就有希尔伯特空间、希尔伯特不等式、希尔伯特变换及希尔伯特不变积分、希尔伯特定理、希尔伯特公理、希尔伯特子群、希尔伯特类域等,因而他被称为数学界的亚历山大。希尔伯特提出的 23 个问题中,现有近一半已获得解决,但还有一些问题的研究收效甚微。20 世纪以来,人们把能解决希尔伯特问题,哪怕是其中的一部分,都看成是很高的荣誉。从 1936 年到 1974 年,被誉为数学界诺贝尔奖——菲尔兹奖的 20 名获奖者中,至少有 12 人的工作与希尔伯特问题有关。1976 年,美国数学家协会组织评论 1940 年以来的美国 10 大数学成就,其中就有 3 项是研究希尔伯特问题的。中国数学家陈景润在希尔伯特第 8 个问题哥德巴赫猜想和孪生素数问题上的研究处于领先地位。1979 年,中国数学家史松龄和王明淑对希尔伯特第 16 个问题作出了贡献。在数学发展史上,经常有人提出一些问题或猜想,这是非常可贵的,因为重要的问题历来是推动科学前进的杠杆。例如,约翰·伯努利提出的最速降线问题是现代数学分支——变分法的起源。由于对费马问题的研究提出的"理想数",已成了近代代数数论中的核心概念。提出问题和猜想历来有之,但像希尔伯特这样集中地提出一整批问题并且持久地影响着一门学科的发展,在科学史上确是罕见的。

总之,20 世纪数学的发展是空前的,数学的基本理论更加深入和完善,辛几何和量子群的产生,有限单群分类的完成和费马大定理的证明,铸就了 20 世纪数学的辉煌。计算机的发展给数学带来了革命性变革,数学的应用更加广泛和直接,从波音 777 飞机的全数字化开发到指纹分析中的小波技术,从群的无穷维表示在高连通性通讯网络中的应用到 CT 扫描技术对积分几何的依赖,数学的应用直接活跃于生产力第一线,从而促进了技术和经济的发展,同时,也改变着人们对数学的传统认识。21 世纪人类迈入了知识经济时代,随着计算机技术的日臻完善,大数据、云计算、人工智能、物联网等技术异军突起,这背后无一不是数学的贡献。数学的应用领域将越来越广。

第三章

物理学发展历史

一、力学的发展

① 萌芽阶段

在古代，由于生产力水平低下，人们对自然界的认识主要依靠不充分的观察，以及在此基础上进行的直觉的、思辨的猜测，来把握自然现象的一般性质，因而古代自然知识基本上是现象的描述、经验的总结和思辨的猜测。那时，物理学还没有独立，它是包括在自然哲学之中的。在这个时期，观察和思辨是人们认识自然的主要手段和方法。比如，在对物质结构的认识上，人们提出了原子论、元气论、阴阳五行说、以太等假设，这些都是思辨的产物，由于那时人们的观察比较粗糙，又缺乏严格的数学论证，不免带有不少的空想和臆测的成分。

亚里士多德其在所著的《物理学》中，是这样描述世界图景的：大地或月下区域内的物体是由土、水、气、火四元素构成，它们在宇宙中的"天然位置"是土，位于最底层（即地球或宇宙中心），其上顺次为水、气、火，任一物体的运动都取决于该物体中占最大数量的元素，在该元素的天然位置的上下作直线运动；月球以上的天体则由截然不同的第五元素，即由纯净的以太（ether，希腊文的原意是燃烧或发光）构成，它们的天然运动是圆周运动。前一运动是有生有灭、永远变化的，后一运动则是无始无终、永远不变的。这样，天、地及其运动之间就存在不可逾越的鸿沟，这种对世界图景的认识对后来的科学发展事实上起了负面作用。

在中国，最早以物理为书名的，见之于三国、西晋时代会稽郡（今绍兴）处士杨泉的《物理论》，他认为气是"自然之体"，天是回旋运转的"元气"，万物是由阴阳二气的"陶化、播流、气积"而成。不少中国的先哲认为气或元气是构成万物的原始物质，阴阳二气的消长是事物运动变化的原因。也有人将"道"视为宇宙的本原及其普遍规律。这些和西方的观点具有颇多相似之处，也都认为天、地遵循不同的运动规律，如《淮南子·天文训》就说："道始于虚霩，虚霩生宇宙，宇宙生气，气有涯垠，清阳者薄靡而为天，重浊者凝滞而为地。"就是说，清者上浮，浊者下沉，形成天地之别。

在猜测和思辨地认识世界的同时，古代也出现了一些类似于用实验来研究物理现象的方法。例如，我国宋代科学家沈括在《梦溪笔谈》中就有关于声音共振实验和利用天然磁石进行人工磁化的实验的描述，以及赵友钦在《革象新书》中描述的大型光学实验等。在这个时期，首先得到较大发展的是与生产实践密切相关的力学，如静力学中的简单机械原理、杠杆原理、浮力定律等。中国古代墨家和古希腊的阿基米得就是其中的代表。

早在2300多年前，我国古代思想家墨子的《墨经》中就包含了丰富的关于力学、光学、几何学、工程技术知识和现代物理学、数学的基本要素。《墨经》中对力的概念提出了初步的论述："力，刑（形）之所以奋也。"就是说，力是使物体开始运动或加快运动的原因。《墨经》中还进一步把重量与力联系起来："力，重之谓。下，与（举），重奋也。"它指出了物体的重量也是一种力，并说明物体下落或向上举时，都有力的作用。墨家以桔槔和秤的工作原理为例，总结了杠杆的工作原理，提出了"本（短臂）""标（长臂）""权""重"等概念，论述了等臂杠杆和不等臂杠杆的平衡条件，并指出"挈，长重者下，轻短者上。"即杠杆的平衡，不但取决于两物的重量，还与"本""标"的长短有关。可见墨家已知道了可以用两种方法来调节杠杆的平衡，并已进行了杠杆原理的探讨。

墨家还叙述了斜面上的物体失去平衡的道理，以及利用斜面来提升重物的方法。他们曾设计了一种装着滑轮的前低后高的斜面车，称为"车梯"，用来载重物沿斜面不断升高，以节省人力。

尽管墨家探讨了杠杆原理，但真正表述出"杠杆原理"的则是古希腊科学家阿基米得，他在《论平面图形的平衡》一书中最早提出了杠杆原理。他首先把杠杆实际应用中的一些经验知识当作"不证自明的公理"，然后从这些公理出发，运用几何学原理及通过严密的逻辑论证，得出了杠杆原理。这些公理是：（1）在无重量的杆的两端离支点相等的距离处挂上相等的重量，它们将平衡；（2）在无重量的杆的两端离支点相等的距离处挂上不相等的重量，重的一端将下倾；（3）在无重量的杆的两端离支点不相等距离处挂上相等重量，距离远的一端将下倾；（4）一个重物的作用可以用几个均匀分布的重物的作用来代替，只要重心的位置保持不变。相反，几个均匀分布的重物可以用一个悬挂在它们的重心处的重物来代替；(5)相似图形的重心以相似的方式分布，等等。

正是从这些公理出发，在"重心"理论的基础上，阿基米得提出了杠杆原理，即"二重物平衡时，它们离支点的距离与重量成反比"。阿基米得对杠杆的研究不仅仅停留在理论方面，而且他据此原理还进行了一系列的发明创造。据说，阿基米得曾经借助杠杆和滑轮组，使停放在沙滩上的桅船顺利下水。在保卫叙拉古免受罗马海军袭击的战斗中，阿基米得利用杠杆原理制造了远距离和近距离的投石器，利用它们射出各种飞弹和巨石攻击敌人，曾把罗马人阻于叙拉古城外达 3 年之久。

当时地中海沿岸在古希腊衰落之后，先是马其顿王朝兴起，马其顿王朝衰落后，罗马王朝兴起。罗马人统一了意大利本土后向西扩张，遇到另一强国迦太基。公元前 264 年到公元前 221 年两国打了 23 年仗，这是历史上有名的"第一次布匿战争"，罗马人取得胜利。公元前 218 年开始又打了 4 年，这是"第二次布匿战争"，这次迦太基取得胜利。地中海沿岸的两个强国就这样连年争战。在西西里岛上，叙拉古是最大的国家，它是罗马和迦太基两个大国纷争的起源。无论是罗马还是迦太基都希望侵占叙拉古，把它合并到自己的版图上。

图 3-1　阿基米得设计守城对策

叙拉古夹在迦太基、罗马两个强国中，常常随着两个强国的胜负而弃弱附强，飘忽不定。阿基米得曾多次告诫国王，不要惹祸上身。可是当时的国王已不是那个阿基米得的好友亥厄洛。他年少无知，却又刚愎自用。国王很快就和罗马决裂了，与迦太基结成了同盟，罗马对此举很恼火，于是采取了报复的行动，叙拉古从陆上和海上遭到围攻。在保卫叙拉古的运动中，阿基米得建造了许多机器，能够把炮弹送到任何所希望的距离去。敌人离城市还很远，阿基米得便用自己设计制造的巨型远射程投射机器发射大量的重炮弹和箭，击败了敌人的战船。敌人无论如何也不能躲避这些炮弹，他们处于束手待毙境地，阿基米得还使用了适合需要距离的小型投射机器，使罗马军队无力向前推进。叙拉古还依靠阿基米得发明的另一种机械来消灭罗马的战船。当时罗马的兵船驶到城墙附近时，从城墙后面伸出鸟嘴梁，把巨大的重物抛在兵船上，把船打得粉碎。另外一些机械能够在兵船上空投下铁爪子，铁爪子抓住船头，把船提出水面，使船竖起来，然后再把船落下使它翻过来或者沉入水中。阿基米得的这些机械武器使罗马人不能从海上接近城市。

关于阿基米得在叙拉古的生活有许多传说。其中一个著名传说是,国王亥厄洛为自己定制了一个金皇冠。当皇冠做好后,他产生了怀疑,在金皇冠里会不会掺有银子。他请阿基米得找出确定纯金属的方法。阿基米得长时间想不出好的方法。有一次他洗澡时,当身体浸入装满水的浴盆的时候,水漫到盆外,而身体重量顿觉减轻。在这一瞬间,阿基米得似乎发现了物体浸在液体里就产生失重的规律。失去的重量等于排去液体的重量。这次成功的发现使阿基米得异常兴奋,他跑出浴室光着身子沿街奔跑,呼叫着"尤里卡"(我可找到啦)!由此,阿基米得发现了浮力定律,用这个定律就很容易确定金冠是不是纯金制作的。

总之,从远古直到中世纪的欧洲,由于生产的发展,积累了不少物理知识,也为实验科学的产生准备了条件,并有了一些实验探索,但是这些都还称不上系统的自然科学研究。在这个时期,物理学尚处在萌芽阶段。

❷ 伽利略及近代实验物理学

物理学一词,源自希腊文 Physikos。很长时期内,它和自然哲学(Natural Philosophy)同义,即探究物质世界最基本的变化规律。随着社会生产的发展和文化知识的扩展深化,物理学由纯思辨的哲学逐渐演变成以实验为基础的科学,研究内容也从较简单的机械运动扩及到较复杂的光、热、电磁等现象;从宏观的现象剖析深入到微观的本质探讨;从低速的较稳定的物体运动,进展到高速的迅变的粒子运动。新的研究领域不断开辟,而发展成熟的分支又往往分离出去,成为工程技术或应用物理学的一个分支,因此物理学的范围并非是一成不变的,其研究方法不论是逻辑推理还是数学分析和实验手段,也因不断精密化而有所创新。在 19 世纪发行的《不列颠百科全书》中,早已陆续地把力学、光学、热学、电学、磁学等分别列为专门词条,而物理学这一条却直到 1971～1973 年发行的第 14 版上才首次出现。

图 3-2　伽利略与钟摆

近代科学的诞生表现在科学研究方法上,就是实验方法的出现。科学实验作为认识自然的研究方法,在很多方面优于一般的观察和生产实践活动。近代初期,伴随着自然科学同宗教神学、经院哲学的激烈斗争,一批哲学家、科学家极力提倡科学实验,并把科学实验作为科学战胜对手、壮大自己力量的有力武器。科学实验日益成为独立的社会实践方式,它不仅使近代自然知识有了特有的实践基础,也促进了科学形态的变化,由此出现了与古代实用科学、自然哲学不同的崭新的科学形态,即实验科学。其开创者是近代意大利科学家伽利略。

经典物理学发展到阿基米得时代,已经在流体静力学和固体的平衡方面取得了辉煌成就,但当时阿基米得将这些归入应用数学范畴,并没有将他的成果特别是他的精确实验和严格的数学论证方法引入物理学中。从古希腊、罗马时代到漫长的中世纪,自然哲学始终是由亚里士多德理论一统天下。到了文艺复兴时期,哥白尼、布鲁诺、开普勒和伽利略等人不顾宗教的威迫,向旧传统挑战,其中伽利略开始将物理理论建立在严格的实验和科学的论证基础上,因此他被尊称为近代物理学或近代科学之父。

伽利略出生在意大利比萨城的没落贵族家庭,他 17 岁进入比萨大学学医。在大学的第一年中,有一天他参加比萨大教堂的集会,他没有专心听牧师讲道,却对大教堂里一盏灯的摆动产生兴趣。经过仔细观察,他发现虽然灯摆动的振幅逐渐减小,但是摆动一个周期所需要的时间总是一样的。随后,他用实验进一步证实了这个发现,在 17 岁那年,伽利略正式提出了摆的等时性原理。他建议将这个原理应用到钟表制造上,钟表制造从此得以建立在科学的基础上。

伽利略通过对物理现象的研究,发现了被奉为权威的亚里士多德学说的许多错误。亚里士多德认为物体下落的速度正比于物体的重量,因此重物体要比轻物体降落得快。据记载,1589 年伽利略在比萨斜塔当着其他教授和学生面做了一个著名的自由落体实验,推翻了亚里士多德的这一观点。伽利略还创立了动力学,即关于运动物体的科学。他利用思想实验的方法,提出了物体在不受外力作用的条件下,其运动速度将保持不变这一重大发现,这就是惯性定律(也即后来的牛顿第一定律)。而在这之前,自亚里士多德以来,人们一直认为,物体只有在不断受到力的作用时才能运动。惯性定律彻底否定了这个错误的结论。

伽利略作为近代实验科学的奠基人,不仅以自己的实验成果启示人们如何去进行自然研究,而且告诫人们必须用实验去获得物理学的基本原理和检验推理的结果,而不能盲目相信书本。伽利略还强调把实验的观测同数学的演绎结合起来,而不是单纯依靠经验。伽利略的实验方法、数学方法和分析方法,深刻地影响了与他同代和在他以后的科学家们,这些方法也成为以后科学研究的基本方法。

伽利略还深入分析了"地常动移而人不知"这一物理现象,提出了著名的"伽利略相对性原理",即力学规律在所有惯性坐标系中是等价的。也就是说力学过程对于静止的惯性系和运动的惯性系是完全相同的。按这一原理,在一系统内部所作任何力学的实验都不能够决定一惯性系统是在静止状态还是在作等速直线运动。伽利略在《对话》中写道:当你在密闭的运动着的船舱里观察力学过程时,"只要运动是匀速的,决不忽左忽右摆动,你将发现,所有上述现象丝毫没有变化,你也无法从其中任何一个现象来确定,船是在运动还是停着不动。即使船运动得相当快,在跳跃时,你将和以前一样,在船底板上跳过相同的距离,你跳向船尾也不会比跳向船头来得远,虽然你跳到空中时,脚下的船底板向着你跳的相反方向移动。你把不论什么东西扔给你的同伴时,不论他是在船头还是在船尾,只要你自己站在对面,你也并不需要用更多的力。水滴将像先前一样,垂直滴进下面的罐子,一滴也不会滴向船尾,虽然水滴在空中时,船已行驶了许多拃(距离单位)。鱼在水中游向水碗前部所用的力,不比游向水碗后部来得大;它们一样悠闲地游向放在水碗边缘任何地方的食饵。最后,蝴蝶和苍蝇将继续随便地到处飞行,它们也决不会向船尾集中,并不因为它们可能长时间留在空中,脱离了船的运动,为赶上船的运动显出累的样子。如果点香冒烟,则将看到烟像一朵云一样向上升起,而不会向任何一边移动。所有这些一致的现象,其原因在于船的运动是船上一切事物所共有的,也是空气所共有的。"

图 3-3　伽利略设想的萨尔维阿斯的大船

相对性原理是伽利略为了答复地心说对哥白尼体系的责难而提出的。这个原理的意义远不止此,它第一次提出惯性参照系的概念,这一原理后来被爱因斯坦称为伽利略相对性原理,是狭义相对论的先导。

❸ 对真空和大气压的认识

地球的周围被厚厚的空气包围着,这些空气被称为大气层。空气可以像水那样自由地流动,同时它也受重力作用,因此空气的内部向各个方向都有压力,为了描述这个压力,人们引入了"大气压"这个概念,大气压就是大气压强,即单位面积上产生的大气压力。

对于大气压问题,历史上曾长期争论不休,很长时间,亚里士多德的"大自然厌恶真空"的说法始终占上风。伽利略曾发现,抽水机在工作时,不能把水抽到 10 米以上的高度,他把这种现象解释为存在有"真空力"的缘故。"真空"按其词源是指虚空,即一无所有的空间。如今,工业和真空科学上的所说的"真空"指的是,当容器中的压力低于大气压力时,把低于大气压力的部分叫做真空。最早对真空和大气压进行研究的是伽利略的学生托里拆利。

从 1643 年起,托里拆利曾先后采用多种液体,设计了多种实验方式进行研究,如海水、蜂蜜、水银等都是他选用的对象。大量的实验证实了抽水机提升液体的高度,决定于液体的比重。托里拆利选用水银来做实验,取得了最成功的结果。他把装满水银的玻璃管一端封闭,开口端插入水银槽中,他发现无论玻璃管长度如何,也不论玻璃管倾斜程度如何,管内水银柱的垂直高度总是 76 厘米。后来人们称这一实验为"托里拆利实验",完成实验的玻璃管为"托里拆利管"。

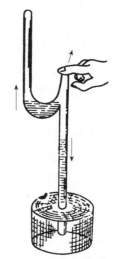

图 3-4　托里拆利实验示意图

在这个实验中,水银柱上端玻璃管内显然是真空的(接近真空,有少量水银蒸汽存在),称为"托里拆利真空",这是世界上首次人工获得的真空状态。托里拆利根据这一实验得出结论:空气具有重量,空气重量所造成的压力与管内水银柱的高度所造成的压力相等,才使水银柱具有某一确定高度。托里拆利根据自己的实验,提出了可以利用水银柱高度来测量大气压。1644 年,他同维维安尼合作,制成了世界上第一支水银气压计。

1644 年,托里拆利发表了有关几何学和物理学方面的著作。在著作中,他论证了空气具有重量,并对重量和压力等物理概念进行了深刻阐述。他从实验上解决了空气是否有重量和真空是否可能存在的两个重大课题。在总结前人理论和实验的基础上,托里拆利进行了大量的实验,实现了真空,验证了空气具有压力这一重要的事实。对于托里拆利实验,也曾存在着激烈的争论,特别是有人提出托里拆利实验的玻璃管上端内充有"纯净的空气",并非是真空,托里拆利又做了其他的实验加以反驳(如图 3-4),这些争论一直持续到帕斯卡的实验成功后,人们的认识才逐渐统一起来。为了纪念托里拆利在科学上的重大发现和贡献,最初大气压的单位就是用他的名字命名的。

帕斯卡 1623 年生于法国多姆山省的克莱蒙,他没有受过正规的学校教育。他四岁时母亲病故,由受过高等教育、担任政府官员的父亲和两个姐姐负责对他进行教育和培养。他父亲是一位受人尊敬的数学家,在其精心教育下,帕斯卡在年龄很小的时候就精通欧几里得几何。1631年帕斯卡全家移居巴黎,他父亲常与巴黎一流的几何学家如马兰·梅森、伽桑狄、德扎尔格和笛卡儿等人交往,小帕斯卡也耳濡目染逐渐表现出在数学上的天赋。帕斯卡16岁写成《论圆锥曲线》一书,这本书的大部分已经散失,但是一个重要结论被保留了下来,即"帕斯卡定理":如果一个六边形内接于一条二次曲线(圆、椭圆、双曲线、抛物线),那么它的三组对边延长线的三个交点在同一条直线上。

笛卡儿对此书大为赞赏,但他不敢相信这是出自一个16岁少年之手。1641年,帕斯卡又随家移居鲁昂。1642年,到1644年间,帕斯卡帮助父亲做税务计算工作时,为减轻父亲计算工作的劳累而发明了机器加法器,这是世界上最早的计算器,现陈列于法国博物馆中。此后,帕斯卡又集中精力进行关于真空和流体静力学的研究,取得了一系列重大成果。1653年帕斯卡发现一个规律:不可压缩的静止流体中任一点受外力产生压力增值后,此压力增值瞬时传至静止流体各点。这就是后来著名的"帕斯卡定律",帕斯卡定律表明,封闭容器中的静止流体的某一部分发生的压强变化,将大小不变地向各个方向传递。因为压强等于作用压力除以受力面积。根据帕斯卡定律,如果我们在水力系统中的一个活塞上施加一定的压强,那么必将在另一个活塞上产生相同的压强增量。如果第二个活塞的面积是第一个活塞的面积的10倍,那么作用于第二个活塞上的力将增大至第一个活塞的10倍,而两个活塞上的压强相等,他利用这一原理后来制成了水压机。

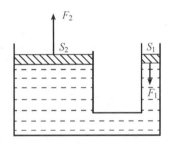

图3-5　帕斯卡定律示意图

1647年,帕斯卡重返巴黎居住,他反对"自然厌恶真空"的传统观念,这些传统观念就是否定真空的存在。为了检验伽利略和托里拆利的理论,帕斯卡制作了一种水银气压计,在一座山顶上反复地进行了大气压实验,为流体动力学和流体静力学的研究铺平了道路。1648年,帕斯卡设想并进行了对同一地区不同高度大气压强测量的实验,发现了随着高度降低,大气压强增大的规律。在这几年中,帕斯卡在实验中不断取得新发现,并且有多项属于重大发明,如发明了注射器、水压机,改进了托里拆利的水银气压计等。1649年到1651年,帕斯卡同他的合作者皮埃尔详细测量同一地点的大气压变化情况,成为利用气压计进行天气预报的先驱。遗憾的是,帕斯卡39岁就去世了。后人为纪念他,用他的名字来命名压强的单位"帕斯卡",简称"帕"。1标准大气压=760毫米汞柱=76厘米汞柱=$1.013\,25 \times 10^5$帕(Pa)=10.339米水柱。

1654年,时任马德堡市长的奥托·冯·格里克进行了一项科学实验,目的是为了证明大气压力和真空的存在,此实验也因格里克的职务而被称为"马德堡半球"实验。格里克把两个直径30多厘米的空心铜半球紧贴在一起,用抽气机抽出球内的空气,然后用两队马向相反的方向拉两个半球。16匹马拼命挣扎着都不能把它们拉开,或者只有费了很大的劲才能拉开它们,当马用尽了全力把两个半球最后拉开的时候,两个半球还发出了很大的响声,像放炮一样。市民们惊奇地问:"是什么力量把它们压合得这么紧呢?""没有什么,是空气。"格里克这样回答。而如果把铜半球上的阀门拧开,让空气经阀门流进球里,结果用手一拉,球就开了。

图 3-6　马德堡半球实验

4　牛顿的理论大综合

15世纪末叶,资本主义生产关系的产生,促进了生产和技术的大发展;席卷西欧的文艺复兴运动,解放了人们的思想,激发起人们的探索精神。近代自然科学就在这种历史条件下诞生了。系统的观察实验和严密的数学演绎相结合的研究方法被引进物理学中,导致了17世纪主要在天文学和力学领域中的"科学革命",牛顿力学体系的建立,标志着近代物理学的诞生。人们以力学的模型去认识各种物理现象,机械论的自然观也由此成为18世纪物理学的统治思想。

继伽利略之后,近代自然科学的集大成者和重要的奠基人是英国大科学家艾萨克·牛顿。

在牛顿之前,人们已经知道有两种"力":地面上的物体都受重力的作用,天上的月球和地球之间以及行星和太阳之间都存在引力。牛顿的科学研究是从一系列的提问出发的:苹果为什么会落地?月亮为什么不会从天上掉下来呢?地球将苹果往下拉的这种力会不会控制月球呢?在多大的高度内重力起作用?重力和引力这两种力究竟是性质不同的两种力,还是同一种力的不同表现呢?牛顿在剑桥大学读书时就提出并考虑起这些问题了。

牛顿在研究中善于联想。他联想到乡下的孩子们常常用投石器打几个转转之后,把石头抛得很远。他们还可以把一桶牛奶用力从头上转过,而牛奶不洒出来。通过联想,牛顿将这一现象与引力联系在一起,并想到开普勒和伽利略的思想。从宇宙太空到行星,直至地球和月球,牛顿抓住这些联系不放,一头扎进"引力"的计算和验证中。1671年,牛顿得到了两个完全一致的加速度值。这使他认为,重力和引力具有相同的本质。他又把基于地面物体运动的三条定律(即牛顿三大定律)用于行星运动,同样得出满意的结论。整整经过了7个春秋寒暑,牛顿终于把举世闻名的"万有引力定律"全面证明出来,牛顿使用拉丁单词"Gravitas"(沉重)来为现今的引力(Gravity)命名,详细阐述了万有引力定律,并建立力学体系,将地上运动和天体运动规律统一起来。

1687年牛顿的划时代巨著《自然哲学的数学原理》出版。在该书中,牛顿系统阐述了三大运动定律和万有引力定律。

牛顿从1703年起任英国皇家学会会长,任职时间长达24年之久。1727年3月31日,牛顿逝世,他被埋葬在了威斯敏斯特教堂。18世纪英国最伟大的诗人亚历山大·蒲柏赞美牛顿称:自然和自然的法则在黑暗中隐藏;上帝说,让牛顿去吧!于是一切都被照亮。

牛顿力学的建立得益于已有的科学成就。哥白尼、伽利略、开普勒、笛卡儿等人在天文学、力学、光学、数学等方面的贡献,为经典力学奠定了坚实的基础,特别是伽利略与开普勒对牛顿经典力学体系的建立更是有着极其重要的影响。所以牛顿生前为我们留下两句名言,一句是:"我不知道在别人看来,我是什么样的人;但在我自己看来,我不过就像是一个在海滨玩耍的小孩,为不时发现比寻常更为光滑的一块卵石或比寻常更为美丽的一片贝壳而沾沾自喜,而对于展现在我面前的浩瀚

图3-7 牛顿

的真理的海洋,却全然没有发现。"另一句是:"如果说我比别人看得更远些,那是因为我站在了巨人的肩上。"

牛顿经典力学的成就之大使得它广泛传播,深深地改变了人们的自然观。人们往往用力学的尺度去衡量一切,用力学的原理去解释一切自然现象,将一切运动都归结为机械运动,一切运动的原因都归结为力,自然界是一架按照力学规律运动着的机器。这种机械唯物主义自然观在当时是有进步作用的。由于它把自然界中起作用的原因都归结为自然界本身规律的作用,有利于促使科学家去探索自然界

的规律。它能刺激人们运用分析和解剖的方式,从观察和实验中取得更多的经验材料,这对科学的发展来说也是必要的。但这种思维方式在一定程度上忽视了辩证思维的作用,忽视了事物之间的联系和发展,这种机械的自然观也在一定程度上阻碍了人类社会的进步,产生了消极作用,使自然科学在 18 世纪几乎 100 年里都没有大的突破。直到 19 世纪,自然科学在辩证自然观指导下才在各个领域出现了大的理论综合。

二、热学的起步与发展

① 对热进行测量

人类对热的认识由来已久。人类从自然界的雷击、山火等现象中获得火种,学会了用火来烧烤猎物,继而开始熟食;学会用火来御寒取暖、驱暗照明,火的利用大大扩展了人类活动的时间和空间。燧人氏以石击石,用产生的火花引燃火绒,生出火来,有了人类对火的自觉运用。利用火的发光发热、热胀冷缩等现象为人类服务,人类就必须要研究热。

热学是从对热现象的定量研究开始的。定量研究的第一个标志是测量物体的温度。温度是表示物体冷热程度的物理量。早在 16 世纪,伽利略就已制造出第一支空气温度计,以后意大利齐曼托学社的成员们继续研究温度计。测温的基本依据是物质的热胀冷缩,其次还要有一个约定的标度系统。伽利略的温度计利用的是空气的受热膨胀和遇冷收缩,但没有固定的刻度。齐曼托学社将一年中最冷和最热的时候作为两个固定点,制定了一个大致的计量系统。他们发现,冰的熔点是一个常数,这启发后来的人们将此作为固定点。惠更斯在 1665 年已提出以化冰或沸水的温度作为计量温度的参考点。

1702 年,法国物理学家阿蒙顿改进了伽利略的空气温度计,测温物质仍为空气,但整个装置完全封闭,不受外部大气压的影响。这个温度计比伽利略的温度计要准确一些。阿蒙顿选定水的沸点为一个固定点,但他不知道沸点也取决于大气压力,所以没有选好准确的固定点。阿蒙顿还提出了绝对零度的概念,他说,当空气完全没有弹性、收缩到不能再收缩的程度时,就一定是极冷点了。

继续着阿蒙顿事业的是出生于德国但泽(今波兰的格但斯克)的华伦海特。他青年时代移居荷兰阿姆斯特丹学习商业,以制造气象仪器为职业。华伦海特注意到阿蒙顿的工作,通过实验,他发现每一种液体都有一个属于自己的沸点;他还发现,沸点随大气压的变化而变化。1714 年,华伦海特用水银代替酒精作为测温物质,制作了自己的温度计。他还发明了净化水银的新方法,使这种水银温度计成了真正可供应用的温度计。水银的使用大大扩展了测温范围,因为酒精的沸点太低,不能测量高温,而水银的沸点远远高于水。此外,水银的热胀冷缩变化率比较稳定,可以用作精密测温。

华伦海特将盐加入水中,得到比任何冰点都低的最低冰点,并以此作为零度,这样做的目的是不想出现负温度。他又将人的体温作为另一个固定点,将这两个固定点之间划分为 $8×12=96$ 个刻度,这样人的体温就是 96 度。后来,他作了调整,令水的沸点为 212 度,使纯水的冰点为 32 度。调整后的人体体温为 98.6 度。这套计温体系就是华氏温标(符号:℉)。1724 年,华伦海特公布了他的温度计,直到今天,世界上许多国家仍采用华氏温标。

1742 年,瑞典天文学家摄尔修斯提出了一个新的测温系统。他以水银为测温物质,将水的沸点定为 0 度,冰的溶点定为 100 度。8 年以后,摄尔修斯的同事建议把标度倒过来,于是形成了今日广为采用的摄氏温标(符号:℃)。

在热学的早期发展中,与温度的测量同等重要的成就是热量的测量。人们一开始并没有认识到温度与热量之间的区别,最早指出它们之间区别的是苏格兰化学家布莱克。大约在 1757 年,布莱克提出将热和温度分别称做"热的分量"和"热的强度",并把物质在相同温度时的热量变化叫做"对热的亲和性"。在这个概念的基础上,后来出现了"热容量"和"比热"的概念。这两个概念奠定了热平衡理论的基础。布莱克最著名的发现是"潜热"。他在实验中发现,把冰加热时冰缓慢融化,但温度却不变;同样,水沸腾时化为蒸汽,需吸收更多的热量,但温度也不变。布莱克后来进一步发现,许多物质在物态变化时都有这种现象,它们的逆过程也同样,而且由汽到水、由水到冰所放出的热量,正好等于由冰到水、由水到汽所吸收的热量。因此,布莱克提出了"潜热"概念,认为这些未对温度变化有所贡献的热是潜在的热,由此发展了量温学和量热学。

❷ 热到底是什么

人类在生产和生活中最早接触到的自然现象之一就是热现象,但是能够测量温度不等于就认识了热。热究竟是什么? 这一直是困惑人们数千年的难题。历史上对此有过长期的争论。从史前时期直到 18 世纪初,虽然人们对热现象的本质进行过许多探索,但由于掌握的知识不够丰富,方法不够科学,因而对热的本质认识只是一些设想。

古代原子论者相信热是一种物质;近代伽桑狄也明确提出了"热原子"和"冷原子"的概念,认为物体发热是因为"热原子"在起作用。伽桑狄的理论虽然只是思辨性的,但却受到后来物理学家的重视,并由此发展出了热质说。热质说认为,热是一种自相排斥的、无重量的流质,称作热质。它不生不灭,可透入一切物体之中。一个物体是"热"还是"冷",由它所含热质的多少决定。较热的物体含有较多的热质,冷热不同的两个物体接触时,热质便从较热的物体排入较冷的物体,直到两者的温度相同为止。

热质说确实可以解释当时碰到的大部分热学现象:物体温度的变化可以看成是吸收或放出热质造成的,热传导是热质的流动,物体受热膨胀是因为热质粒子相互排斥,潜热是物质粒子与热质粒子产生化学反应的结果。由于热质是一种物质;一个物体所减少的热质,恰好等于另一物体所增加的热质;从而热质在传递过程中是守恒的;即遵从物质守恒定律。热质说的这些优点,赢得了当时大多数学者的赞同。

1738年,法国科学院曾悬赏关于热本性的论文,获奖的三个人都是热质说的拥护者。可见在当时热质说已被很多人接受。因为这种学说能比较直观地解释一些物理现象和实验结果,所以得到了广泛的承认。

❸ 热的唯动说

17世纪以后,多数人根据摩擦生热的现象,认为热是一种特殊的运动。在近代史上,第一个对热进行系统科学探索的是英国的弗朗西斯·培根。他认为热的本质、精髓是运动——热是一种膨胀的、被约束的在其斗争中作用于物体的较小粒子之上的运动。随后,法国的笛卡儿、俄国的罗蒙诺索夫,把热看作为物质粒子的一种旋转运动。当时在英国,培根的学说产生了极大的反响,他的后继者大部分都接受了他的观点,化学家波义耳、物理学家胡克、牛顿等都相信热是一种运动。波义耳认为热是一种在物质内部产生的强烈的混乱运动;胡克认为热是一种由微粒的运动而产生的性质;牛顿认为物体各部分的振动是热的活动性质的由来。这种热之唯动说的观点流传得相当广,但是由于缺乏精确的实验依据,它还不能形成科学的学说。

热质说支配着18世纪后期的热学,它能成功地解释热量守恒定律,还能解释与比热和潜热概念相关的实验事实。但它也有一个弱点,即人们不能肯定热质是否也像所有其他物质一样拥有质量。18世纪末,一个美国出生的英国物理学家对热质说提出了挑战,他名叫伦福德。

1798年,伦福德仔细观察了枪炮的制造过程,后来又做了大量实验。他把炮筒固定在水中,用马来拉动很钝的钻头,使钻头转动,在炮筒内钻孔加工。结果他发现,加工出来的铁屑很少,但是炮筒周围大量的水却不断地变热而沸腾。随着加工过程的不断进行,热几乎可以无穷无尽地产生出来。伦福德又设计了一系列钻孔实验,设法将仪器与外界绝热,然后测量钻孔前后的金属的热容量有没有变化。

实验结果表明，金属炮筒和切削出来的碎片的热容量完全一样，并没有变化。这个著名的实验证明了热质说的错误，并支持了应当把热看作是一种运动的学说。伦福德的看法引起了正在新创办的皇家学院任教的科学家戴维的兴趣，他精心设计了一个更有说服力的实验以证实伦福德的观点：在一个绝热装置里，让两块冰相互摩擦，结果两块冰都融化了。

有人认为，伦福德和戴维的实验只是指出了热质说的问题，但并没有证明热质是不存在的。照现在的观点看来，这两个实验都证明了热之唯动说的观念是对的，但是由于这两个实验还比较粗糙，那时还没有找到机械运动转化为热运动的定量关系，所以还不足以击破人们头脑中的根深蒂固的热质说的观念。直到1842年，人们开始在实验中精确地测定了热功当量的数值后，热质说才受到了致命的打击，宣告破产。

❹ 卡诺的孤独探索

由于蒸汽机的发明，工业革命在欧洲逐步扩展开来。当时的机械工程师一直对两个问题感到困惑：第一，热机效率是否有一个极限？第二，什么样的热机工作物质是最理想的？在对热机效率缺乏理论认识的情况下，工程师们从热机的适用性、安全性和燃料的经济性几个方面来改进热机。法国工程师卡诺采用了截然不同的途径，他不是研究个别热机，而是寻找一种可以作为一般热机的比较标准的理想热机。

1824年，卡诺出版了生前发表的唯一一本著作《关于火的动力的思考》。在这本书中，卡诺提出了他的理想热机理论，奠定了热力学的理论基础。他设想了一台理想热机，即由一个高温热源和一个低温热源组成，以理想循环（也称"卡诺循环"）工作的热机。他认为，所有的热机之所以能做功，就因为热由高温热源流向了低温热源。他证明了理想热机的热效率将是所有热机中热效率最高的。他还证明了，理想热机的热效率与高低温热源之差成正比，且与循环过程之中的温度变化无关。

卡诺循环中能量的转换情况可用图3-8：A表示。工作物质从高温热源吸收热量 Q_h，一部分用于对外作功 A，一部分热量 Q_c 放给低温热源。因为卡诺循环只同两个热源交换热量，所以可逆卡诺循环是由两个准静态等温过程和两个准静态绝热过程组成的。图3-8：B是理想气体可逆卡诺循环的 p-V 图。其循环过程如下：（1）等温膨胀，工作物质从温度为 T_1 的热源吸收热量 Q_1，由状态（P_1，V_1，T_1）膨胀到状态（P_3，V_3，T_1）；（2）绝热膨胀，由状态（P_4，V_4，T_1）到状态（P_1，V_1，T_1）；（3）等温压缩，由状态（P_2，V_2，T_2）到状态（P_4，V_4，T_2），工质放出热量 Q_2；（4）绝热压缩，由状态（P_4，V_4，T_2）到状态（P_1，V_1，T_1），完成一个循环。在此循环过程中，卡诺热机所作的功为 $A = Q_1 - Q_2$，循环的效率为：

$$\eta = \frac{A}{Q_1} = 1 - \frac{Q_2}{Q_1}$$

而理想气体卡诺循环的效率则为：

$$\eta = 1 - \frac{T_2}{T_1},$$

仅同两个热源的温度有关。

卡诺进一步提出：（1）在相同的高温热源和相同的低温热源之间工作的一切可逆热机，其效率都是 $\eta = 1 - \frac{T_2}{T_1}$，同工作物质无关；（2）在相同的高温热源和相同的低温热源之间工作的一切不可逆热机，其效率都不可能大于可逆热机的效率。

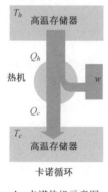
A：卡诺热机示意图

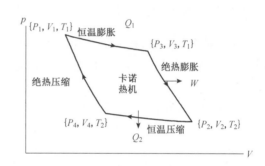
B：卡诺循环

图 3-8

值得一提的是，卡诺在 1824 年的论著中借用了"热质"的概念，这是他的理论在当时受到怀疑的一个重要原因。卡诺之所以要借助于"热质"概念，是为了便于通过蒸汽机和水轮机的形象类比来发现热机的规律。他把热的动力与一个瀑布的动力相比较。瀑布的动力依赖于它的高度和水量；热的动力也依赖于所用的热质的量，以及交换热质的物体之间的温差。在卡诺看来，"热质"正如水从高水位流下推动水轮机一样，它从高温热源流出以推动活塞，然后进入低温热源。在整个过程中，推动水轮机的水没有量的损失；同样，推动活塞的"热质"也没有损失。卡诺后来意识到将热机与水车类比是不确切的。从 1830 年起，他实际上已经抛弃了热质说而转向热之唯动说，并且得出了能量守恒原理。他在笔记中写道："热不是别的东西，而是动力（能量），或者可以说是改变了形态的运动，它是一种运动。动力是自然界的一个不变量。准确地说，它既不能产生，也不能消灭。实际上它只改变它的形式，也就是说，它有时引起一种运动，有时则引起另一种运动，但决不消失。"他还在手稿中计算了热功当量。

卡诺的学说当时并未引起学术界的关注。10 年后，英国青年物理学家威廉·

汤姆生(即后来被称为开尔文勋爵的科学家)在法国学习时,偶尔读到介绍卡诺的文章,才知道有卡诺的热机理论。1848 年,他发表的《建立在卡诺热动力理论基础上的绝对温标》一文,主要根据前人对卡诺理论的介绍来写的。1849 年,开尔文终于弄到一本他盼望已久的卡诺著作。10 余年后,德国物理学家克劳修斯也遇到了同样的困难,他一直没弄到卡诺原著,只是通过开尔文的论文熟悉了卡诺理论。

卡诺的理论不仅是有关热机的理论,它还涉及到热量和功的转化问题,因此也就涉及到热功当量、热力学第一定律及能量守恒与转化基础理论。可以设想,如果卡诺的理论在 1824 年就开始得到公认或得以推广,上述基本理论的发现可能会提前许多年。

⑤ 能量守恒定律的创建

卡诺用抽象的方法,构想了一台"理想热机",阐述了热能与机械能(功)之间的变换关系,说明热能转化为机械能是守恒的,已经接近热力学第一定律(能量守恒定律)和热力学第二定律,但由于他相信热质说,故没有明确提出这两个定律。

物质和运动守恒的思想在近代自然科学中出现较早,但当时科学家只是认为机械能守恒,还没有物质及其运动形态相互转化的认识。既然机械运动的能量是既不能增加又不能减少的,那么人们就很自然地得到这样的观点:以纯力学的方法制造永动机是不可能的,自然界可能存在着一条普遍的规律,它决定着无论通过什么样的办法,都不可能无能量供给而永不休止的运动,这显示出自然界的物质运动是不可能无中生有地创造出来的,它只能从一种形式转变为另一种形式。

19 世纪 40 年代,不同领域的科学家从各自的研究中都得出了能量守恒的科学理论。从此,人们对能量守恒与转化规律有了清楚的认识,这标志着人类对自然界规律认识产生了一次大综合。

提出能量守恒定律的主要代表是:德国医生迈尔(1841 年)、英国物理学家焦耳(1849 年)、德国科学家赫尔姆霍茨(1848 年)、英国物理学家汤姆生(1853 年)。

詹姆斯·普雷斯科特·焦耳 1818 年出生于英国的曼彻斯特,焦耳自幼跟随父亲参加酿酒劳动,没有受过正规的教育。青年时期,在别人的介绍下,焦耳认识了著名化学家道尔顿。道尔顿给予焦耳热情的教导,教他数学、哲学和化学方面的知识,这些知识为焦耳后来的研究奠定了理论基础。而且道尔顿还教会了焦耳理论与实践相结合的科研方法,激发了焦耳对化学和物理的兴趣,并在他的鼓励下决心从事科学研究工作。1840 年焦耳的第一篇重要的论文被送到英国皇家学会,论文中指出电导体所发出的热量与电流强度、导体电阻和通电时间的关系,这就是后来著名的焦耳定律。

1843 年,焦耳设计了一个新实验。他将一个小线圈绕在铁芯上,让铁芯运动产生感生电流,并用电流计测量感生电流的大小,把线圈放在装水的容器中,测量水温以计算热量。这个电路是完全封闭的,没有外界电源供电,水温的升高只是铁芯机械能转化为电能、电能又转化为热的结果,整个过程不存在热质的转移。这一实验结果完全否定了热质说。

1843 年 8 月 21 日,在英国学术年会上,焦耳报告了他的论文《论电磁的热效应和热的机械值》,他在报告中提出,1 千卡的热量相当于 460 千克米的功[①]当时焦耳的报告没有得到支持和强烈的反响,这使他意识到自己还需要进行更精确的实验。

1847 年,焦耳做了被认为是设计思想最巧妙的实验:他在量热器里装上水,中间安上带有叶片的转轴,然后让下降重物带动叶片旋转,由于叶片和水的摩擦,水和量热器都变热了(如图 3-9 所示)。他根据重物下落的高度,算出释放的机械功;根据量热器内水升高的温度,计算出水的内能的升高值。再将这两个数值进行比较就可以求出热功当量的准确值来。焦耳还用鲸鱼油代替水来做实验,测得了热功当量的平均值为 423.9 千克米/千卡。接着又用水银来代替水,不断改进实验方法。

当焦耳在 1847 年英国科学学会的会议上再次公布自己的研究成果时,他还是没有得到支持,很多科学家都怀疑他的结论,认为各种形式的能之间的转化是不可能的。直到 1850 年,其他一些科学家用不同的方法获得了能量守恒定律和能量转化定律,他们的结论和焦耳相同,这时焦耳的工作才得到承认。1875 年,英国皇家学会委托焦耳更精确地测量热功当量。焦耳这次得到的结果是 4.15,已经非常接近 1 卡=4.184焦(耳)这一标准值。

焦耳在研究热的本质时,发现了热和功之间的转换关系,并由此得到了能量守恒定律,最终发展出热力学第一定律。在国际单位制中,能量的单位——焦耳,就是以他的名字命名的,这也算是对焦耳工作成就的最高奖赏。

后来,汤姆生对能量守恒与转化定律这一重要的科学思想做了完整的表述:从量上,宇宙的物质运动能量的变化是按一定的数量关系有规律地进行的,一种形式的能量变化必然产生另一种运

图 3-9 焦耳的实验装置示意图

动形式的能量,总量不变。从质上,物质能量有自己转化的能力。根据能量守恒的原理,1850 年德国物理学家克劳修斯给出了热力学第一定律的表达式:$\Delta Q = \Delta A + \Delta U$(他称之为热的力学基本原理)。

---

① 1826 年,J. V. 彭赛列创造了"功"这个词,物理学中表示力对物体作用的空间的累积的物理量。

在 19 世纪早期,不少人沉迷于一种神秘机械——永动机的制造,因为这种设想中的机械只需要一个初始的力量使其运转,之后该机器不再需要任何动力和燃料,就能自动不断地做功(这类永动机也称第一类永动机)。直至热力学第一定律被提出后,第一类永动机的神话才不攻自破。在热力学第一定律问世后,人们认识到能量是不能被凭空制造出来的,因为机械运动总会有热量损失。于是有人提出,设计一类装置,从海洋、大气乃至宇宙中吸取热能,并将这些热能作为驱动机器转动和功输出的源头,这就是所谓的第二类永动机。第二类永动机的实质是只有单一的热源,它从这个单一热源吸收的热量,可以全部用来做功,而不引起其他变化。事实证明,这些努力也都以失败告终,人们从失败中发现,第二类永动机也只是人的一种美好想象,同样不可能制成,它表示机械能和内能的转化过程具有方向性,使人们认识到自然界中进行的涉及热现象的宏观过程都具有方向性,由此引出热力学的第二定律。

克劳修斯与汤姆生同时提出了热力学第二定律。克劳修斯对热力学第二定律表述为:热可以从高温物体自动传到低温物体,不能反过来传递,不带来其他变化。汤姆生的表述是:功可以完全转化为热,但任何热机不能全部地、连续不断地把所受的热全部转化为功。热力学第二定律的两种表述看上去似乎没什么关系,然而实际上他们是等效的,即由其中一个,可以推导出另一个。人们构想的第二类永动机,其热机效率一定是 100%,虽然它不违反能量守恒定律,但大量事实证明,在任何情况下,热机都不可能只有一个热源,热机要不断地把吸取的热量变成有用的功,就不可避免地将一部分热量传给低温物体(即低温热源),因此效率不会达到 100%。第二类永动机的设想正是违反了热力学第二定律。

1865 年 4 月 24 日,克劳修斯在苏黎世自然科学家联合会上作了一篇题为《关于热动力理论主要方程各种应用的方便形式》的演讲,同年该演讲稿发表于德国《物理和化学年鉴》上。克劳修斯在这篇文章中第一次引入了"熵"$\left(dS = \dfrac{dQ}{T}\right)$的概念,表示状态可能出现的程度。用这个概念,热力学第二定律还可以表达为:随时间的进行,一个孤立体系中的熵总是不会减少。或者相反说,一个相对独立的系统,会沿熵最大方向运动。

然而,克劳修斯却把这一孤立系统的规律推广到宇宙这一开放系统中,得出"热寂说"。认为宇宙总有一天会达到能量均匀分布,从而走向死亡。"热寂说"无疑是热力学第二定律的宇宙学推论,这一推论是否正确,引起了科学界和哲学界一百多年持续不断的争论。由于涉及到宇宙未来、人类命运等重大问题,因而它所波及和影响的范围已经远远超出了科学界和哲学界,成了近代史上一桩最令人懊恼的文化疑案。"热寂说"利用热力学第二定律中的"熵增原理",将整个宇宙当成一个孤立系统,认为宇宙的熵会趋向极大,最终达到热平衡状态,即宇宙每个地方的温度都相等。实际上,由于当时科学发展水平的限制,"热寂说"问题既无法用新的理论做出合理的解释,也无法用观测和验证做出判决,直到 20 世纪 70 年代以耗散结构理论为代表的开放系统理论的建立,才初步解决了这一争论。

物体的温度是可以人为升高或降低的,但是否存在降低温度的极限呢? 1702 年,法国物理学家阿蒙顿已经提到了"绝对零度"的概念。他从空气受热时体积和压强都随温度的增加而增加这一事实出发,设想在某个温度下空气的压力将等于零。根据他的计算,这个温度即后来提出的摄氏温标约为−239℃。后来,兰伯特更精确地重复了阿蒙顿实验,计算出这个温度为−270.3℃。他说,在这个"绝对的冷"的情况下,空气将紧密地挤在一起。当时他们的这个看法没有得到人们的重视,直到盖·吕萨克定律被提出之后,存在绝对零度的思想才得到物理学界的普遍承认。

1848 年,英国物理学家汤姆生在确立热力温标时,重新提出了绝对零度是温度的下限的思想。1906 年,德国物理学家能斯特在研究低温条件下物质的状态变化时,把热力学的原理应用到低温现象和化学反应过程中,发现了一个新的规律,这个规律被表述为:"当绝对温度趋于零时,凝聚态物质(固体和液体)的熵(即热量除以温度的商)在等温过程中的改变趋于零。"德国著名物理学家普朗克把这一定律改述为:"当绝对温度趋于零时,固体和液体的熵也趋于零。"这就消除了熵常数取值的任意性。1912 年,能斯特又将这一规律表述为绝对零度不可能达到原理:不可能使一个物体冷却到绝对温度的零度。这就是热力学第三定律。1940 年,否勒和古根海姆还提出热力学第三定律的另一种表述形式:任何系统都不能通过有限的步骤使自身温度降低到 0 K(K 表示开氏温标),该定律也称"0 K 不能达到原理"。此原理和前面所述及的热力学第三定律的几种表述是相互有联系的。但在化学热力学中,多采用前面的表述形式。

由于任何实际物理现象都不可避免地涉及能量的转换和热量的传递,因此热力学定律就成为综合一切物理现象的基本规律。经过 20 世纪的物理学革命,这些定律仍然成立。而且平衡和不平衡、可逆和不可逆、有序和无序乃至涨落和混沌等概念,已经从有关的自然科学分支中移植到社会科学中,用来解释社会现象和社会运动规律。

❼ 对热现象的微观解释

从宏观上,热是一种运动,但从微观的角度看,这种运动到底是什么呢? 人类很早就开始探究物质的构成。原子和分子就是人们认识物质的微观结构的钥匙。

1658 年，伽桑迪考察了原子观点的论断，进而假设物质内的原子可以在空间各个方向上不停地运动，据此他解释了一些物理现象，例如说明物质的液体、固体、气体三种状态的转变。1738 年，伯努利发展了伽桑迪和胡克的观点，设想气体的压力是气体分子与器壁碰撞的结果，从理论上导出了波义耳定律。波义耳定律是英国科学家波义耳在 1662 年根据实验结果提出的结论："在密闭容器中的定量气体，在恒温下，气体的压强和体积成反比关系。"有历史学家说，这是人类历史上第一个被发现的"定律"。1744 年罗蒙诺索夫提出，热是分子运动的表现，从而把机械运动守恒定律推广到分子运动的热现象中去。

19 世纪，分子运动论得到迅速的发展。分子运动论是关于物质运动的微观理论，它能很好地把物质的宏观现象和微观本质联系起来。它从物质的微观结构出发来阐述热现象的规律，并以分子运动的集体行为来说明物质的有关物理性质，特别是热力学特性，例如：气体的扩散，热传递和粘滞现象的本质，以及许多气体实验定律等。从分子运动论观点看温度，温度就是物体内分子间平动动能的一种表现形式。分子运动愈快，即温度愈高，物体愈热；分子运动愈慢，即温度愈低，物体愈冷。即温度是分子热运动的集体表现，含有统计意义。分子运动论的成就促进了统计物理学的进一步发展。在近年许多统计力学著作中，通常把分子运动论作为统计力学的一部分，而不是像过去那样，独立地专述分子运动论。

1857 年，克劳修斯把分子看成是无限小的质点，首先计算出气体的压力、温度和体积间的关系。1859 年，英国著名物理学家麦克斯韦找到了平衡态的分布函数，他认为各个分子运动的速度并不相同，得出速度分布定律，但是当时麦克斯韦推证此式的方法是不够完善的。1868 年，玻耳兹曼给出了更严格的证明。1872 年，玻耳兹曼给出分子运动论的基本方程，把热学和力学综合起来，并将概率规律引入物理学，用以研究大量分子的运动，创建了气体分子动力论，确立了气体的压强、内能、比热容等的统计性质，得到了与热力学协调一致的结论。玻耳兹曼还进一步指出，热力学第二定律是统计规律，他由此把熵同状态的概率联系起来，建立了统计热力学。

三、对电磁学的认识

❶ 对电和磁的早期认识

我国古代对电的认识，是从雷电及摩擦起电现象开始的。早在 3000 多年前的殷商时期，甲骨文中就有了"雷"及"电"的形声字。西周初期，在青铜器上就已经出现加雨字偏旁的"電"字。

王充在《论衡·雷虚篇》中写道："云雨至则雷电击"，明确地提出云与雷电之间的关系。在其后的古代典籍中，关于雷电及其灾害的记述十分丰富，其中尤以明代张居正关于球形闪电的记载最为精彩，他在细致入微地观察基础上，详细地记述了闪电火球大小、形状、颜色、出现的时间等观测结果，留下了可靠而宝贵的文字资料。

在细致观察的同时，人们也在探讨雷电的成因。《淮南子·坠形训》认为，"阴阳相薄为雷，激扬为电"，即雷电是阴阳两气对立的产物。王充也持类似看法。明代刘基说得更为明确："雷者，天气之郁而激而发也。阳气困于阴，必迫，迫极而进，进而声为雷，光为电"。可见，当时已有人认识到雷电是同一自然现象的不同表现。

尖端放电也是一种常见的电现象。古代兵器多为长矛、剑、戟，而矛、戟锋刃尖利，常常可导致尖端放电发生，因而这一现象多有记述。如《汉书·西域记》中就有"元始中(公元 3 年)……矛端生火"的记载，晋代《搜神记》中也有相同记述："戟锋皆有火光，遥望如悬烛。"避雷针是尖端放电的具体应用，我国古代人们也采用各种措施防雷，比如古塔的尖顶多涂金属膜或鎏金，高大建筑物的瓦饰制成动物形状且冲天装设，都起到了避雷作用。在武当山主峰峰顶矗立着一座金殿，至今已有 500 多年历史，虽高耸于峰巅却从没有受过雷击。金殿是一座全铜建筑，顶部设计十分精巧，除脊饰之外，曲率均不太大，这样的脊饰就起到了避雷针作用。每当雷雨时节，云层与金殿之间存在巨大电势差，通过脊饰放电产生电弧，电弧使空气急剧膨胀，电弧变形如硕大火球。其时雷声惊天动地，闪电激绕如金蛇狂舞，硕大火球在金殿顶部翻滚，蔚为壮观。如此巧妙的避雷措施，令人叹为观止。

我国是对磁现象认识最早的国家之一，中国春秋时期的著作《管子》中就有"上有慈石[①]者，其下有铜金"的记载，这是关于磁的最早记载。类似的记载，在其后的《吕氏春秋》中也可以找到："慈石召铁，或引之也。"东汉高诱在《吕氏春秋注》中谈到："石，铁之母也。以有慈石，故能引其子。石之不慈者，亦不能引也。"相映成趣的是，磁石在许多国家的语言中都含有慈爱之意。

在我国，很早就有人发现了磁石的指向性，并制造出了指向仪器——司南。《鬼谷子》中有"郑子取玉，必载司南，为其不惑也"的记载。稍后的《韩非子》中有"故先王立司南，以端朝夕"的记载。东汉王充在《论衡》中记有"司南之杓(勺子)，投之于地(中央光滑的地盘)，其柢(勺的长柄)指南"。不言而喻，司南的指向性较差。北宋时曾公亮与丁度编撰的《武经总要》(1044 年)，在前集卷十五中记载了指

---

① 在东汉以前的古籍中，慈通磁。

南鱼的使用及其制作方法。我国古籍中,关于指南针的最早记载,始见于沈括的《梦溪笔谈》。该书介绍了指南针的四种用法:水法,用指南针穿过灯芯草而浮于水面;指法,将指南针搁在指甲上;碗法,将指南针放在碗沿;丝悬法,将独股蚕丝用蜡粘于针腰处,在无风处悬挂。正是由于指南针的出现,沈括最先发现了磁偏现象,"常微偏东,不全南也。"南宋时,陈元靓在《事林广记》中记述了将指南龟支在钉尖上。由水浮改为支撑,这是对指南仪器在结构上的一次较大改进,为将指南针用于航海提供了方便条件。

指南针用于航海的记录,最早见于宋代朱彧的《萍洲可谈》:"舟师识地理,夜则观星,昼则观日,阴晦观指南针。"以后,关于指南针的记载极为丰富。到了明代,更是有郑和下西洋,远洋航行到非洲东海岸之壮举。西方关于用指南针航海的记载,是在 1207 年英国纳肯的《论器具》中。

遗憾的是,中国古代人们关于电与磁的认识尽管极为丰富,而关于电与磁现象的本质及解释,往往又是含糊的,缺乏深入细致的研究。就连被称作"中国科学史上的坐标"的沈括,对磁现象也表示,"莫可原其理","未深考耳",致使在我国历史上,一直未能产生可与英国吉尔伯特的《论磁性》相媲美的关于电与磁理论的著作。

❷ 从静电到动电

古人在认识和解释电与磁现象时,都将电与磁分别看待,没有人看到它们之间的联系。17～18 世纪人们的研究主要在静电方面。1746 年,荷兰莱顿大学教授马森布罗克在做电学实验时,无意中将一根带了电的钉子掉进玻璃瓶里,他以为要不了多久,铁钉上所带的电就会跑掉的。过了一会,他想把钉子取出来,可当他一只手拿起桌上的瓶子,另一只手刚碰到钉子时,突然感到有一种电击式的振动。

这到底是铁钉上的电没有跑掉呢,还是自己的神经太过敏呢?于是,他又照着刚才的样子重复了好几次,而每次的实验结果都和第一次一样,于是他得出一个结论:把带电的物体放在玻璃瓶子里,电就不会跑掉,这样就可将静电储存起来。

莱顿教授制造的这种瓶子(后来被称为莱顿瓶)很快在欧洲引起了强烈的反响,物理学家们不仅利用它们作了大量的实验,而且做了大量的示范表演,有人用它来点燃酒精和火药。其中最壮观的是法国人诺莱特在巴黎一座大教堂前所作的表演,诺莱特邀请了法国国王路易十五及皇室成员临场观看莱顿瓶的表演,他让 700 名修道士手拉手排成一行,队伍全长达 200 多米。然后,诺莱特让排头的修道士用手握住莱顿瓶,让排尾的修道士去握瓶的引线,一瞬间,700 名修道士因受电击几乎同时跳起来,在场的人无不为之目瞪口呆,诺莱特以令人信服的证据向人们展示了电的巨大威力。

1746 年,英国伦敦一位名叫柯林森的物理学家,通过邮寄方式给美国费城的

图 3-10　莱顿瓶实验示意图

本杰明·富兰克林赠送了一只莱顿瓶,并在信中向他介绍了使用方法,这直导致了1752 年富兰克林著名的费城实验。他用风筝将"天电"引了下来,把天电收集到莱顿瓶中,从而弄明白了"天电"和"地电"原来是一回事。后来富兰克林对静电做了这样的解释:电是看不见的稀薄液体——电流体。物体有多余的电物质,就带正电,反之带负电。他肯定了"起储电作用的是瓶子本身","全部电荷是由玻璃本身储存着的"。富兰克林正确地指出了莱顿瓶的原理,但后来人们发现,只要两个金属板中间隔一层绝缘体就可以做成存储电的电容器,而并不一定要做成像莱顿瓶那样的装置。

电学发展的一个转折点是开创了对动电的研究。电流是意大利医生伽伐尼在1786 年解剖青蛙时偶然发现的。伽伐尼 1737 年生于意大利的波洛尼亚。于 1756年进入波洛尼亚大学学习医学和哲学,1759 年从医,开展解剖学研究,并在大学开设医学讲座,1782 年任波洛尼亚大学教授。1786 年有一天,伽伐尼在实验室解剖青蛙,他把剥了皮的蛙腿放在桌面上,用刀尖碰蛙腿上外露的神经时,蛙腿出现了剧烈地痉挛,同时出现电火花。经过反复实验,他认为痉挛起因于动物体内本来就存在的电,他把这种电叫做"动物电"。1791 年伽伐尼将自己发现的蛙腿痉挛的研究结果发表,这个新奇发现,立刻引起了科学界的震惊。

意大利物理学家伏达在读到伽伐尼的论文后,对伽伐尼发现的现象进行了大量实验研究,并在 1800 年发明了电池。这是物理学上的一个创举,由此电可以源源不断地产生,电流成为科学研究的重要对象。电流的化学效应和热效应也随之被发现。伏达对伽伐尼的工作给予高度评价,真诚地赞扬说,伽伐尼的工作"在物理学和化学史上,是足以称得上划时代的伟大发现之一。"为了纪念伽伐尼,伏达还把伏达电池叫做伽伐尼电池,电池产生的电流称为伽伐尼电。

③ 电流磁效应的发现

在 19 世纪 20 年代以前,电和磁始终被认为是两种不同的物质。1600 年,W. 吉尔伯特发表《论磁性》,对磁和地磁现象进行了深入的分析,1747 年富兰克林提出电的单流体理论,阐明了正电和负电,但从总体上看,电学和磁学的发展还是很缓慢。后来,一项重大的突破是由丹麦物理学家汉斯·奥斯特引发的。奥斯特是康德哲学思想的信奉者,深受康德等人关于各种自然力相互转化的哲学思想的影响,奥斯特坚信客观世界的各种力具有统一性,并开始对电与磁的统一性进行研究。他认识到电向磁转化是可能的,关键问题是如何实现。

1820 年 4 月的一天晚上,奥斯特在为一批精通哲学又具备相当程度物理学知识的学者讲课时,突然来了"灵感",在讲课结束时说:"让我把通电导线与磁针平行放置来试试看!"于是,他在一个伏达电池的两极之间接上一根很细的铂丝,在铂丝正下方放置一枚磁针,然后接通电源,他发现小磁针微微地跳动,转到与铂丝垂直的方向。小磁针的摆动,对听课的听众来说并没什么,但对奥斯特来说实在太重要了,多年来盼望出现的现象终于出现了,当时这一现象简直使他震惊。他又改变电流方向,发现小磁针向相反方向偏转,这说明电流方向与磁针的转动之间有某种联系。

奥斯特的发现轰动了整个欧洲,法拉第后来评价这一发现时说:"它猛然打开了一扇科学领域的大门,那里过去是一片漆黑,如今充满光明。"人们为了纪念这位博学多才的科学家,从 1934 年起用"奥斯特"的名字来命名磁场强度单位。

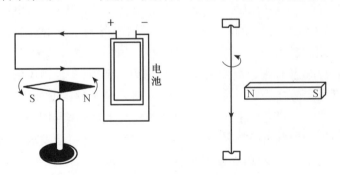

图 3-11　奥斯特和沃勒斯顿的实验示意图

奥斯特的实验对法国学术界的震动尤其大,以科学上极为敏感、最能接受他人成果而著称的物理学家安培对此作出了异乎寻常的反应,他于第二天就重复了奥斯特的实验并加以发展,且在一周内向法国科学院报告了第一篇论文,阐述了他重复做的电流对磁针的实验,并提出了圆形电流产生磁性的可能性。安培在这个实验中发现磁针转动的方向与电流方向的关系服从右手定则,即后人所称的"安培右手定则"。此后安培又创造性地发展了实验内容,研究了两根导线间的相互作用,即电流对电流的作用,这比奥斯特的实验大大前进了一步。之后他又向法国科学院提交了第二篇论文,阐述了他用实验证明了两平行载流导线,当电流方向相同时相互吸引,当电流方向相反时相互排斥的实验结论。安培随后又用各种形状的曲线载流导线,研究他们之间的相互作用,并提出了第三篇论文。

为了解释奥斯特效应,安培把磁的本质简化为电流,认为磁体有一种绕磁轴旋进的电流,磁体中的电流与导体中的电流相互作用便导致了磁体的转动。这在某种意义上起到了用电流相互作用力来统一解释各种电磁现象的效果。

但法国物理学家菲涅耳对安培的磁体电流学提出了质疑,他认为磁体中既然有电流,磁体就应当有明显的温升现象,但实际上无法测量出磁体的自发放热。在这种情况下,安培又提出了著名的分子电流假设:磁性物质中每个分子都有一微观电流,每个分子的圆电流形成一个小磁体。在磁性物质中,这些电流沿磁轴方向规律地排列,从而显现一种绕磁轴旋转的电流,如同螺线管电流一样。1827年安培发表了《电动力学现象的理论》,将其电动力学的数学理论牢固地建立在分子电流假设的基础上。

在安培得出电流元相互作用公式之前,法国科学家毕奥和萨伐尔则开始研究这种作用力的大小如何测量,他们通过实验得到了载流长直导线对磁极的作用反比于距离 r 的结果,后来法国数学家拉普拉斯用绝妙的数学分析,帮他们把实验结果提高到理论高度,得出了毕奥-萨伐尔-拉普拉斯定律(简称毕-萨-拉定律),并给出了电流元所产生的磁场强度的公式,阐明电流元在空间某点所产生的磁场强度的大小正比于电流元的大小,反比于电流元到该点距离的平方,磁场强度的方向按右手螺旋法则确定,垂直于电流元到场点的距离。

❹ 电磁理论的建立

当奥斯特的发现公布后,英国科学家法拉第产生了"把磁转化成电"的设想。1831年8月,法拉第在软铁环两侧分别绕两个线圈,其一为闭合回路,在导线下端附近平行放置一磁针,另一线圈与电池组相连,接通开关,形成有电源的闭合回路。他通过实验发现,合上开关,磁针偏转;切断开关,磁针反向偏转,这表明在无电池组的线圈中出现了感应电流。法拉第立即意识到,这是一种非恒定的暂态效应。紧接着他又做了几十个实验(其中之一如图 3-12:A 所示),把产生感应电流的情形概括为 5 类:变化的电流,变化的磁场,运动的恒定电流,运动的磁铁,在磁场中运动的导体,并把这些现象正式定名为电磁感应。进而,法拉第发现,在相同条件下不同金属导体回路中产生的感应电流与导体的导电能力成正比,他由此认识到,感应电流是由与导体性质无关的感应电动势产生的,即使没有回路没有感应电流,感应电动势依然存在。

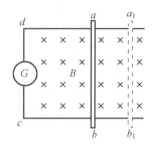

A:法拉弟的实验示意图　　　　　B:电磁感应定律示意图

图 3-12

后来,俄国物理学家海因里希·楞次给出了确定感应电流方向的规律(楞次定律)和描述电磁感应定量规律的法拉第电磁感应定律(其公式并非法拉第亲自给出),并按产生原因的不同,把感应电动势分为动生电动势和感生电动势两种,前者起源于洛伦兹力,后者起源于变化磁场产生的有旋电场(如图 3-12:B 所示)。1831 年,法拉第提出了发电机模型,为实用发电机的出现奠定了基础。

经典电磁学理论最终是由英国物理学家麦克斯韦完成的。19 世纪上半叶,电磁学得到迅速发展,并逐渐形成了两大派系。一派为安培开创,由韦伯、诺埃曼等人继承。他们认为电或磁的相互作用是直接的,不需要中介,也不需要任何传递时间(后有人修改为延迟作用),这种观点称作超距作用观点。这种观点认为,两个质点或电荷(磁体)存在相互作用是因为它们双方都同时存在,只有单独一方时,似乎不存在这种作用能力。当对方出现时,便产生一个力,这个力接着消失在空间,进而又突然作用在对方。而法拉第则认为,电和磁的作用不可能没有中介地从一个物体传到另一个物体,而是通过处于中间的介质传送的。法拉第于 1851 年提出"电力线"和"磁力线"的概念,来形象地表示存在作用中介,他的力线思想后来又逐渐上升为"场"的思想。法拉第把人们的注意力由电荷、磁体以及它们之间的相互作用引向空间,描写物理现象最重要的不是带电体,也不是粒子,而是带电体之间与粒子之间的空间中的场. 他为我们描绘了这样一幅电磁作用图景:在带电体、磁体、电流周围的空间中,充满着一种介质,可以传递电、磁作用,这就是电场、磁场,而电磁场最直观的描述就是力线。

英国物理学家詹姆斯·麦克斯韦在研读法拉第著作时,为法拉第只用很少几个简洁的观点,就阐述了电磁学错综复杂的内容所吸引。他决定为法拉第的场概念提供数学基础,从而选准力线为主攻方向。1855~1856年,他发表了第一篇电磁学论文《论法拉第力线》。在这篇文章中,他将力线与不可压缩流体的流线相类比,而这种类比是几何的类比,即"是关系之间的相似性,而不是有关事物之间的相似性"。如把正、负电荷比作流体的源和壑,电力线比作流管,电场强度比作流速,并引入了一个新的矢量函数描述电磁场。这是麦克斯韦用数学工具表达法拉第学说的开端。麦克斯韦1861~1862年的《论物理力线》一文中的思想已超过法拉第,他尝试以一种充满空间的介质来说明法拉第力线的应力性质,从而建立起能够说明电磁作用的力学模型。这一努力取得了丰硕的成果,不仅对各种电磁现象的联系提供了统一的解释,而且挖掘出更深入的内在本质,即在该文中提出了"位移电流"和"电磁波"等新概念。这是麦克斯韦为建立电磁场理论而迈出的关键性的一步,从而实现了重大突破。1865年麦克斯韦发表的《电磁场的动力学理论》,则在实验事实及动力学基础上构筑了一座全新的电磁学理论大厦。在这篇论文中,他列出了含有20个变量的20个方程,包含了全部已知的电磁学内容。从法拉第到麦克斯韦,场的概念终于在物理学中取得了它的地位,麦克斯韦在自己的理论中提出能量定域在电磁场中,从而赋予场以最为重要的实在性——能量。

麦克斯韦电磁场理论从超距作用过渡到以场为基本变量,是科学认识的一个革命性变革,因为电磁场可以独立于物质源而以波动形式存在,静电的相互作用就不可再解释为超距作用了,引力也是如此。因此牛顿的超距作用就退让给了以有限速度传播着的场了。电磁场波动方程证明电磁波是一种横波,它的传播速度是仅仅根据电磁学测量就能确定下来的恒量,这个数值又与真空中的光速十分接近。于是麦克斯韦大胆断言:"光本身是一种电磁干扰,它是波的形式,并按照电磁定律通过电磁场传播。"这样,电磁场理论就把电、磁、光学规律统一起来,完成了人类认识史上又一次"大综合"。当时,麦克斯韦的成就并没有被理解,直到1886年,德国物理学家赫兹完成这组方程的微分形式,并用实验证实了麦克斯韦预言的电磁波,具有光波的传播速度和反射、折射干涉、衍射、偏振等一切光的波动性质,从而真正实现了电磁学和光学的综合。

电磁场理论又为狭义相对论提供了雏形。可以毫不夸张地说,它是物理学发展史上的一座里程碑。但由于当时这一理论显得太不平常了,只能逐渐地被物理学家们接受,一直到赫兹成功地实现电磁波——脱离了源而独立存在的电磁场以后,对电磁场理论的抵抗才被完全摧垮。难怪爱因斯坦赞扬说:"法拉第和麦克斯韦的电磁场理论……是牛顿时代以来物理学的基础所经历的最深刻的变化。"

四、对光的认识

❶ 对光的本性的认识

光是我们体验这个世界的基础。我们在黑暗中摸索,直到迎来黎明——对于光的本质的理解,我们也同样经历了痛苦的摸索过程。光是什么? 光的运动速度极快,但究竟是什么东西在运动呢? 光的确是一种非常难以理解的事物。光学是物理学中最古老的一个基础学科,又是当前科学研究中最活跃的学科之一。随着人类对自然的认识不断深入,光学的发展大致经历了萌芽时期、几何光学时期、波动光学时期、量子光学时期、现代光学时期等 5 个时期。

早在 2300 多年前,我国古代思想家墨子的《墨经》中就有对光的规律的探索,特别是在《墨经》中记载了丰富的几何光学知识。墨子在当时就已知道光是沿直线传播的。墨子和他的学生做了世界上最早的"小孔成像"实验,并对实验结果给出了精辟的见解。在一间黑暗的小屋朝阳的墙上开个小孔,人对着小孔站在屋外,屋里相对的墙上就会出现个倒立的人影。为什么会这样呢?《墨经》中写道:"景光之人煦若射,下者之入也高,高者之入也下。"这句话的意思说是因为光线像射箭样,是直线行进的。人体下部挡住直射过来的光线,射过小孔,成影在上边;人体上部挡住直射过来的光线,穿过小孔,成影在下边,就成了倒立的影。这是对光沿直线传播的第一次科学解释。

中国古代由于金属冶炼技术的发展,铜镜在公元前 2000 年的齐家文化时期已经出现。后来随着技术的发展,古镜制作技术逐渐提高,应用范围也逐步扩大,种类也逐渐增多,出现了各种平面镜、凹面镜和凸面镜,甚至还制造出被国外称为魔镜的"透光镜"。镜的利用为光的反射的研究创造了良好的条件,使中国古代人们对光的反射现象和成像规律有较早的认识。

荷兰的李普塞在 1608 年发明了第一架望远镜。开普勒于 1611 年发表了他的著作《光学》,提出照度定律,还设计了几种新型的望远镜,他还发现当光以小角度入射到界面时,入射角和折射角近似地成正比关系。折射定律的精确公式则是由斯涅耳和笛卡儿提出的。1621 年斯涅耳在他的一篇文章中指出,入射角的余割和折射角的余割之比是常数,而笛卡儿约在 1630 年在《折光学》中给出了用正弦函数表述的折射定律。接着费马在 1657 年首先指出光在介质中传播时所走路程取极值的原理,并根据这个原理推出光的反射定律和折射定律。到 17 世纪中叶,科学界基本上已经奠定了几何光学的基础。

人们对光的本性的认识,是以光的直线传播观念为基础的,但从 17 世纪开始,人们就发现有与光的直线传播不完全符合的事实。意大利人格里马第首先观察到光的衍射现象,之后胡克也观察到衍射现象,并且和波义耳独立地研究了薄膜所产生的彩色干涉条纹,这些都是光的波动理论的萌芽。

17 世纪下半叶,牛顿和惠更斯等进一步发展了对光的研究。1672 年,牛顿完成了著名的三棱镜色散试验,并发现了牛顿环(事实上最早发现牛顿环的是胡克)。在发现这些现象的同时,牛顿于 1704 年出版的《光学》中提出了光是微粒流的理论,他认为这些微粒从光源飞出来。在真空或均匀物质内由于惯性而做匀速直线运动,并以此观点解释光的反射和折射现象。然而在解释牛顿环时,却遇到了困难。同时,这种微粒流的假设也难以说明光在绕过障碍物之后所发生的衍射现象。法国的拉普拉斯学派也是将各种物理现象,如热、光、电、磁甚至化学作用都归于粒子间的吸引和排斥,例如,用光子受物质的排斥解释反射,用光微粒受物质的吸引解释折射和衍射,用光子具有不同的外形解释偏振,以及用热质粒子相互排斥解释热膨胀、蒸发等,都一度取得成功,从而使机械的唯物世界观统治了数十年。

2 粒子说与波动说的争论

正当光的粒子说学派声势煊赫、如日中天时,这个学说受到了英国物理学家托马斯·杨和法兰西科学院及科学界的挑战——波动说被提出。为了驳倒微粒说,法国年轻的土木工程师菲涅耳在阿拉戈的支持下,制成了多种后来以他的名字命名的干涉和衍射设备。同时,菲涅耳还将光波的干涉性引入惠更斯的波在介质中传播的理论,并大胆地提出光是横波的假设,以此来解释各种光的偏振及偏振光的干涉现象,他创造了"菲涅耳波带"法。菲涅耳还提出地球自转使其表面上的部分以太产生漂移的假设并给出曳引系数。此外,在阿拉戈的支持下,傅科和菲佐用实验测定光速在水中确实比在空气中要小,从而进一步确定了波动说,史称这项实验为光的判决性实验。此后,光的波动说以及"以太论"统治了 19 世纪的后半期。

光的波动说和粒子说的论争,在物理学史上是一个重大的事件。波动说的支持者包括惠更斯,惠更斯坚决反对光的微粒说,1678 年他在《论光》一书中从声和光的某些现象的相似性出发,认为光是在"以太"中传播的波。所谓"以太"则是一种假想的弹性媒质,充满于整个宇宙空间,光的传播取决于"以太"的弹性和密度。运用他的波动理论中的次波原理,惠更斯不仅成功地解释了反射和折射定律,还解释了方解石的双折射现象,但惠更斯没有给予波动过程的特性足够的说明,他没有指出光现象的周期性,他没有提到波长的概念。他提出的次波包络面成为新的波面的理论,没有考虑到它们是由波动按一定的位相叠加造成的,归根到底仍旧摆脱不了几何光学的观念,因此不能由此说明光的干涉和衍射等有关光的波动本性的现象。与此相反,坚持微粒说的牛顿却从他发现的牛顿环的现象中确定光是周期性的。

总之,这一时期中,在以牛顿为代表的微粒说占统治地位的同时,由于相继发现了干涉、衍射和偏振等光的被动现象,以惠更斯为代表的波动说便初步登上历史舞台。19世纪初,波动光学初步形成,其中托马斯·杨圆满地解释了"薄膜颜色"和双狭缝干涉现象。菲涅耳于1818年以杨氏干涉原理补充了惠更斯原理,由此形成了今天为人们所熟知的惠更斯-菲涅耳原理,用它可圆满地解释光的干涉和衍射现象,也能解释光的直线传播。

在进一步的研究中,人们又观察到了光的偏振和偏振光的干涉。为了解释这些现象,菲涅耳假定光是一种在连续媒质(以太)中传播的横波。为了说明光在各不同媒质中有不同的传播速度,又必须假定以太的特性在不同的物质中是不同的;在各向异性媒质中还需要有更复杂的假设。此外,还必须给以太以更特殊的性质才能解释光不是纵波。如此性质的以太是难以想象的。

1860年前后,麦克斯韦指出,电场和磁场的改变,不能局限于空间的某一部分,而是以等于电流的电磁单位与静电单位的比值的速度传播着,光就是这样一种电磁现象。这个结论在1888年为赫兹的实验证实。

然而,这样的理论还不能说明能产生像光这样高的频率的电振子的性质,也不能解释光的色散现象。到了1896年洛伦兹创立电子论,才解释了发光和物质吸收光的现象,也解释了光在物质中传播的各种特点,包括对色散现象的解释。在洛伦兹的理论中,以太乃是广袤无限的不动的媒质,其唯一特点是,在这种媒质中光振动具有一定的传播速度。

在此期间,人们还用多种实验方法对光速进行了多次测定。1849年斐索运用了旋转齿轮的方法及1862年傅科使用旋转镜法测定了光在各种不同介质中的传播速度。

❸ 量子光学的建立

19世纪末到20世纪初,光学的研究深入到光的发生、光和物质相互作用的微观机制中。1900年,普朗克从物质的分子结构理论中借用不连续性的概念,提出了辐射的量子论。他认为各种频率的电磁波,包括光,只能以各自确定分量的能量从振子射出,这种能量微粒称为量子,光的量子称为光子。量子论不仅很自然地解释了黑体辐射能量按波长分布的规律,而且以全新的方式提出了光与物质相互作用的整个问题。量子论不但给光学,也给整个物理学提供了新的概念,所以通常把它的诞生视为近代物理学的起点。

1905年,爱因斯坦运用量子论解释了光电效应。他给光子作了十分明确的表述,特别指出光与物质相互作用时,光也是以光子为最小单位进行的。

1905年9月,德国《物理学年鉴》发表了爱因斯坦的《关于运动媒质的电动力学》一文,在该文中,爱因斯坦第一次提出了狭义相对论基本原理。从伽利略和牛顿时代以来占统治地位的经典物理学,其应用范围只限于速度远远小于光速的情况,而爱因斯坦提出的新理论可解释与很大运动速度有关的过程的特征,更为重要的是,这一理论根本放弃了以太的概念,圆满地解释了运动物体的光学现象。

这样,在20世纪初,一方面从光的干涉、衍射、偏振以及运动物体的光学现象确证了光是电磁波;而另一方面又从热辐射、光电效应、光压以及光的化学作用等无可怀疑地证明了光的量子性——微粒性。光和一切微观粒子都具有波粒二象性,这个认识促进了原子核和粒子研究的发展,也推动人们去进一步探索光和物质的本质,包括实物和场的本质问题。为了彻底认清光的本性,未来的科学家还要不断探索,不断前进。

从20世纪中叶起,随着新技术的出现,新的理论也不断发展,光学已逐步形成了许多新的分支学科或边缘学科,光学的应用十分广泛。几何光学本来就是为设计各种光学仪器而发展起来的专门学科,随着科学技术的进步,物理光学也越来越显示出它的威力,例如光的干涉目前仍是精密测量中无可替代的手段,衍射光栅则是重要的分光仪器,光谱在人类认识物质的微观结构(如原子结构、分子结构等)方面曾起了关键性的作用,人们把数学、信息论与光的衍射结合起来,发展起一门新的学科——傅里叶光学,把它应用到信息处理、像质评价、光学计算等技术中去。特别是激光的发现,可以说是光学发展史上的一个革命性的里程碑。由于激光具有强度大、单色性好、方向性强等一系列独特的性能,它自从问世以来,很快被运用到材料加工、精密测量、通讯、测距、全息检测、医疗、农业等极为广泛的技术领域,取得了显著的成效。此外,激光还在同位素分离、储化、信息处理、受控核聚变以及军事上应用,展现了光辉的前景。

光学的另一个重要的分支是由成像光学、全息术和光学信息处理组成的。这一分支最早可追溯到1873年阿贝提出的显微镜成像理论,以及1906年波特为之完成的实验验证;1935年泽尔尼克提出位相反衬观察法,并依此由蔡司工厂制成相衬显微镜,为此他获得了1953年诺贝尔物理学奖;1948年伽柏提出的现代全息照相术的前身——波阵面再现原理,为此伽柏获得了1971年诺贝尔物理学奖。

自20世纪50年代以来,人们开始把数学、电子技术和通信理论与光学结合起来,给光学引入了频谱、空间滤波、载波、线性变换及相关运算等概念,更新了经典成像光学,形成了所谓“傅里叶光学”。再加上由于激光所提供的相干光和由利思及阿帕特内克斯改进了的全息术,形成了一个新的学科领域——光学信息处理。光纤通信就是依据这方面理论的重要成就,它为信息传输和处理提供了崭新的技术手段。

④ 激光原理的提出

20 世纪中叶，光学开始进入了一个新的时期，以至于成为现代物理学和现代科学技术前沿的重要组成部分。其中最重要的成就，就是发现了爱因斯坦预言过的原子和分子的受激辐射现象，并且创造了许多具体的产生受激辐射的技术。

1916 年，爱因斯坦研究辐射时曾预言，在一定条件下，如果能使受激辐射继续去激发其他粒子，造成连锁反应，雪崩似地获得放大效果，最后就可得到单色性极强的辐射，即激光。来自美国贝尔实验室的汤斯领导的小组历经 2 年的实验，在1953 年制成了第一台微波激射器，取名为"微波激射放大器"。与此同时，还有几个科学团体在尝试实现微波的放大。其中在苏联有列别捷夫物理研究所普洛霍洛夫和巴索夫的小组，他们一直在研究分子转动和振动光谱，探索利用微波波谱方法建立频率和时间的标准。

1958 年普洛霍洛夫和汤斯分别发表论文，指出光学中使用的法布里-珀罗标准具可用作从亚毫米波直到可见光波段的谐振腔。与微波谐振腔相比，这是一种开放式的腔。两块具有高反射率的半透镜对面放置，其间隔远大于波长。但入射电磁波从垂直于镜面的方向射入腔中后，在两镜面间来回反射，形成驻波，起着谐振腔的作用。在他们的理论指导下，2 年后激光器就问世了。1964 年，诺贝尔物理学奖授予了两个研究团队，其中一半授予美国麻省理工学院的汤斯，另一半授予苏联列别捷夫物理研究所的普洛霍洛夫和巴索夫，以表彰他们从事量子电子学方面的基础工作，这些工作导致了基于微波激射器和激光原理制成的振荡器和放大器的出现。

1960 年，美国物理学家梅曼用红宝石制成第一台激光器；同年制成氦氖激光器；1962 年制成了半导体激光器；1963 年制成了可调谐染料激光器。在第一台激光器获得成功后，梅曼又继续对激光器在医学治疗上的应用进行研究，尽管当时的公众认为这是一种"致命"的光线。不过，由于梅曼所工作的休斯公司并没有再对激光器的潜在应用进行更多的投入，梅曼选择了离开并于 1961 年创办了自己的 Korad 公司。终其一生，梅曼获得了无数的奖励。尽管 1964 年的诺贝尔物理学奖并没有授予发明了世界上第一台激光器的他，而是给了此前发明了微波激射器并提出激光器原理与设计方案的汤斯、巴索夫

图 3-13　梅曼和他发明的激光器

和普洛霍洛夫,但梅曼仍两次获得诺贝尔奖提名,并获得了物理学领域著名的日本奖和沃尔夫奖。他还于1984年被列入"美国发明家名人堂"。

由于激光具有极好的单色性、高亮度和良好的方向性,所以自1958年被发现以来,得到了迅速的发展和广泛应用,引起了科学技术的重大变化。

现代光学不断扩展着自己的研究范围,由强激光产生的非线性光学现象正为越来越多的人们所关注。激光光谱学,包括激光喇曼光谱学、高分辨率光谱和皮秒超短脉冲,以及可调谐激光技术的出现,已使传统的光谱学发生了巨大变化。现代光谱学已成为人们深入研究物质微观结构、运动规律及能量转换机制的重要手段。它也为凝聚态物理学、分子生物学和化学的动态过程的研究提供了前所未有的理论和技术支持。现代光学和其他学科和技术的结合,在人们的生产和生活中发挥着日益重大的作用和影响,正在成为人们认识自然、改造自然以及提高劳动生产率的越来越强有力的武器。

五、现代物理学的起步与发展

❶ 阴极射线管中的世界

19世纪末,物理学上一系列重大发现使经典物理学理论体系本身遇到了前所未有的危机,从而引起了一场物理学革命。由于生产技术的发展,精密、大型仪器的创制以及物理学思想的变革,这一时期的物理学理论呈现出飞速发展的状况。研究对象由低速运动到高速运动,由宏观到微观,深入到广衰的宇宙深处和物质结构的内部,无论对宏观世界的结构、运动规律,还是对微观物质的运动规律的认识,都产生了重大的变革。

19世纪末,物理学的几项重大发现,首先是从对阴极射线的研究开始的。早在1834年,法拉第在研究液体导电时发现了电解定律。1838年,法拉第由研究气体导电开始转向对真空放电的研究。他用自己制作的真空度仅有千分之七个大气压的真空放电管——法拉第管,即将两根黄铜棒焊到一根玻璃管的两端作为电极并用空气泵抽去管里的空气。由于当时实验技术的限制,只能获得较低的真空度。通电后,他发现两极之间有暗区——法拉第暗区。

1851年,巴黎电学机械厂技师鲁姆柯夫发明了能把直流低电压(6伏)变成几千伏高电压的感应线圈。1857年,德国波恩的仪器技工盖斯勒用自己发明的水银真空泵和鲁姆柯夫发明的高压线圈结合在一起制成了真空度达万分之一个大气压的真空放电管——盖斯勒管,盖斯勒利用托里拆利真空原理制成了水银真空泵,代替了以前的空气泵。在一根玻璃管的两端封上两根白金丝，再用水银真空泵把玻璃管中的空气抽调，然后接上高压线圈，就制成了这种真空管。

1858年，德国物理学家普吕克在用盖斯勒管研究真空放电时，发现管中除了低压气体发光以外，正对着阴极的玻璃管壁也发出了绿色的荧光，当磁铁在管外晃动时，荧光也会随之晃动。为了进一步观察放电管中的现象，1869年，普吕克的学生希托夫制作了一个真空度达十万分之一个大气压的圆球状真空放电管（在球中间装了一片障碍物，而两个电极是垂直安装的）——希托夫管，他发现在两极之间放一片金属障碍物时，阴极对面的玻璃管壁上不仅发出荧光而且还出现了障碍物的影子；若改用透明的云母片作障碍物，同样会出现清晰的影子；在电场和磁场的作用下，障碍物的影子会发生移动。这一实验表明玻璃管中从阴极发出了一种带负电的不可见射线，而不是光线，对面玻璃管壁在它的撞击下会发出荧光。1876年，德国物理学家哥尔德斯坦将这种由阴极发出的奇妙射线命名为"阴极射线"。

1878年，英国伦敦大学的化学教授克鲁克斯利用德国科学家本生的学生斯普伦发明的抽高真空的水银泵，设计制造了各种形状的真空度达到百万分之一个大气压的高真空放电管——克鲁克斯管。发现通电后的放电管中处于一种闪烁的黑暗状态，阴极对面的玻璃管壁依然发出清晰的荧光。克鲁克斯还制作了一个长长的高真空放电管，管中平行地安放着两根玻璃轨道，在玻璃轨道上放着一个云母片作的小风车。当用阴极射线照射上侧风翼时，小风车就沿轨道滚动起来。这表明阴极射线是一种高速带负电的粒子流。

阴极射线管（Cathode Ray Tube，CRT）应用广泛。德国人卡尔·费迪南德·布劳恩在阴极射线管上涂满荧光物质，此种阴极射线显像管被称为布劳恩管，这种用于显示系统的物理仪器，曾广泛应用于示波器、电视机和显示器上。它利用阴极电子枪发射电子，在阳极高压的作用下，射向荧光屏，使荧光粉发光，同时电子束在偏转磁场的作用下，作上下左右的移动来达到扫描的目的。早期的阴极射线管仅能显示光线的强弱，展现黑白空间画面。而彩色阴极射线管具有红色、绿色和蓝色三支电子枪，三支电子枪同时发射电子打在屏幕玻璃上磷化物上来显示颜色。由于它笨重、耗电且较占空间，20世纪20年代起几乎被轻巧、省电且省空间的液晶显示器取代，但阴极射线管在需要高要求的色彩表现及低温环境下等特殊用途上仍有其作用。

❷ 19世纪末三大科学发现

阴极射线是什么？这一问题吸引着大批19世纪末的科学家，他们都投身这一领域展开对"阴极射线基本属性"的研究中。事实上，直到19世纪后半叶，电荷的本质是什么,仍没有搞清楚,盛极一时的以太论,认为电荷不过是以太海洋中的涡元。洛伦兹首先把光的电磁理论与物质的分子论结合起来,认为分子是带电的谐振子。1892年起,他陆续发表有关"电子论"的文章,认为1858年普吕克发现的阴极射线就是电子束;1895年提出洛伦兹力公式,该公式和麦克斯韦方程相结合,构成了经典电动力学的基础;洛伦兹还用电子论解释了正常色散、反常色散和塞曼效应等物理现象。

1895年11月8日晚,德国物理学家伦琴在做阴极射线实验时,意外地发现了一种新的射线,它具有极强的穿透力,由于不了解其本性,伦琴权且把这种引起奇异现象的未知射线称作X射线。伦琴通过一系列实验证明,这种特殊的X射线具有不同于阴极射线的新性质,如它不能被磁场所偏转,它不仅可以使密封的底片感光,还可以穿过薄金属片,甚至在照片上能显示出衣服里藏匿的钱币。由于X射线可以穿透皮肉透视手掌、骨骼,在医疗上很有用处。因此,这项发现一公布,就引起了很大的震动,医务界和科学家随即把X射线应用于医疗诊断和物质结构的研究。但是物理学家对该神秘射线的本性一下子还搞不清楚,直到1912年,德国科学家劳厄才认定X射线是最短的电磁波。1913年,英国的布拉格父子提出了一种用以阐明晶体结构的X射线光谱学。

伦琴发现X射线对人类的贡献很大,人们为纪念它的发现者伦琴,常把X射线称为伦琴射线。伦琴夫人对于丈夫发现的神秘射线既好奇又不相信,伦琴就让夫人把手放在射线前拍摄了一张照片,这就是历史上第一张X射线照片——它一直被保存到今天,成为20世纪物理学发展的一个里程碑式的标志。

伦琴夫人左手的X射线照片,在全世界科学家中引起了巨大的轰动,随即掀起了研究X射线的全球性的浪潮,世界各地的物理学家读到伦琴的报告后,都迫不及待地跑进实验室重复这项动人心弦的实验。用X射线照相,成为医生诊治疾病的依据和绝招。当年曾经刮起过一场时尚旋风,使X射线受到时髦者和显贵绅士的青睐,竟很快流行为一种新娱乐工具——绅士们穿名贵的礼服,也借X射线来展示骨骼系统和内脏器官,甚至还能看见皮夹子里的硬币。不过,后来当人们知道X射线对人体细胞有杀伤作用后,就再没有人通过X射线去观赏自己的骨骼系统了。

图3-14 伦琴和他的实验装置

X射线的发现,开创了人类探索物质世界的新纪元。伦琴因发现X射线而揭开了20世纪物理学革命的序幕,他因此成为20世纪最伟大的物理学家之一,并于

1901年获得首届诺贝尔物理学奖。

1897年4月30日,时任卡文迪许实验室主任的J.J.汤姆生向皇家学院做了题为"阴极射线"的报告,系统地阐述了他利用阴极射线是带电粒子、又能被电场和磁场偏转的特性来测定阴极射线粒子的速度、质量和电荷的实验。在实验中,汤姆生首先精心设计了一个阴极射线管——在管子的一端装上阴极和阳极,在阳极上开了一条细缝,通电后,阴极射线就会穿过阳极成为细细的一束,反射到玻璃管的另一端。这一端的管壁上涂有荧光物质。这一实验装置实际上就是电视显像管的前身。

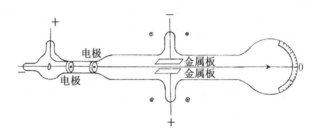

图3-15 汤姆生的实验装置

汤姆生在射线管的中部装有两个电极板用以产生电场,在射线管外面加了一个磁场。调节电场和磁场的强度使它们对阴极射线的作用正好相互抵消,这样阴极射线就不会发生偏转。汤姆生据此来测量电场和磁场的强度。他利用物理学有关定律计算出了阴极射线管中粒子的速度为 1.9×10^7 米/秒,并测出阴极射线带电粒子的电荷和质量的比值,发现这种粒子的质量非常小,仅是氢原子的质量的 $1/2\,000$。

汤姆生还用金、银、铜、镍等各种金属作阴极来测定不同阴极上射出来的带电粒子,发现它们的电荷和质量的比值都一样。他又把不同的气体如 H_2、O_2、N_2 等充到管内,阴极射出的带电粒子的电荷和质量的比值还是一样的。

这一系列实验表明,不管阴极射线是由哪种物质产生的,无论是由电极产生的,还是管内的气体产生的,在各种物质中都有一种质量为氢原子质量的 $1/2\,000$ 的带负电的粒子(后来人们更精密地测定其值为 $1/1\,837$)。这在一定意义上是人类历史上第一次发现了电子。早在1891年,英国物理学家斯通尼把阴极射线粒子称为"电子",但那时只是个概念,人们还根本不知其为何物。从1906至1917年间,美国科学家密立根前后历经11年,实验做过3次改革,用油滴实验测出了单个电子的电荷值,为电子论提供了确切的实验根据。

英国物理学家汤姆生所发现的电子是人类发现的第一个基本粒子,这是物理学发展史上一项具有划时代意义的重大发现,它标志着人类对物质结构的认识进入到一个新的阶段。1906 年,汤姆生由于在"气体导电方面的理论和实验"方面的重大发现获得诺贝尔物理学奖。

X 射线的发现还导致了另一项重大发现。伦琴发现 X 射线的消息到了法国,当时法国物理学家柏克勒尔一直在研究荧光现象,他发现,有些物质在太阳光照射下会发出荧光。柏克勒尔觉得有必要验证一下,荧光物质是否也能发射 X 射线。于是柏克勒尔开始了他的实验。他取来一瓶荧光物质——黄绿色的硫酸双氧铀钾,这种物质在阳光的照射下会发出荧光,柏克勒尔想知道它是否会同时发出 X 射线。他仿照伦琴检验 X 射线的方法,把一张照相底片用黑纸包得严严实实,再把一匙这种荧光粉倒在纸包上,然后拿到阳光下去晒一会儿,然后拿着包着一张底片的黑纸包进入照相暗房,冲洗胶片后,他发觉底片被感光了,它的上面是那匙荧光粉的几何影子。

柏克勒尔知道,太阳光和荧光都不能穿透黑纸使底片感光。现在底片已感光了,这说明荧光粉经太阳照射后确实能发射 X 射线,因为只有 X 射线才能穿透黑纸使底片感光。于是柏克勒尔在科学院例会上,简要地报告了这一发现。

为了在下一次例会上作正式报告,柏克勒尔准备再做一次实验。但是天公不作美,遇到了连续几天阴雨。他只好扫兴地把荧光粉和用黑纸包得严严的照相底片一起放进写字台的抽屉里,等待天晴。关上抽屉时他顺手把一把钥匙压在黑纸包上,边上就放着那瓶荧光物质。

几天后天气放晴,柏克勒尔准备着手进行新的实验。细心的他在实验之前特地抽出两张底片去冲洗以便检查了一下,看看是否会漏光。检查的结果使柏克勒尔大为震惊:两张底片都已曝光,其中一张上还有那把钥匙的影子! 这是怎么回事? 底片用黑纸包好后是放在抽屉里的,又是连续几天阴雨,根本照不到太阳光,那瓶荧光物质也不射出荧光,为什么底片会感光呢?

经过仔细的分析,柏克勒尔猜想,可能硫酸双氧铀钾本身会发出一种看不见的射线,这种射线也像 X 射线一样,能穿透黑纸使底片感光。在科学院的例会上,柏克勒尔激动地宣布了这个新发现,并且声明原先他的推论是不合理的。其实,在日光照射后硫酸双氧铀钾射出的荧光中,并不含有 X 射线。柏克勒尔最初在阳光下做的实验,实际上也是放射性射线使底片感的光,只不过他误以为是 X 射线罢了。

当时,玛丽•居里和皮埃尔•居里也在巴黎从事物理学研究。1902 年,柏克勒尔的发现引起这对年轻夫妇的极大兴趣,居里夫人决心研究这一不寻常现象的实质。她先检验了当时已知的所有化学元素,发现了钍和钍的化合物也具有放射性。她进一步检验了各种复杂的矿物的放射性,意外地发现沥青铀矿的放射性比纯粹的氧化铀强四倍多。她断定,铀矿石除了铀之外,显然还含有一种放射性更强的元素。

居里以他作为物理学家的经验,立即意识到这一研究成果的重要性,于是,他放下自己正在从事的晶体研究,和居里夫人一起投入到寻找新元素的工作中。不久之后,他们就确定,在铀矿石里不是含有一种,而是含有两种未被发现的元素。1898 年 7 月,他们先把其中一种元素命名为钋,以纪念居里夫人的祖国波兰。没过多久,1898 年 12 月,他们又把另一种元素命名为镭。为了得到纯净的钋和镭,他们进行了艰苦的工作。因为镭在沥青铀矿中含量很小,不过一千万分之一或一千万分之三,要将其分离出来,就要大量的沥青铀矿。1898～1902 年,居里夫妇在简陋的实验室里艰苦、顽强地分析了巨大量(约 1 吨)的矿渣,自己用铁棍搅拌锅里沸腾的沥青铀矿渣,眼睛和喉咙忍受着锅里冒出的烟气的刺激,经过一次又一次的提炼,日以继夜地工作了三年零九个月,他们终于在 1902 年提炼出 0.1 克镭,并初步测定了它的原子量。

由于发现放射性现象,居里夫妇和贝克勒尔共同获得了 1903 年诺贝尔物理学奖。居里夫人于 1911 年,因发现元素钋和镭又一次获得诺贝尔化学奖,因而她成为世界上第一个两获诺贝尔奖的人。

上述三大发现不仅是科学研究的巨大进展,同时都对经典物理学理论产生了极大冲击:X 射线可以穿透物体,说明不可入性不是物质的固有属性,而传统观念认为物质是不可入的;原来认为原子不变,现在可以解体;原来认为元素不变,放射性辐射表明化学元素会蜕变为其他元素;原来认为能量守恒——放射性现象似乎显示出能量也不守恒了;发现比原子更小的电子,说明原子并非是不可再分的最小实体,原子不可再分的观念由此而发生了根本动摇。

面对一系列无法纳入旧理论框架的新事实,一些物理学家感到惊恐万分,他们惊呼:"物理学的危机来临了""科学破产了"。特别是电子的性质更使科学家难以理解:原来认为质量与运动无关——现在电子的质量与运动速度有关。有人认为全部质量都是电磁性的。因为质量是含物质的量,无质量就无物质,所以认为"物质消失了"。

当时不仅自然科学家,还有哲学家也开始怀疑唯物主义的基本观点,伟大导师列宁为了批判这些自然科学中的唯心主义思想,科学地阐述唯物主义的基本原理,曾写作著名的《唯物主义与经验批判主义》一书,在该书中他阐述了辩证唯物主义关于"物质"的定义,这个定义至今还在各类马克思主义哲学教材中被引用。

物理学危机说明:自然界的许多规律以前人们并没有完全认识到或以前的认识是有错误的。一些科学家在牛顿力学体系与一些实验发生明显矛盾时,囿于机械论自然观,依然坚持牛顿力学必定正确的观点,从而给物理学界造成更多的思想混乱。

③ 两朵"乌云"

19世纪末,许多科学家都认为,以力学为基础的经典物理学大厦已经竣工,后人只是做些修修补补的工作而已。人们在赞叹这幢科学大厦的同时,又不得不承认在物理学晴朗的天空中还有两朵小小的"乌云"。这两朵"乌云"和19世纪末的三大科学发现一样,同样证明经典物理学存在危机,正是这些危机引发了物理学的一场革命。

物理学进入19世纪80年代以来,人们在实验中发现了一系列令人困惑的现象,经典理论对此显得无能为力。这些令人困惑的现象之一就是所谓的"迈克尔逊-莫雷实验"。对光的认识产生了两种理论,即光的粒子说和波动说,相信波动说,就需要知道光波(横波)振动的媒介,于是科学家利用了"以太"的概念,认为"以太"是传递光波的介质,以太充满整个太阳系且静止不动,也是天体运动的参照系。但"以太"是不是真实的呢? 从相对运动来看,地球相对太阳运动,"以太"是跟着动还是向相反方向动呢? 从对恒星的观察上看,"以太"似乎应相对地球动,于是人们就想到用仪器来寻找和测量以太运动产生的"以太风"。1880年,美国物理学家迈克尔逊和化学家莫雷利用光学干涉仪来测量所谓的"以太"漂移。他们想测出所谓的"以太飘移速度"(即地球和以太之间的相对运动速度)。

迈克尔逊经过不懈努力,于1887年12月宣布,实验测得以太"漂移速度"为零。这一否定性的实验结果说明地球和以太之间不存在相对运动。这就是物理学史上有名的"零结果"。人们曾试图从各个角度对此作出说明,但都难以自圆其说。看来,人们原先对光传播所构想的物理图像是不正确的,这使许多持有光是以太波动观点的物理学家大失所望。这一现象就是19世纪末20世纪初漂浮在物理学上空的第一朵"乌云"。

另一朵"乌云"与绝对黑体辐射的实验有关。热辐射是普遍的自然现象,物体在任何温度下都会以电磁波的形式向外辐射能量,其量值可以通过实验测定出来。由于绝对黑体在受光照达到热平衡时将会把能量全部以热辐射的形式发送出去,黑体的热辐射要比相同温度下其他任何物体的热辐射强,所以黑体是研究热辐射的理想模型。通过研究黑体辐射来揭示热辐射现象的本质和规律,是19世纪末物理学的一个重要课题。

德国物理学家维恩发现随着辐射体温度的升高,辐射的峰值会向短波方向移动,即所谓的"位移定律"。1896年,他依据热力学,用半经验半理论的方法找到了一个公式,用以说明黑体辐射谱,发现这个公式在短波段同实验吻合,但在长波段却系统地低于实验值。以后,英国物理学家瑞利根据经典统计物理学推出另一公式，它在长波段与实验相符合，但在短波段完全不能适用，实验结果趋向零，而按公式计算的理论值却趋向无穷大（如图 3-16），有人称这现一结果为"紫外灾难"。"紫外灾难"成为漂浮在物理学上空的又一朵"乌云"。

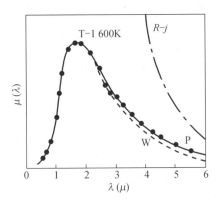

图 3-16　黑体辐射的几条实验曲线

然而，在当时著名的科学家中，也不乏有远见卓识者，如法国科学家彭加勒。他认为，物理学理论与实验事实出现矛盾是好事而不是坏事，它预示着一种行将到来的变革，是物理学进入新阶段的前兆。他指出：要摆脱危机，就要在新实验事实基础上重新改造物理学。可惜的是，他没有跳出旧理论的框架，尽管他的电子动力学在数学形式和实验预言与以后爱因斯坦的狭义相对论等价，但在物理解释上却大相径庭，他那富丽堂皇的理论，不过是经典物理学最后的宏伟建筑物而已。

❹ 相对论的创立

1905 年的夏天，德国物理学家爱因斯坦发表了一篇题为《论运动媒质的电动力学》（又译《论动体的电动力学》）的论文，这篇论文奠定了狭义相对论的基础。因为这一理论依据的两条原理分别是：力学相对性原理和光速不变原理。事实上，爱因斯坦本来宁愿把他的理论称为不变量理论，而不是相对论。但是，相对论这个名称强加于他了。他把它叫做"所谓的相对论"以表示了他的不快。爱因斯坦在这篇论文中，批判了牛顿力学的超距作用观点，坚持电动力学中电磁场的近距作用观点，从此，单独的时间和空间不再存在，代之以时间和空间的四维统一体。在狭义相对论中，光的传播不需要以太，自然地解决了以太"漂移"实验零结果的难题。

相对论的建立是经典物理的一场革命。经典物理学虽然也承认相对性，但是并不排斥绝对概念，比如速度，经典物理认为宇宙中一定存在一个绝对静止的物质（以太），并且相对以太运动的速度就是绝对速度。而相对论物理学则认为宇宙中不存在绝对静止的物质，一切运动以及一切运动规律都是相对的。这种革命性的结论对当时的普通百姓和大部分科学家来讲都是难以理解的。相对论物理学的基础是一系列的物理实验结论。

第一，一切物理规律在任何惯性系上都是等效的（伽利略变换）；第二，在一个封闭的空间内，无法测量系统自身的运动速度（没有其他参照系就不存在速度的概念）；第三，光速在任何惯性系上的速度相同（光速不变）。光速不变是人们对相对论产生质疑的重要原因之一，因为光速不变与人们习惯的速度叠加原理相悖，然而这正是相对性原理在相对论物理学中最重要的体现。

由于光速不变与人们的日常经验相差太远，所以很难让人接受。甚至很多人在描述相对论现象时还会站在绝对速度的立场上。比如对"当一个物体以很高的速度运动时，时间会变慢"这个结论。有人提出疑问：没有参照物就不存在速度，很高的速度从何而来呢？如果有参照系，那么是参照系在运动还是那个物体在运动？谁的时间变慢？参照系可以随意指定，随便换个参照系，它的时间就会跟着变吗？如果也跟着变，那么时间该如何变？比如我们以太阳为参照系，地球有一个时间、以银河中心为参照系，地球又有一个时间，那我们用哪个时间？事实上，我们可以选择无数的参照系，那地球的时间不是就没意义了？从相对论角度看，理论学者对上述疑问最终给出了合理的回答。

按照相对论，在任何惯性系上看到的光速都是 C，恒定不变。相对的说就是在光看来，所有的惯性系都是"静止"的。事实上，麦-莫实验也验证了光速不与任何相对速度叠加。因此，光速不变就成了划分相对论物理学和经典物理学（运算法则）的一个分水岭。而相对论的根本是相对论哲学思想在物理学中的具体体现。

1917 年，爱因斯坦将相对论原理引入非惯性系，创立了广义相对论，依据广义相对论提出了有限无界的静态宇宙模型，开创了现代宇宙学理论的先河，由此将相对论扩展到大尺度的宇宙空间中。广义相对论的建立，为人类探索宇宙奥秘提供了有力的理论工具。1929 年，哈勃研究了河外星系光谱红移现象，总结出星系离银河系愈远谱线红移量愈大的规律。如果用多普勒效应来解释河外星系谱线红移，可得到星系之间正在相互远离的结论，或者说宇宙正在膨胀。1948 年，美国物理学家伽莫夫等人在已有认识基础上，提出了热大爆炸宇宙模型。该模型由于得到河外星系谱线红移、氦元素丰度、3K 微波辐射背景等观测事实的支持被认为是标准宇宙模型。但是，这种模型无法解释宇宙为什么那么均匀（视界问题）、那么平直（平直性问题）等问题，更不能解释零时刻宇宙起源问题。这些问题的解决似乎与宇宙最初 0.01 秒中的行为有关。为了解决这些问题，20 世纪 80 年代起，物理学家在热大爆炸宇宙模型基础上，又创立了暴胀宇宙论和量子宇宙论。

现代人类对天体和宇宙的探索正在不断深入，以往关于宇宙的讨论基本上是自然哲学的，仅仅是不同哲学观念之间的思辨、猜测和争论，而现代宇宙学已成为真正的自然科学研究。

⑤ 量子论与量子力学的产生

为解决黑体辐射研究中遇到的"紫外灾难"，一个全新的理论——量子论诞生了。量子论的提出者是德国著名物理学家普朗克。1894 年，他从研究黑体辐射问题开始，从维恩推出的有关黑体辐射能量密度的半经验公式得到启示，把电磁学方法和热力学中熵的概念结合起来。1900年10月，他经过不懈努力，应用娴熟的教学技巧，借助内插法，得到了一个与黑体辐射实验无论在短波段还是在长波段都吻合得非常好的新的辐射公式。

在导出这个公式时，他大胆地提出了一个和经典物理学关于"能量过程必定是连续的"结论截然相反的假说，即能量的交换是不连续的，而是一份一份进行的。能量的交换只能是$h\gamma$的整倍数（h是普朗克常数，γ是组成黑体的带电谐振子的频率），$h\gamma$为能量交换的最小单位，称为"能量子"。1900年12月14日，普朗克在德国物理学会年会上发表了他的这项成果。

普朗克提出的能量子假说，曾一度受到冷落，只有爱因斯坦独具慧眼，于1905年把普朗克的能量子概念推广到光量子，提出了光量子假说。爱因斯坦假设电磁场的能量不仅在"交换"时呈量子化，是一份一份进行的，而且在传播时也是一份一份的，每一份能量为$h\gamma$，称为光量子。爱因斯坦的光量子假说与"光电效应"的实验结果完全一致。量子论打开了研究微观世界的理论钥匙，由此导致了量子力学的建立。量子力学的建立是20世纪初物理学取得的最伟大成就之一。

1911年，英国物理学家卢瑟福根据1910年进行的α粒子散射实验，提出了原子结构的行星模型。在这个模型里，电子像太阳系的行星围绕太阳转一样围绕着原子核旋转。但是根据经典电磁理论，这样的电子会发射出电磁辐射，损失能量，以至瞬间坍缩到原子核里。这与实际情况不符，卢瑟福无法解释这个矛盾。1912年，正在英国曼彻斯特大学工作的玻尔将一份被后人称作《卢瑟福备忘录》的论文提纲提交给他的导师卢瑟福。在这份提纲中，玻尔在行星模型的基础上引入了普朗克的量子概念，认为原子中的电子处在一系列分立的稳态上。回到丹麦后玻尔急于将这些思想整理成论文，可是进展不大。

1913年2月4日前后的某一天，玻尔的同事汉森拜访他，提到了1885年瑞士数学教师巴耳末的工作以及巴耳末公式，玻尔顿时受到启发。后来他回忆道："就在我看到巴耳末公式的那一瞬间，突然一切都清楚了。"1913年7月、9月、11月，经卢瑟福推荐，《哲学杂志》接连刊载了玻尔的三篇论文，标志着玻尔模型正式提出。这三篇论文成为物理学史上的经典，被称为玻尔模型的"三部曲"。玻尔在原子有核模型的基础上，建立起量子化轨道的原子结构理论，提出了所谓"玻尔原子模型"。

1916年，爱因斯坦从玻尔的原子理论出发用统计的方法分析了物质的吸收和发射辐射的过程，导出了普朗克辐射定律。爱因斯坦的这一工作综合了量子论第一阶段的成就，把普朗克、爱因斯坦、玻尔三人的工作结合成一个整体。

玻尔的原子理论第一次将量子观念引入原子领域，提出了定态和跃迁的概念，成功地解释了氢原子光谱的实验规律。但对于稍微复杂一点的原子如氦原子，玻尔理论就无法解释它的光谱现象。这说明玻尔理论还没有完全揭示微观粒子运动的规律。它的不足之处在于保留了经典粒子的观念,仍然把电子的运动看作经典力学描述下的轨道运动。

实际上,原子中电子的坐标没有确定的值。因此,我们只能说某时刻电子在某点附近单位体积内出现的概率是多少,而不能把电子的运动看作一个具有确定坐标的质点的轨道运动。当原子处于不同状态时,电子在各处出现的概率是不一样的。如果用疏密不同的点表示电子在各个位置出现的概率,画出图来,就像云雾一样,可以形象地把它称作电子云。

1923 年,奥地利物理学家德布罗意受爱因斯坦光量子论的启发,提出了物质波理论,认为任何物质粒子(不仅仅是光子)都具有波动性,任何事物都具有波粒二象性。1926 年,薛定谔把德布罗意物质波思想发展为系统的波动理论。德国的另一位物理学家海森堡则创建了矩阵力学,从另一侧面开拓了原子结构的新局面。矩阵力学和波动力学经证明是统一的,只是表现形式不同而已,后人把它们通称为量子力学。

1927 年德国物理学家海森堡提出了"测不准原理"。这个理论是说,你不可能同时知道一个粒子的位置和它的速度,粒子位置的不确定性,必然大于或等于普朗克斯常数除以 4π(即 $\Delta x \Delta p \geq h/4\pi$),这表明微观世界的粒子行为与宏观物质很不一样。此外,测不准原理(不确定原理)还涉及很多深刻的哲学问题,用海森堡自己的话说:"在因果律的陈述中,即'若确切地知道现在,就能预见未来',所得出的并不是结论,而是前提。我们不能知道现在的所有细节,是一种原则性的事情。"

量子力学揭示了微观物质世界的基本规律,使人们认识到波粒二象性是微观世界最基本的特征。量子力学的创立,推动了原子物理学的发展,同时对物质结构理论以及化学、生物学的发展也产生了深刻的影响。

相对论和量子力学的建立,克服了经典物理学的危机,完成了从经典物理学到现代物理学的转变,使物理学的理论基础发生了质的飞跃,改变了人们的物理世界图景。1927 年以后,量子场论、原子核物理学、粒子物理学、天体物理学和现代宇宙学,得到了迅速的发展。物理学向其他学科领域的推进,产生了一系列物理学的新领域和边缘学科,并为现代科学技术提供了新思路和新方法。现代物理学的发展,引起了人们对物质、运动、空间、时间、因果律乃至生命现象的认识的重大变化,同时对物理学理论的性质的认识也发生了重大变化。

现在越来越多的事实表明,物理学在揭开微观和宏观深处的奥秘方面,正酝酿着新的重大突破。现代物理学的理论成果应用于实践,出现了如原子能、半导体、计算机、激光、宇航等许多新技术科学。这些新兴技术正有力地推动着新的科学技术革命,并促进生产的发展。而随着生产和新技术的发展,又反过来有力地促进物理学的发展。

6 对原子内部深层的探索

人们对微观物质结构的认识,在经历了原子结构和核结构之后,进入了对基本粒子的认识阶段,基本粒子物理学应运而生。基本粒子物理学是研究物质基本组元和它们之间相互作用规律的学科。在 X 射线、放射性和电子被发现之后,人们对物质结构探索的重大事件是:1911～1913 年,卢瑟福、玻尔提出了新的原子模型,开创了对核物理的研究。1919 年卢瑟福发现了质子和人工核反应。1932 年英国查德威克发现了中子。1934 年费米、哈恩和梅特纳发现了重核裂变。1934 年费米发现了慢中子效应。

中子的发现使人们认识到原子核是由质子与中子组成的,并把光子以及组成原子的电子、质子和中子看成是组成物质的最小单元,称为"基本粒子"。随着人们对基本粒子认识的深入,人们发现的基本粒子也越来越多,迄今发现的粒子数已达 300 多种。实际上,基本粒子并不"基本"。物理学家先后提出了多种关于基本粒子内部结构的模型。

20 世纪 60 年代美国物理学家盖尔曼提出了强子结构的夸克模型,标志着粒子物理学发展到一个新阶段。粒子物理学家把基本粒子分成物质粒子(夸克和轻子)、规范粒子(光子、中间玻色子、胶子和超重规范粒子)和黑格斯粒子三大类,其他所有粒子都是他们的组成粒子。

1905 年卢瑟福等人发表了元素的嬗变理论,说明放射性元素因放射 α 和 β 粒子转变为另一元素,从而打破元素万古不变的旧观念;1911 年卢瑟福又利用 α 粒子的大角度散射,确立了原子核的概念;1919 年,卢瑟福用 α 粒子实现了人工核反应。鉴于天然核反应不受外界条件的控制,当时人工核反应所消耗的能量又远大于所获得的核能,因此卢瑟福曾断言核能的利用是不可能的。1932 年 2 月,查德威克在居里夫妇(1932 年 1 月)和 W. 博特的实验基础上发现了中子,即构成原子核的一个基本粒子(和质子并称为核子),又因中子对原子核只有引力而无库仑斥力,因此中子特别是慢中子成为诱发核反应、产生人工放射性核素的重要工具。1938 年发现核裂变反应,1942 年第一座裂变反应堆建成,完成了人工裂变链式反应。

对基本粒子的研究,最初是和研究原子和原子核结构联系在一起的,先后发现了电子、质子和中子。1931 年,泡利为了解释 β 衰变的能量守恒,提出中微子假设,并于 1956 年被证实。1932 年,C. D. 安德森发现第一个反粒子即正电子,证实了狄拉克于 1928 年做出的一切粒子都存在反粒子的预言。在研究核内部结构时,发现核子间普遍存在强相互作用,以克服质子间的电磁相互作用,同时人们还发现了核内存在着数值比电磁作用小的弱相互作用,它是引起 β 衰变的主要作用。

1934 年,日本物理学家汤川秀树提出介子交换的假设,以此来解释强相互作用,但当时所用的粒子加速器的能量不足以产生介子,因此要在宇宙射线中寻找。1937 年 C. D. 安德森在宇宙线内果然找到了一种质量介乎电子和质子间的粒子(后称 μ 子),一度被认为是预言的介子,但以后发现它并无强作用。1947 年 C. F. 鲍威尔在高山顶上利用核乳胶实验最终发现 π 介子。从 20 世纪 50 年代起,各国都把高频、微波和自动控制技术引入加速器,制成大型高能加速器及对撞机等,成为粒子物理学的主要实验手段,发现了几百种粒子。一般人们将参与电磁、强、弱相互作用的粒子称为强子,如核子、介子和质量超过核子的重子等;只参与电磁和弱相互作用的粒子如电子、μ 子、τ 子称轻子,并开始按对称性分类。

1955 年,科学家发现了当时称为 θ 介子和 τ 介子的两种粒子,它们的质量、寿命相同应属一种粒子,但在弱相互作用下却有两种不同衰变方式,一种衰变成偶宇称,一种为奇宇称,这究竟是一种还是两种粒子呢? 当时被称为 θ—τ 之谜。李政道和杨振宁仔细检查了以往的弱相互作用实验,确认这些实验并未证实弱作用中宇称守恒,从而以弱作用中宇称不守恒,确定 θ 和 τ 是一种粒子,合称 κ 粒子。这是首次发现的对称性破缺。物理学对粒子间相互作用的研究还促进了量子电动力学的发展。从 20 世纪 60 年代中期起,进一步研究强子结构,提出带色的夸克假设,并用对称性及其破缺来分析夸克和粒子的各种性质及各种相互作用;建立了电弱统一理论和量子色动力学,并正在探索将电磁、弱、强三种相互作用统一起来的大统一理论。

1912 年,马克斯·冯·劳厄发现 X 射线通过晶体时的衍射现象,后布拉格父子发展了研究固体的 X 射线衍射技术,在发现电子和离子的衍射现象后,鉴于它们的波长可以较 X 射线更短,于是各种电子显微镜被发明出来,其中扫描透射电镜的分辨本领更强,可以观察到轻元素支持膜上的重原子,这些都成为研究固体结构及其表面状态的重要实验工具。在引入量子理论后,固体物理学及所属的表面物理学也迅速开展起来。在固体的能带理论指导下,对半导体的研究取得很大成功,1947 年科学家制成了具有放大作用的晶体三极管,以后又发明其他类型晶体管和集成电路等半导体器件,使电子设备小型化,促进了电子计算机的发展,并开创了半导体物理学新学科。

应用物理学是广泛应用于生产各部门的一门科学。有人曾经说过,优秀的工程师应是一位不错的物理学家。物理学某些方面的发展,确实是由生产和生活的需要推动的。在前几个世纪中,卡诺为提高蒸汽机的效率而接近发现了热力学第二定律,阿贝为了改进显微镜而建立光学系统理论,开尔文为了更有效地使用大西洋电缆发明了许多灵敏电学仪器;在 20 世纪中,核物理学、电子学和半导体物理、等离子体物理乃至超声学、水声学、建筑声学、噪声研究等的迅速发展,显然都和生产、生活的需要有关。因此,大力开展应用物理学的研究是十分必要的。另一方面,许多推动社会进步,大大促进生产的物理学成就却肇始于基本理论的探求,例如:法拉第从电的磁效应得到启发而研究磁的电效应,促进电的时代的诞生;麦克斯韦为了完善电磁场理论,预言了电磁波,带来了电子学世纪;X 射线、放射性乃至电子、中子的发现,都来自对物质的基本结构的研究,未来的科学技术要想取得更大突破,基础理论研究是绝不能忽视的。

❼ 量子力学引起的争论

尽管量子论的诞生已经过去了一个世纪,其辉煌鼎盛与繁荣也过去了半个多世纪,但量子理论曾经引起的困惑至今仍困惑着人们。正如玻尔的名言:"谁要是第一次听到量子理论时没有感到困惑,那他一定没听懂。"由于微观世界的运动规律与宏观世界的力学运动规律不同,这必然会引起科学思想上的争论和革命。如对粒子运动的概率解释上——导致对事物因果关系的哲学上的新认识;对测不准关系上——导致对哲学认识论的新认识。

索尔维会议是 20 世纪初一位比利时的实业家欧内斯特·索尔维创立的物理、化学领域讨论的会议。1911 年,第一届索尔维会议在布鲁塞尔召开,以后每 3 年举行一届。1927 年,第五届索尔维会议在比利时布鲁塞尔召开了,这次会议因爱因斯坦与玻尔两人进行了一场大辩论而闻名。一张汇聚了物理学界智慧之脑的"明星照"则成了这次会议的见证,数十个涵盖了众多分支领域的物理学家都留下了他们的身影(如图 3-17)。

图 3-17   1927 年的索尔维会议照片

爱因斯坦曾经是量子力学的催生者之一，但是他不满意量子力学的后续发展，以波尔为首的哥本哈根学派对量子力学的诠释是：微观世界与宏观世界不同，量子系统的描述是概率性的。一个事件的概率是其波函数的绝对值平方。爱因斯坦始终认为"量子力学的这种诠释是不完备的"，但苦于没有好的解说样板，于是也就有了著名的"上帝不掷骰子"的否定式呐喊。爱因斯坦到去世前都没有接受量子力学是一个完备的理论。爱因斯坦还有另一个名言："月亮是否只在你看着它的时候才存在呢？"

人们不能接受量子力学是因为它所提出的不确定性解释。对于传统的物理学来说，只要找到了事物之间相关的联系，就能在每时每刻确定事物之间相关的物理数据，比如说，物体运行距离等于物体的速度乘以物体运行的时间，只要知道物体的速度，你每时每刻都能计算出物体运行了多远，然而海森堡提出的量子不确定性原理使得你无法预知一个微观粒子未来的状态。正如斯蒂芬·霍金所说的：上帝不玩骰子，但是量子力学让我们不得不相信，上帝似乎是玩骰子的。

"薛定谔的猫"是诸多量子困惑中有代表性的一个。这是奥地利物理学家薛定谔于1935年提出了一个著名思想实验：一只猫被封在一个密室里，密室里有食物、有毒药。毒药瓶上有一个锤子，锤子由一个电子开关控制，电子开关由放射性原子控制。如果原子核衰变，则放出阿尔法粒子，触动电子开关，锤子落下，砸碎毒药瓶，释放出里面的氰化物气体，猫必死无疑。原子核的衰变是随机事件，物理学家所能精确知道的只是半衰期——衰变一半所需要的时间。如果一种放射性元素的半衰期是一天，则过一天，该元素就少了一半，再过一天，就少了剩下的一半。物理学家却无法知道，它在什么时候衰变，上午，还是下午。当然，物理学家知道它在上午或下午衰变的几率——也就是猫在上午或者下午死亡的几率。如果我们不揭开密室的盖子，根据我们在日常生活中的经验，可以认定，猫或者死，或者活。这是它的两种本征态。如果我们用薛定谔方程来描述薛定谔猫，则只能说，它处于一种活与不活的叠加态。我们只有在揭开盖子的一瞬间，才能确切地知道猫是死

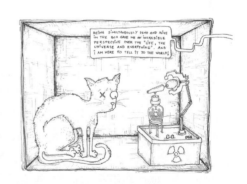

图 3-18　薛定谔的猫

是活。此时，猫构成的波函数由叠加态立即收缩到某一个本征态。量子理论认为：如果没有揭开盖子，进行观察，我们永远也不知道猫是死是活，它将永远处于半死不活的叠加态，可这使微观不确定原理变成了宏观不确定原理，客观规律不以人的意志为转移，猫既活又死违背了逻辑思维。

哥本哈根诠释在很长的一段时间成了"正统的""标准的"诠释。那只不死不活的猫却总是像"恶梦"一样让物理学家们不得安宁。爱因斯坦和少数非主流派物理学家拒绝接受由薛定谔及其同事创立的理论结果。他们认为：这个原因是由"平行宇宙"造成的，即：当我们向盒子里看时，整个世界分裂成它自己的两个版本。这两个版本在其余的各个方面都是相同的。唯一的区别在于其中一个版本中，原子衰变了，猫死了；而在另一个版本中，原子没有衰变，猫还活着。在量子的多世界中，我们通过参与而选择出自己的道路。在我们生活的这个世界上，没有隐变量，上帝不会掷骰子，一切都是真实的。爱因斯坦认为，量子力学只不过是对原子及亚原子粒子行为的一个合理的描述，这是一种唯象理论，它本身不是终极真理。他说过一句名言："上帝不会掷骰子。"他不承认薛定谔的猫的非本征态之说，认为一定有一个内在的机制组成了事物的真实本性。他花了数年时间企图设计一个实验来检验这种内在真实性是否确在起作用，但他没有完成这种设计就去世了。

所谓的量子理论其实也不一定是真理，薛定谔的实验把量子效应放大到了我们的日常世界，微观世界与宏观世界的显著差异客观存在，而作为宏观生物，我们难以精确的认识微观，量子理论很多是围绕现象提出假设，而不是数学上的严格证明。量子派后来有一个被流传得很广的论调说："当我们不观察时，月亮是不存在的"，这稍稍偏离了本意，准确来说，因为月亮也是由不确定的粒子组成的，所以如果我们转过头不去看月亮，那一大堆粒子就开始按照波函数弥散开去。于是乎，月亮的边缘开始显得模糊而不确定，它逐渐"融化"，变成概率波扩散到周围的空间里去。当然这么大一个月亮完全融化成空间中的概率是需要很长很长时间的，不过问题的实质是：要是不观察月亮，它就从确定的状态变成无数不确定的叠加。不观察它时，一个确定的、客观的月亮是不存在的。但只要一回头，一轮明月便又高悬空中，似乎什么事也没发生过一样。但其实，量子力学定律将月亮这种巨大质量的物体的波函数限制在很小的区域中，所以即使月亮弥散开去，弥散的程度也不是人眼能看出来的。

事实上，薛定谔的猫的意义不仅在于宏观量子态是否存在，而且对于量子态波函数的如何塌缩都是一个冲击。仅仅在极端条件下实现几个粒子的两种叠加状态，便说证实了薛定谔的猫有些为时过早，等到哪天真能观测到宏观物质的量子态再说不迟。也许在不久的将来，随着以量子力学为基础的大一统理论确立，辩证法也会被提高到一个史无前例的高峰。而建立在辩证法之上的理论，也就有了稳固的根基，而这正是我们研究哲学和物理的根本目的。

⑧ 超导现象的发现

1996年度诺贝尔物理学奖授予了美国康奈尔大学的戴维·李、罗伯特·理查森和美国斯坦福大学的道格拉斯·奥谢罗夫,表彰他们发现了^{3}He 的超流性。
2003 年的诺贝尔物理奖颁给了三个理论物理学家:A. J. 莱格特获奖是因为他于
1975 年建立了解释^{3}He 超流现象的理论。V. L. 金兹堡和 A. A. 阿布里科索夫则
是因为半个世纪前,他俩先后在形成描述超导现象的理论过程中做出了里程碑式
的贡献。

　　超导和超流都是在绝对零度(0 K=-273.15℃)附近几十 K 范围内的物理现
象(近年来发现的高温超导将这个范围提升到 100 K 左右)。超导主要指某些材料
在低温下能让电子完全自由地流动,从而形成无电阻的电流。而超流是指液氦在
低温下会作完全无粘滞的流动,即它在任何东西上流动都没有阻止,超流就是没有
阻力的流动现象。如果把液氦放在一个敞口的容器中,液氦会顺着器壁自动爬升
并溢出容器外。

　　超导和超流构成了低温物理的两大支柱,这两种奇异现象的发现都要归功于
荷兰科学家 H. K. 昂内斯。20 世纪初,以相对论和量子论为标志的近代物理还在
孕育之中,一些科学家根据物质有气、液、固三种状态的存在,努力将各种气体通过
降低温度来液化乃至固化。1882 年,昂内斯开始任莱顿大学实验物理学教授。
1908 年,昂内斯以其独有的低温技术将氦气液化成功,氦的液化温度是 4.22 K。
天然的氦气其原子核含有两个质子,两个中子,核外有两个电子,记为^{4}He。氦的
同位素,^{3}He,比^{4}He 要少一个中子。^{4}He 的超流性质要在 2.17 K 温度处才显示出
来,而 20 世纪 70 年代又发现^{3}He 也具有超流性质。莱格特理论要解释的就是^{3}He
的超流性质。

　　昂内斯液化氦气成功后,他和助手将各种金属浸在液
氦里测量其电阻,1911 年,他的团队在测量浸在液氦中的
水银时,发现水银完全无电阻,这个发现宣告了超导的诞
生。昂内斯为此获得 1913 年的诺贝尔物理学奖。

　　超导和超流的发现均依赖于液氦的获得,昂内斯可称
得上低温物理之父。昂内斯或许还有一项"成就"值得一
提,那就是在 1901 年,他没有雇用来信求职的爱因斯坦做
实验室助手。否则,爱因斯坦可能成为一个低温物理学
家,而人类可能到现在都还没有相对论。

图 3-19　超导的发现者
**　　　　　昂内斯**

　　与超导从发现、确认到颁奖的迅速过程相比,超流现
象从初露端倪到确认如同一个极度难产的婴儿,历经近
30 年的漫长时间。1910 年,昂内斯团队在 2.2 K 温度处发现了液氦密度有异常,
但他们放过了这个异常现象,随后就全力投入到新发现的超导现象的研究中。直

到 1922 年,昂内斯他们才从超导的研究中转回来重新研究这个异常。在这段时期里,由于超导现象可能带来的巨大经济利益,氦的液化技术是昂内斯独家掌握,秘不外传的。

1923 年,加拿大多伦多大学的麦克利南爵士得以复制昂内斯的氦液化器,从此加拿大也进入低温物理研究领域。1934 年,在英国主持卡文迪许实验室的苏联科学家卡皮查,自行设计并制造了独特的氦液化器,长达 20 多年的氦液化技术的垄断逐得以打破。卡皮查于 1935 年回苏联,此后卡皮查一直在苏联工作。在确认卡皮查不再回到英国后,剑桥大学同意苏联购买卡文迪许实验室的全套设备,除了那台卡皮查设计制造的氦液化器。卡皮查很快就在莫斯科建立了低温实验室并重新造了一台氦液化器,开始了他的研究工作。1938 年,《自然》杂志的 1 月刊上,登载了卡皮查确认 ^{4}He 超流性质的文章,同期杂志还登载了多伦多大学 J. 艾伦与 D. 麦斯内的超流文章。至此,^{4}He 在 2.2K 温度以下的超流状态得以确认,卡皮查于 1978 年获诺贝尔物理学奖。

自 1935 年起回苏联工作的卡皮查是一位优秀的实验物理学家,在苏联有着很大的影响力。卡皮查又聘到了极其优秀的理论物理学家 L. D. 朗道来负责理论部的科研,他俩的合作有力地推动着苏联的物理学发展。朗道是一个全面的、杰出的理论物理学家,与他名字有关的物理学理论和概念在近代物理中随处可见。1962 年,朗道获得了诺贝尔物理学奖,得奖的原因是"为了他在凝聚态中所做的开创性工作,特别是关于超流",其实朗道在超导上的贡献也是巨大的。

由于液化氦气设备非常昂贵,因此在应用上受到极大的限制,在 1973 年至 1986 年 13 年间,尽管超导电性的研究出现很多新的成果,但是临界转变温度还是没有突破 23.3 K 的记录。因此,在这时期不少理论和实验上的科研工作者甚至一致认为常规超导体的超导转化温度不可能超过 30 K 这个关口。但就在 1986 年,德国科学家伯诺滋和穆勒发现 La-Ba-Cu-O 化合物的超导转变温度可以达到 35 K。这是一项重大发现,给当时正处于低潮的超导研究打入一剂强心针,这也直接导致全世界范围内掀起探索和寻找高温超导材料的热潮。1987 年,超导研究继续推向高潮,2 月中旬华裔科学家朱经武和吴茂昆获得转变温度为 98 K 的超导体;短短几天后我国科学家赵忠贤研究组宣布获得临界转变温度为 100 K 的超导体。超导体临界转变温度首次进入液氮温区。此后很多国家在超导研究都取得重要的成果,短短几年内铜氧化合物高温超导体临界转变温度有了很大提高。在常压下,超导临界温度可提升到 133 K,而在高压下,则可达到 160 K 以上,这也是迄今最高的纪录。但是高临界温度的超导体现象非常不稳定,并且难于重复制造。

自从超导现象被发现以来,人们一直尝试从微观理论上来解释超导现象,但直到 1957 年,美国科学家巴丁、库柏和施里弗在《物理学评论》提出 BCS 理论,才很好地解释了大多数常规超导体的超导现象。BCS 超导微观理论获 1972 年得诺贝尔物理学奖。BCS 理论注重的是解释为什么材料会有超导性质;而由朗道、金兹堡建立的超导理论(GL 理论)框架式代表着一种迥然不同的风格,注重的是描述有超导状态的材料其性质会怎样表现。通常一种有实际用途的材料,它的应用性不但取决于材料本身的物理性质,也会取决于材料的形状和几何结构。BCS 理论对几何形状带来的影响无法处理,而 GL 理论则能兼顾,因此 GL 理论更接近实用。

图 3-20　巴丁(左)、库柏(中)和施里弗(右)

尽管超导技术应用前景非常广阔和诱人,但是真正可以大规模使用的超导材料还没有出现。如今超导的发展已有百年历史,有关超导的研究都取得了长足的进步,但无论是在超导理论上(主要指高温超导理论)还是超导材料制备上都没有取得根本性突破。超导材料临界转变温度 Tc 相对室温来说还是非常低,高温超导材料制备工艺还不是很好,不能规模化生产高质量超导材料,这都极大限制了超导技术的发展,使超导的发展陷入低潮期。尽管存在各种各样的困难,但超导的发展前途还是光明的,一旦超导体的临界转变温度 Tc 可以提升到室温,那么超导技术必定会导致一场新技术革命,根本上改变我们的生活和生产方式。

21 世纪的物理学该是什么样呢?物理学是否将如前两三个世纪那样处于领先地位呢?这仍会存在一番争议,但不会再有一位科学家像开尔文那样断言物理学已接近发展的终端了。能源和矿藏的日渐匮乏,环境的日渐恶化,向物理学提出解决新能源、新的材料加工、新的测试手段的物理原理和技术等任务。对粒子的深层次探索,解决物质的最基本的结构和相互作用,将为人类提供新的认识和改造世界的手段,这需要有新的粒子加速原理,更高能量的加速器和更灵敏、更可靠的探测器。实现受控热核聚变,需要综合等离子体物理、激光物理、超导物理、表面物理、中子物理等方面知识,以解决有关的一系列理论和技术上的问题。总之,随着新科技革命的深入发展,物理学也将无限延伸。

第四章

化学科学的发展

一、古代萌芽时期的化学

❶ 炼丹术与炼金术

人类早就与化学结下了不解之缘。人类最初对火的利用距今大概已有100多万年了。火是人类最早使用的化学实验手段。古人最早从事的制陶、冶金、酿酒等生产中就自然地包含着化学工艺，且都与火有直接或间接的联系。在熊熊烈火中，烧制成型的黏土可获得陶器；烧炼矿石可得到金属。陶器的发明使人类有了贮水器以及贮藏粮食和液体食物的器皿，从而为酿酒工艺的形成和发展创造了条件。

制陶、冶金和酿酒等工艺已孕育了化学实验的萌芽。例如，在烧制灰黑陶的工艺中，工匠们在焙烧后期便封闭窑顶和窑门，再从窑顶徐徐喷水，致使陶土中的铁质生成四氧化三铁，又使表面覆上一层炭黑，因此里外黑灰。这表明当时人们已初步懂得焙烧气氛的控制和利用。

有这样一则民间故事，有一位国王，从老百姓那里不断搜刮黄金，他贪得无厌，想得到更多的黄金。于是他向神祈求，结果神给他一个"点金石"的手指头。他用这个金手指摸什么东西，什么东西便变成黄金。他摸一下椅子，椅子变成了金椅子；他摸一下柱子，柱子变成了金柱子；他摸一下花，花变成了金花。他高兴极了，王宫里到处金灿灿的。这时候，他的心爱的小女儿朝他跑来，他兴高采烈地抱起女儿。谁知那"点石成金"的手指头一碰到女儿，女儿便变成了金人，一动也不动了。直到这时，国王才明白，他成了世界上最富有的人，也成了世界上最冷漠的人！

当然，世界上自然并不存在什么"点石成金"的手指头。可是，自古以来，不论中外，都有许许多多的人在做着"点石成金"的美梦，并努力寻找和探索"点石成金"的方法。一些人认为，有一种具有不可思议的力量的神秘"圣石"，用它可以随心所欲地把铅变成金或银。这种"圣石"究竟在何处，虽然尚未得知，但是要想制出黄金，就必须首先找到它。他们把这种"圣石"称之为"哲人石"。因此"炼金"就成了一种神秘的"技术"。历史上，"化学"一词的含义，便是"炼金术"。

　　西方炼金术实践者一直以为，金属都是活的有机体，能逐渐发展成为十全十美的黄金，但这种发展可加以促进，或者用人工仿造。其手段就是把黄金的形式或者灵魂隔离开来，使其灵魂转入进普通金属中；这样金属就会具有黄金的形式或特征，他们观察金属表面的颜色，贱金属的表面镀上金银就被看作是促进转化的结果。

　　据考证，"化学"一词最早见于公元296年古罗马皇帝戴克里先关于严禁制造假金银的告示之中，他把制造假金银的技术，称为"化学"（Chemeia）。也有考证称，现代英语中的Chemistry（化学），源于欧洲语词Alchemy。而Alchemy则来自阿拉伯文Al-Kimya，译为技术，Al是阿拉伯语中的定冠词，相当于英文中的The。关于Kimya，又有一说，该词源自埃及文Khem，译为黑土，是古埃及的称谓。这样一来，炼金术也有了"埃及的技术"之意。

　　炼金术士相信，炼金术能使炼金者本人获得幸福的生活、高超的智慧、高尚的道德，并改变精神面貌，最终达到与造物主沟通。不用说，这样的目标是无法达到的。炼金术士也明白这一点，因而从各方面来作出"说明"。例如，一部炼金术著作解释长生之所以难求时解释道："由于它是人世间一切幸事中的幸事，所以我认为它只能由极少数人通过上帝的善良天使的启示而不是个人的勤奋才获得哲人石的。"而且对服用"哲人石"能否治病长生的方法，也故意说得非常微妙。

　　铅或铜这样的贱金属，怎样才能变成黄金呢？炼金家认为，铅或铜之所以不像黄金那样高贵和色泽耐久，是因为在性质上有缺欠。因而就需要设法用各种物质来加以补充。一些人又认为在亚里士多德所主张的四元素以外，作为各种金属的最常见的共同元素，还有汞、硫和盐这三种。根据这三种元素的配比的不同，就可以得到铅、铜或黄金。于是他们就以不同的方法并按不同的比例把三种元素相混合，或是在贱金属中加入某一种元素，以尝试来制出黄金。但不幸的

图4-1　古代炼金术士

是，无论炼金术士怎么祷告，使出什么"魔法"，都没有找到点石成金的秘诀。

当然，凭借今日的科技成就，科学家已经找到了"点石成金"的办法。1914 年，美国一位科学家用原子轰击器，由汞原子制造出几万个金原子，人类两千年的梦想变成了现实。这些发明家成功的奥秘，不是发明了炼金术士所梦寐以求的某种"神秘的混合"，而是找到一种办法，将构成原子的主要部件——质子、中子和电子重新排列，使元素发生变化。尽管制造几百万个金原子的代价远比从地下挖黄金的代价要高得多，但重要的是，科学家们以此为突破口，踏上了探索原子核奥秘的道路。

能够延长寿命历来都是人类的向往。古人认为世界上总能够找到一种药，服用后便可以长生不老。于是炼丹术开始盛行，炼丹术就是古人为追求"长生"而炼制丹药的方术。丹指丹砂或称硫化汞，是硫与汞（水银）的无机化合物，因呈红色，陶弘景故谓"丹砂即朱砂也"。丹砂与草木不同，不但烧而不烬，而且"烧之愈久，变化愈妙"。丹砂化汞，即生成的水银，属于金属物质，但却呈液体状态，具有金属的光泽而又不同于五金（金、银、铜、铁、锡）的"形质顽狠，至性沉滞"。所以，炼丹术士和炼金术士在皇宫、在教堂、在自己的家里、在深山老林的烟熏火燎中，为求得长生不老的仙丹，为求得荣华富贵的黄金，开始了最早的化学实验。

中国古代道家外丹黄白术在中国盛行了近两千年。同时，炼丹活动又符合帝王、贵族长生不死、永世霸业的愿望，因而受到帝王的大力推崇，于是从古代到中古时代，这种活动很快地得到开展并兴盛起来。尽管灵丹妙药没有被提炼出来，但道家金丹家顽强不息的实践和探索活动，客观上却刺激、推动了中国古代化学的发展。炼丹术无疑是近代化学的先驱，它所用的实验器具和药物则成为化学发展初期所需要的物质基础，这是化学史上令我们惊叹的一幕。纵观整个世界化学发展史，正如在西方，在古希腊亚历山大里亚时期，化学在炼金术的原始形式中出现了一样，在东方，道家外丹黄白术则孕育了中国灿烂的古代化学，中国人引以自豪的四大发明之一的黑火药就是最初在唐代，由道家金丹家"伏火"实验中孕育出来的。

焙烧是炼丹术士经常采用的一种基本的化学实验操作方法。例如在空气中焙烧方铅矿（即硫化铅）等贱金属矿石，把铅放在灰皿或骨灰造的盘子中加热，铅烧掉之后，可以得到一点银；把黄铁矿（从外表看有点像黄金）与铅共熔，铅用灰皿烧掉之后，可以获得微量的黄金。

除焙烧之外，炼丹术士还经常使用一些液体"试药"来对各种金属进行加工。液体试药通常是一些能在金属表面涂上颜色的物质。例如，硫黄水（多硫化合物的溶液）能把金属黄化成黄金；汞能在其他金属表面留下银色。在制造液体试药的过程中，炼丹术士发明了蒸馏器、烧杯、冷凝器和过滤器等化学实验仪器，以及溶解、过滤、结晶、升华，特别是蒸馏等化学实验操作方法。蒸馏方法的广泛使用，促进了酒精、硝酸、硫酸和盐酸等溶剂和试剂的发现，从而扩大了化学实验的范围，为后来许多物质的制取创造了条件。

蒸馏是早期化学实验中最完整的一种重要实验操作方法。到了16世纪,出现了大批有关蒸馏方法方面的书籍,如希罗尼姆·布伦契威格1500年出版的《蒸馏术简明手段》及其1512年出版的增订版《蒸馏术大全》等。这些著作对蒸馏方法作了较详细的叙述。蒸馏在早期化学实验发展史上占有重要地位,它至今还在基础化学实验中被经常运用。

到了十五六世纪,炼丹术由于缺乏科学基础,屡遭失败而变得声名狼藉。炼丹术、炼金术几经盛衰,使人们更多地看到了它们荒唐的一面。但他们创造出的化学实验方法转而在医药和冶金等一些实用工艺中发挥作用,并不断得到发展。在欧洲文艺复兴时期,出版了一些有关化学的书籍,第一次有了"化学"这个名词。

② 医药和冶金化学

在医药化学方面,最具代表性的人物是16世纪的瑞士医生、医药化学家帕拉塞斯。他强调化学研究的目的不应在于点金,而应该把化学知识应用于医疗实践,制取药物。他和他的弟子们通过对矿物药剂的性质和疗效进行研究,以及在制备新药剂的过程中,探讨了许多无机物的分离、提纯方法,进行了一些合成实验,并总结出这些物质的性质。因此,有人认为帕拉塞斯"从根本上改变了医疗和化学的发展道路"。

到了17世纪初,德国医生、医药化学家安德雷·李巴乌极力强调化学的实用意义,为推进化学成为一门独立科学做出了重要贡献。他编著的《工艺化学大全》(1611~1613年),总结了他多年的实验经验。书中叙述了硫酸和王水的制备方法;证明了焙烧硝石和硫磺所得到的硫酸与干馏胆矾所得到的完全是同一种物质;首次提出将食盐与胆矾一起在泥坩埚中焙烧制取盐酸的方法;讲解了用金属锡与氯化汞一起加热、蒸馏获得四氯化锡(后来被称为"李巴乌发烟液")的方法;描述了含铜的溶液遇氨水变为翠蓝的现象,并建议用这种方法检验水中的氨。这部著作的问世,使化学终于有了真正的教科书。

继帕拉塞斯、李巴乌之后,对后世影响较大、对化学实验的发展贡献卓著的医药化学家还有赫尔蒙特。他工作的最大特点是对化学进行定量研究,广泛使用了天平,并萌生了初始的物质不灭的思想。他所做的"柳树实验"和"沙子实验",是早期化学实验发展史上著名的两个定量实验。此外,他在无机物制备方面取得过空前的成果,曾对燃烧现象提出过颇有独到之处的见解。因此,他常被尊为从炼丹术到化学的过渡阶段的代表。

化学实验在冶金方面也曾发挥过重要作用。德国著名化验师埃尔克在1574年出版的《主要矿石加工和采掘方法说明》一书中,较为系统地论述了当时对银、金、铜、锑、汞以及铋和铅的合金的检验技术；制取和精炼这些金属的技艺以及制取酸、盐和其他化合物的技术。这部著作被认为是分析化学和冶金化学的第一部手册。

当然，上述这些早期的化学研究，还只能算做是化学"试验"，具有很大的盲目性；还没有从生产、生活实践中分化出来，成为独立的科学实践。最早的制陶、冶金和酿酒等活动，是低级的、缺乏理论指导的、不自觉的实践活动；作为化学实验原始形式的炼丹术，其实验目的也只是追求长生不老药或点金之术，变贱金属为贵金属。

尽管如此，还应该肯定从事早期化学实验的工匠和炼丹术士们是化学实验的先驱和开拓者。他们发明了焙烧、溶解、结晶、蒸馏、过滤和冷凝等化学实验操作方法；制造了风箱、坩埚、铁剪、烧杯、平底蒸发皿、焙烧炉等化学实验仪器和装置；发现和制取了铜、金、银、汞、铅等金属，酒精、硝酸、硫酸、盐酸等化学溶剂和试剂，以及许多酸、碱、盐，甚至意识到了一些粗浅的化学反应规律。后人正是从他们的经验教训中，才找到了化学实验的真正历史使命，建立了化学实验科学。

二、近代无机化学的理论综合

① 近代科学的奠基人

17～19世纪，是近代化学实验时期。在这一时期，随着欧洲资本主义生产方式的诞生和工业革命的进行，以及天文学、物理学等学科的重大突破，化学终于冲破了炼丹术的桎梏，走上了科学的康庄大道。

首先把化学确立为科学的人是英国科学家罗伯特·波义耳。1627年，他出生在一个贵族家庭，8岁时，父亲将他送到伦敦郊区的伊顿公学，在这所专为贵族子弟办的寄宿学校里就读。随后他和哥哥法兰克一起在家庭教师陪同下来到当时欧洲的教育中心之一的日内瓦学习。

波义耳从小体弱多病。有一次患病时，由于吃了医生开错的药而差点丧命，幸亏他的胃不吸收将药吐了出来，才未致命。经过这次遭遇，他怕医生甚于怕病，有了病也不愿找医生，并且开始自修医学，到处寻找药方、偏方为自己治病。当时的医生都是自己配制药物，所以研究医学也必须研制药物和做实验，这便使波义耳对化学实验发生了浓厚的兴趣。他翻阅了许多医药化学家的著作，他很崇拜比他大50岁的比利时医药化学家海尔蒙特。海尔蒙特不论白天黑夜，全身心投入化学实验，自称为"火术的哲学家"。他成为波义耳学习的榜样。于是，波义耳为自己创造了一个实验室，整日浑身沾满了煤灰和烟，完全沉浸于实验之中。波义耳就是这样开始了自己献身于科学的生活，直到 1691 年底逝世。

化学史家都把 1661 年作为近代化学的开端之年，因为这一年有一本对化学发展产生重大影响的著作问世，这本书就是《怀疑派化学家》，它的作者就是波义耳。马克思、恩格斯也同意这一观点，他们赞誉是波义耳"把化学确立为科学"。波义耳根据自己的实践和对众多资料的研究，主张化学研究的目的在于认识物体的本性，因而需要进行专门的实验，收集观察到的事实。这样就必须使化学摆脱从属于炼金术或医药学的地位，发展成为一门专为探索自然界本质的独立科学。这就是波义耳在《怀疑派化学家》中所阐述的第一个观点。

为了引起人们的重视，波义耳在书中还进一步强调指出："化学到目前为止，还是认为只在制造医药和工业品方面具有价值。但是，我们所学的化学，绝不是医学或药学的婢女，也不应甘当工艺和冶金的奴仆，化学本身作为自然科学中的一个独立部分，是探索宇宙奥秘的一个方面。化学，必须是为真理而追求真理的化学，而只有运用严密的和科学的实验方法才能够把化学确立为科学。"他还明确指出，"化学，为了完成其光荣而庄严的使命，就不能认为到目前为止的研究方法是正确的，而必须抛弃古代传统的思辨方法"，只有这样，化学才能像"已经觉醒了的天文学和物理学那样，立足于严密的实验基础之上"；"不应该把理性放在高于一切的位置，知识应该从实验中来，实验是最好的老师"；"没有实验，任何新的东西都不能深知"；"空谈无济于事，实验决定一切"；"人之所以能效力于世界者，莫过于勤在实验上做功夫"。他的这些观点和主张，奠定了化学实验方法论的基础。

为了确定科学的化学，波义耳考虑到首先要确定化学中一个最基本的概念——元素。最早提出元素这一概念的是古希腊著名哲学家亚里士多德，他用元素来表示当时认为是万物之源的四种基本要素：火、水、气、土。这一学说曾在两千年里被许多人视为真理。后来医药化学家们提出的硫、汞、盐的三要素理论也风靡一时。波义耳通过一系列实验，对这些传统的元素观产生了怀疑。他指出：这些传统的元素，实际未必就是真正的元素。固为许多物质，比如黄金就不含这些"元素"，也不能从黄金中分解出硫、汞、盐等任何一种元素。恰恰相反，这些元素中的盐却可被分解。那么，什么是元素呢？波义耳认为：只有那些不能用化学方法再分解的简单物质才是元素。例如黄金，虽然可以同其他金属一起制成合金，或溶解于王水之中而隐蔽起来，但是仍可设法恢复其原形，重新得到黄金。水银也是如此。

至于自然界元素的数目，波义耳认为：作为万物之源的元素，将不会是亚里士多德所说的"四种"也不会是医药化学家所说的三种，而一定会有许多种。现在看来，波义耳的元素概念实质上与单质的概念差不多，元素的定义应是具有相同核电荷数的同一类原子的总称。如今这种科学认识是波义耳之后，又经 300 多年的发展,直到 20 世纪初才清楚的。

波义耳还是一位技术精湛的化学实验家。他一生做过大量的化学实验,获得了许多重要的发现。他是第一个发明指示剂的化学家,他把各种天然植物的汁液或配成溶液,或做成试纸("石蕊试纸"就是波义耳发明的),并根据指示剂颜色的变化来检验酸和碱;他还发现了铜盐和银盐、盐酸和硫酸的化学检验方法,并在 1685 年发表的《矿泉水的实验研究史的简单回顾》一文中,描述了一套鉴定物质的方法。因此,他还常被尊为定性分析化学的奠基者。

❷ 燃素说受到挑战

随着冶金工业和实验室经验的积累,燃烧过程越来越受到研究人员的重视,人们总结感性知识,认为可燃物能够燃烧是因为它含有燃素,燃烧的过程是可燃物中燃素放出的过程,可燃物放出燃素后成为灰烬。可燃物如炭和硫磺,燃烧以后只剩下很少的一点灰烬;致密的金属煅烧后得到的锻灰较多,但很疏松。这一切给人的印象是,随着火焰的升腾,什么东西被带走了。当冶金工业得到长足发展后,人们希望总结燃烧现象本质的愿望更加强烈了。

1723 年,德国哈雷大学的医学与药理学教授施塔尔出版了教科书《化学基础》,系统地提出了燃素说。他继承并发展了他的老师贝歇尔有关燃烧现象的解释,形成了贯穿整个化学的完整、系统的理论。施塔尔认为,燃素存在于一切可燃物中,在燃烧过程中释放出来,同时发光发热。燃烧是分解的过程:

$$可燃物 = 灰烬 + 燃素$$

$$金属 = 锻灰 + 燃素$$

如果将金属锻灰和木炭混合加热,锻灰就吸收木炭中的燃素,重新变为金属,同时木炭失去燃素变为灰烬。木炭、油脂、蜡都是富含燃素的物质,燃烧起来非常猛烈,而且燃烧后只剩下很少的灰烬;石头、草木灰、黄金不能燃烧,是因为它们不含燃素。酒精是燃素与水的结合物,酒精燃烧时失去燃素,便只剩下了水。

空气是带走燃素的必需媒介物。燃素和空气结合,充塞于天地之间。植物从空气中吸收燃素,动物又从植物中获得燃素。所以动植物易燃。富含燃素的硫磺和白磷燃烧时,燃素逸去,变成了硫酸和磷酸。硫酸与富含燃素的松节油共煮,磷酸(当时指 P_2O_5)与木炭密闭加热,便会重新夺得燃素生成硫磺和白磷。而金属和酸反应时,金属失去燃素生成氢气,氢气极富燃素。铁、锌等金属溶于胆矾($CuSO_4 \cdot 5H_2O$)溶液置换出铜,是燃素转移到铜中的结果。

可见燃素说尽管错误,但它把大量的化学事实统一在一个概念之下,解释了冶金过程中的化学反应。燃素说流行的一百多年间,化学家为了解释各种现象,做了大量的实验,积累了丰富的感性材料。特别是燃素说认为化学反应是一种物质转移到另一种物质的过程,化学反应中物质守恒,这些观点奠定了近、现代化学思维的基础。我们现在学习的置换反应,是物质间相互交换成分的过程;氧化还原反应是电子得失的过程;而有机化学中的取代反应是有机物某一结构位置的原子或原子团被其他原子或原子团替换的过程。这些思想方法与燃素说多么相似!

然而,燃素说在解释燃烧现象时也不断遇到挑战,尤其是氧气的发现,使这个学说难以立足了。

这期间,瑞典有位名叫舍勒的职业药剂师(当时药剂师一词的英文 chemist,与现在的化学家是同一个词),他长期在小镇的药房工作,生活贫困。白天,他在药房为病人配制各种药剂。一有时间,他就钻进他的实验室以获得更多的时间投入到实验中。对于当时能见到的化学书籍里的实验,他都重做一遍。他做了大量艰苦的实验,合成出了许多新化合物,例如氧气、氯气、焦酒石酸、锰酸盐、高锰酸盐、尿酸、硫化氢、升汞(氯化汞)、钼酸、乳酸、乙醚等,他研究了不少物质的性质和成分,发现了白钨矿等。至今还在使用的绿色颜料舍勒绿,就是舍勒发明的亚砷酸氢铜($CuHAsO_3$)。如此之多的研究成果在 18 世纪是绝无仅有的,但舍勒只发表了其中的一小部分。直到 1942 年舍勒诞生 200 周年的时候,他的全部实验记录、日记和书信才经过整理正式出版,共有 8 卷之多。其中舍勒与当时不少化学家的通信引人注目,通信中有十分宝贵的想法和实验过程,起到了互相交流和启发的作用。

1773 年,舍勒发现了一种气体的制法,第一种方法是分别将 KNO_3、$Mg(NO_3)$、Ag_2CO_3、$HgCO_3$、HgO 加热,这些物质都分解放出了一种气体,第二种方法是将软锰矿(MnO_2)与浓硫酸共热也产生了这种气体。

舍勒研究了这种气体的性质,他发现可燃物在这种气体中燃烧得更为剧烈,燃烧后这种气体便消失了,因而他把这种气体叫做"火气"。舍勒是燃素说的信奉者,他认为燃烧是空气中的"火气"与可燃物中的燃素结合的过程,火焰是"火气"与燃素相结合形成的化合物。他将他的发现和观点写成《论空气和火的化学》。这篇论文拖延了 4 年,直到 1777 年才发表。

舍勒发现的这种气体是什么呢? 这就是后来为大家所知的氧气。他其中的两个实验写成如今的化学方程式就是:

$$2KNO_3 = 2KNO_2 + O_2 \uparrow$$
$$2MnO_2 + 2H_2SO_4(浓) = 2MnSO_4 + 2H_2O + O_2 \uparrow$$

1775 年,33 岁的舍勒当选为瑞典科学院院士。这时药店主人已经去世,舍勒继承了药店,在他简陋的实验室里继续科学实验。由于经常彻夜工作,加上寒冷和有害气体的侵蚀,舍勒得了哮喘病。他依然不顾危险经常品尝各种物质的味道——他要掌握物质各方面的性质。当他品尝氢氰酸的时候,还不知道氢氰酸有剧毒。1786 年 5 月 21 日,为化学的进步辛劳了一生的舍勒不幸去世,年仅 44 岁。

舍勒尽管发现了氧气,但是毕竟没有命名氧气,而与他的命运类似,另一位英国化学家家约瑟夫·普利斯特列也发现了这种气体,他的论文是 1774 年发表的,比舍勒的论文发表得还早,但他也没有命名氧气。普利斯特列始终坚信燃素说,甚至在拉瓦锡用他发现的氧气做实验,推翻了燃素说之后依然故我。他将氧气叫做"脱燃素气"。

普利斯特列一生的大部分时间是在英国的利兹做牧师,业余爱好化学。1773 年,他结识了著名的美国科学家兼政治家富兰克林,他们后来成了经常书信往来的好朋友。普利斯特列受到好朋友多方的启发和鼓励。他在化学、电学、自然哲学、神学四个方面都有很多著述,他曾在一篇论文中写到:"我把老鼠放在'脱燃素气'里,发现它们过得非常舒服后,我自己受了好奇心的驱使,又亲自加以实验,我想读者是不会觉得惊异的。我自己实验时,是用玻璃吸管从放满这种气体的大瓶里吸取的。当时我的肺部所得的感觉,和平时吸入普通空气一样;但自从吸过这种气体以后,经过好长时间,身心一直觉得十分轻快舒畅。有谁能说这种气体将来不会变成通用品呢? 不过现在只有两只老鼠和我,才有享受呼吸这种气体的权利罢了。"

1774 年,普利斯特列到欧洲大陆参观旅行,并在巴黎与法国化学家拉瓦锡交换了很多化学方面的看法。正直的普利斯特列同情法国大革命,曾在英国公开做了几次演讲。英国一批反对法国大革命的人烧毁了他的住宅和实验室。1794 年 61 岁的他不得已移居美国,在宾夕法尼亚大学任化学教授。美国化学会认为他是美国最早研究化学的学者之一。他住过的房子现在已建成纪念馆,以他的名字命名的普利斯特列奖章已成为美国化学界的最高荣誉。

3 拉瓦锡与氧化学说

最终推翻燃素说的,是法国化学家拉瓦锡。

安托万·洛朗·拉瓦锡 1743 年出生在法国巴黎一个律师家庭,他在 1754~1761 年于马萨林学院学习,家人想要他成为一名律师,但是他本人却对自然科学更感兴趣。1761 年,他进入巴黎大学法学院学习,获得律师资格。课余时间他继续学习自然科学。后来,拉瓦锡在他的老师——地质学家葛太德的建议下,师从巴黎著名的鲁埃尔教授学习化学。这样一来,拉瓦锡从鲁埃尔那里接受了系统的化学教育。1768 年,年仅 25 岁的拉瓦锡就成为法兰西科学院院士。

1770 年,一些学者仍坚持波义耳已经否定的四元素说,认为水长时间加热会生成土类物质。为了搞清这个问题,拉瓦锡将蒸馏水密封加热了 101 天,发现的确有微量固体出现。他使用天平进行测量，发现容器质量的减少正等于产生固体物的质量，而水质量没有变化，从而驳斥了这一观点。

拉瓦锡的第一篇化学论文是关于石膏成分的研究。他用硫酸和石灰合成了石膏。当他加热石膏时放出了水蒸气。拉瓦锡用天平仔细测定了不同温度下石膏失去水蒸气的质量。从此，他的老师鲁埃尔就开始使用"结晶水"这个名词了。这次成功使拉瓦锡开始经常使用天平，并总结出了质量守恒定律。质量守恒定律成为他的信念，成为他进行定量实验、思维和计算的基础。例如他曾经应用这一思想，把糖转变为酒精的发酵过程表示为下面的等式：

$$葡萄糖 \text{——} 碳酸（CO_2）＋酒精$$

这正是现代化学方程式的雏形。用等号而不用箭头表示变化过程，表明了他对质量守恒思想的进一步确立。早在拉瓦锡出生之时，俄罗斯科学家罗蒙诺索夫就提出了质量守恒定律，他当时称之为"物质不灭定律"，其中含有更多的哲学意蕴。但由于"物质不灭定律"缺乏丰富的实验根据，特别是当时俄国的科学还很落后，西欧对俄国的科学成果不重视，"物质不灭定律"没有得到广泛的传播。

图 4-2　拉瓦锡的实验室

拉瓦锡为了进一步阐明这种表达方式的深刻含义，在论文中又具体地写到："我可以设想，把参加发酵的物质和发酵后的生成物列成一个代数式。再逐个假定方程式中的某一项是未知数，然后分别通过实验，逐个算出它们的值。这样一来就可以用计算来检验我们的实验，再用实验来验证我们的计算。我经常卓有成效地用这种方法修正实验的初步结果，使我能通过正确的途径重新进行实验，直到获得成功。"

拉瓦锡的时代正是燃素说流行的时期,拉瓦锡受到老师的影响,对燃素说产生了怀疑。因为燃素说始终难以解释金属燃烧之后变重这个问题。当时有些科学家索性认为这是因为测量的误差导致,还有一派比较极端的燃素说维护者甚至认为在金属燃烧反应中燃素带有负质量。面对如此的局面,1772年秋天开始拉瓦锡对硫、锡和铅在空气中燃烧的现象进行研究。为了确定空气是否参加反应,他设计了著名的钟罩实验(如图4-3)。通过这一实验,可以测量反应前后气体体积的变化,得到参与反应的气体体积。他还将铅放在

图4-3　拉瓦锡的实验装置

真空密封容器中加热,发现质量不变,加热后打开容器,发现质量迅速增加,显然增加量是进入的空气的质量(设为A)。他再次打开瓶口取出金属锻灰(在容积小的瓶中还有剩余的金属)称量,发现增加的质量正和进入瓶中的空气的质量相同(即也为A)。这表明锻灰是金属与空气的化合物。尽管实验现象与燃素说支持者相同,但是拉瓦锡提出了另一种解释,即认为物质的燃烧是可燃物与空气中某种物质结合的结果,这样可以同时解释燃烧需要空气和金属燃烧后质量变重的问题。但是此时他仍然无法确定是哪一种组分与可燃物结合。

1773年10月,普利斯特列访问巴黎。在欢迎宴会上他谈到,红色沉淀(HgO)和铅丹(Pb_3O_4)可得到"脱燃素气",这种气体使蜡烛燃烧得更明亮,还能帮助呼吸。这条信息使正处在瓶颈期中的拉瓦锡受到很大启发。回到家后,拉瓦锡重复了普里斯特列的实验,得到了相同的结果。拉瓦锡因为不相信燃素说,所以他认为这种气体是一种元素。1777年,他正式把这种气体命名为Oxygen(中文译名氧),含义是"形成酸的元素"。

在这一年,拉瓦锡向巴黎科学院提交了一篇报告《燃烧概论》,阐明了燃烧作用的氧化学说,其要点是:第一,燃烧时放出光和热。第二,只有在氧存在时,物质才会燃烧。第三,空气是由两种成分组成的,物质在空气中燃烧时,吸收了空气中的氧,因此重量增加,物质所增加的重量恰恰就是它所吸收氧的重量。第四,一般的可燃物质(非金属)燃烧后通常变为酸,氧是酸的本原,一切酸中都含有氧。金属锻烧后变为锻灰,它们是金属的氧化物。他还通过精确的定量实验,证明物质虽然在一系列化学反应中改变了状态,但参与反应的物质的总量在反应前后都是相同的。于是拉瓦锡用实验证明了化学反应中的质量守恒定律。

舍勒和普利斯特列先于拉瓦锡发现氧气,但由于他们思维不够广阔,只是关心具体物质的性质,没有能冲破燃素说的束缚,与真理擦肩而过,而拉瓦锡的理论则

弥补了他们的遗憾。

拉瓦锡的这篇报告后来被翻译成多国语言，逐渐扫清了燃素说的影响。化学自此切断了与古代炼丹术的联系，揭掉了神秘和臆测的面纱，代之以科学的实验和定量的研究。1787年拉瓦锡在《化学命名法》中正式提出一种命名系统，目的是使不同语言背景的化学家可以彼此交流，其中的很多原则加上后来柏济力阿斯的符号系统，形成了至今沿用的化学命名体系。化学由此进入了定量化学时期，拉瓦锡被后人尊称为"化学之父"。

后来，拉瓦锡被推选为众议院议员。对此，他感到负担过重，曾多次想退出社会活动，回到研究室做一个化学家。然而这个愿望一直未能实现。1768年，在拉瓦锡成为法兰西科学院名誉院士的同时，他当上了一名包税官，在向包税局投资50万法郎后，承包了食盐和烟草的征税大权，并先后兼任皇家火药监督及财政委员。在法国大革命中，拉瓦锡理所当然地成为革命的对象。1793年，包税组织的28名成员全部被捕入狱，拉瓦锡就是其中的一个，死神越来越逼近他了。当时的科学家和一些学会纷纷向国会提出赦免拉瓦锡和准予他复职的请求，但是已经为激进党所控制的国会对这些请求无动于衷，革命法庭副长官考费那尔对请求全部予以驳回，他还宣称："共和国不需要学者，只需要为国家而采取的正义行动！"

1794年5月8日的早晨，拉瓦锡被送上断头台，他泰然受刑而死。著名数学家拉格朗日为此痛心地说："他们可以一眨眼就把他的头砍下来，但他那样的头脑一百年也再长不出一个来了！"这年，拉瓦锡年仅51岁。

④ 原子-分子学说

形形色色的物质是由什么构成的呢？这一追问一直促使一代代学者去思考。古希腊哲学家留基伯和德谟克利特曾提出了原子论的思想。德谟克利特认为，万物的本原是原子和虚空。原子是一种最后的不可分割的物质微粒，它的基本属性是"充实性"，每个原子都是毫无空隙的。虚空的性质是空旷，原子得以在其间活动，它给原子提供了运动的条件。原子的数目是无穷的，它们之间没有性质的区别，只有形状、体积和序列的不同。

古代原子论的思想火种一直照耀着近代化学家的步伐。近代化学超越了古代思辨和猜想的阶段，在化学科学实验的基础上建立了近代原子论。近代原子论的创立者是英国化学家道尔顿。

约翰·道尔顿1766年生于坎伯兰郡伊格斯菲尔德一个贫困的纺织工人家庭。他幼年家贫，但学校的老师鲁宾逊很喜欢道尔顿，允许他阅读自己的书和期刊。1778年鲁宾逊退休，12岁的道尔顿接替他在学校里任教，但工资非常微薄，后来道尔顿又重新务农。1781年，道尔顿在肯德尔一所学校中任教，这期间他结识了盲人哲学家 J. 高夫，并在他的帮助下自学了拉丁文、希腊文、法文、数学和自然哲学。1793～1799 年，道尔顿依靠从盲人哲学家高夫那里接受的自然科学知识，成为曼彻斯特新学院的数学和自然哲学教师。1803 年，他继承古希腊朴素原子论和牛顿微粒说，提出了原子论。

道尔顿通过化学实验，研究了许多地区的空气组成，发现各地的空气都是由氧、氮、二氧化碳和水蒸气四种重要物质的无数个微小颗粒(道尔顿称之为"原子")混合起来的。他进一步分析一氧化碳和二氧化碳、沼气(CH_4)和油气(C_2H_4)的组成，发现前两种气体中氧的重量比为 1：2，后两种气体中与同量碳化合的氢的重量比为 2：1。

图 4-4　道尔顿

这使道尔顿发现了倍比定律。这个实验定律成为他确立化学原子论的重要基石。

道尔顿提出的原子论主要观点是：

(1) 化学元素由不可分的微粒——原子构成，原子在一切化学变化中是不可再分的最小单位。

(2) 引入原子量的概念，认为同种元素的原子性质和质量都相同，不同元素原子的性质和质量各不相同，原子质量是元素基本特征之一。

(3) 不同元素化合时，原子以简单整数比结合。推导并用实验证明倍比定律。如果一种元素的质量固定时，那么另一元素在各种化合物中的质量一定成简单整数比。他提议用简单的符号来代表元素和化合物的组成。

道尔顿也探索了如何测定原子量的方法，提出用相对比较的办法求取各元素的原子量，并发表第一张原子量表，为后来测定元素原子量工作开辟了光辉前景。

道尔顿将自己毕生的精力献给科学事业，终身未婚，而且在生活穷困的条件下从事科学研究，英国政府只是在欧洲著名科学家的呼吁下，才给予他一定的养老金，但是道尔顿仍把它积蓄起来，奉献给曼彻斯特大学用作学生的奖学金。道尔顿从小患有色盲症，这种病的症状引起了他的好奇心。他开始研究这个课题，最终发表了一篇关于色盲的论文——历史上的第一篇有关色盲的论文。后人为了纪念他，又把色盲症叫做道尔顿症。1844 年 7 月 26 日道尔顿去世，为纪念道尔顿，他的胸像被安放于曼彻斯特市政厅的入口处。很多化学家使用道尔顿作为原子量的单位。

在科学史上，道尔顿一度成为有争议的人物。原子论建立以后，道尔顿名震英国乃至整个欧洲，各种荣誉纷至沓来，道尔顿开始时是冷静的、谦虚的，但是后来荣誉越来越高，他逐渐变得有些骄傲、保守、故步自封。尤其在他晚年，其思想趋于僵化，他拒绝接受盖·吕萨克的气体分体积定律，坚持采用自己的原子量数值而不接受已经被精确测量的数据，反对贝采利乌斯提出的简单的化学符号系统。特别是道尔顿曾固执地反对为他解围的阿伏伽德罗分子学说。

在科学理论上，道尔顿的原子论是继拉瓦锡的氧化学说之后理论化学的又一次重大进步，他揭示出了一切化学现象的本质都是原子运动，明确了化学的研究对象，对化学真正成为一门学科具有重要意义，此后，化学及其相关学科得到了蓬勃发展；在哲学思想上，原子论揭示了化学反应现象与本质的关系，继天体演化学说诞生以后，又一次冲击了当时僵化的自然观，对科学方法论的发展、辩证自然观的形成及整个哲学认识论的发展具有重要意义。

1805年，法国化学家盖·吕萨克在研究氢气和氧气的化合时发现，100个体积的氧气总是和200个体积的氢气相化合；在进一步研究氨与氯化氢、一氧化碳与氧气、氮气与氢气的化合时，居然发现都具有简单整数比的关系。于是，他于1808年提出了气体化合体积定律。为了对这个实验定律进行理论解释，意大利化学家阿伏伽德罗引入了"分子"的概念。

阿伏伽德罗1776年出生于意大利的都灵，他父亲曾担任萨福伊王国的最高法院法官。父亲对他有很高的期望。阿伏伽德罗读完中学后，进入都灵大学法律系。1796年获得法学博士学位，开始从事律师工作。1800年起，他开始学习数学和物理学。

根据盖·吕萨克的气体化合体积定律，阿伏伽德罗提出了一种分子假说，在1811年的著作中他写道："盖·吕萨克在他的论文里曾经说，气体化合时，它们的体积成简单的比例。如果所得的产物也是气体的话，其体积也是简单的比例。这说明了在这些体积中所作用的分子数是基本相同的。由此必须承认，气体物质化合时，它们的分子数目是基本相同的。"因此，"同体积的气体，在相同的温度和压力时，含有相同数目的分子。"这一假说后来被称为阿伏伽德罗定律。

当时，化学界的权威，瑞典化学家贝采利乌斯的电化学学说盛行，该学说在化学理论中占主导地位。电化学学说认为同种原子是不可能结合在一起的，即气体分子就只能由单原子构成。阿伏伽德罗反对这种流行的观点，他认为，氮气、氧气、氢气都是由两个原子组成的气体分子。这种标新立异的想法当时几乎被一致否定。英国、法国、德国的科学家都不接受阿伏伽德罗的假说。这其中主要原因还在于当时科学界还不能区分分子和原子。同时由于有些分子发生了离解，出现了一些阿伏伽德罗假说难以解释的情况。

结果阿伏伽德罗的思想被埋没了50年之久，直到1860年，阿伏伽德罗假说才被普遍接受。当年，欧洲100多位化学家在德国的卡尔斯鲁厄举行学术讨论会，会上S.坎尼扎罗散发了一篇短文《化学哲学教程概要》，重新提起阿伏伽德罗假说。这篇短文引起了J.L.迈尔的注意，他在1864年出版了《近代化学理论》一书，许多科学家从这本书里了解并接受了阿伏伽德罗假说。如今,阿伏伽德罗定律已为全世界科学家所公认。阿伏伽德罗数是 1 摩尔物质所含的分子数,其数值是 6.02×10^{23},是自然科学的重要的基本常数之一。

⑤ 新元素的不断发现

元素思想的起源很早,古巴比伦人和古埃及人曾经把水(后来又把空气和土),看成是世界的主要组成元素,形成了三元素说。我国战国时代也出现一些万物本源的论说,如《道德经》中讲:"道生一,一生二,二生三,三生万物。"又如《管子·水地》中说:"水者,何也? 万物之本原也。"我国的五行学说最早出现在战国末年的《尚书》中,原文是:"五行:一曰水,二曰火,三曰木,四曰金,五曰土。水曰润下,火曰炎上,木曰曲直,金曰从革,土曰稼穑。"译成今天的语言是:"五行:一是水,二是火,三是木,四是金,五是土。水的性质润物而向下,火的性质燃烧而向上。木的性质可曲可直,金的性质可以熔铸改造,土的性质可以耕种收获。"

古希腊自然哲学家亚里士多德系统地提出了广为人知的四元素(土、水、气、火)说。四元素说在古希腊的传统民间信仰中即存在,但不具有(相对上来说)坚实的理论体系支持。古希腊的哲学家是"借用"了这些元素的概念来当作本质。但无论是古代的自然哲学家还是炼金术士,或是古代的医药学家,他们对元素的理解都是通过对客观事物的观察或者是臆测的方式。只是到了 17 世纪中叶,由于科学实验的兴起,积累了一些物质变化的实验资料,才初步从化学分析的结果去解决关于元素的概念。

1661 年,英国科学家波义耳对亚里士多德的四元素和炼金术士的三本原表示怀疑,出版了一本《怀疑派的化学家》小册子。他把那些无法再分解的物质称为简单物质,也就是元素。此后在很长的一段时期里,元素被认为是用化学方法不能再分的简单物质。这就把元素和单质两个概念混淆或等同起来了。而且,在后来的一段时期里,由于缺乏精确的实验材料,究竟哪些物质应当归属于化学元素,或者说究竟哪些物质是不能再分的简单物质,这个问题也未能获得解决。拉瓦锡在 1789 年发表的《化学基本教程》一书中列出了他制作的化学元素表,一共列举了 33 种化学元素,分为 4 类。从这个化学元素表可以看出,拉瓦锡不仅把一些非单质列为元素,而且把光、热、土质也当作元素了。

19 世纪初,才华横溢的英国科学家戴维进入英国皇家研究院,主持科学讲座。在讲座之余,他利用大量的时间进行科学研究,第一个发明了用电解提炼金属单质元素的方法,采用这种方法,他被称为当时发现元素最多的科学家。为了提炼钾和钠,戴维甚至被化学药品炸瞎了一只眼睛。19 世纪初,道尔顿创立了化学中的原子学说,并着手测定原子量,化学元素的概念开始和物质组成的原子量联系起来,使每一种元素成为具有一定（质）量的同类原子，即化学元素就是具有相同的核电荷数（即核内质子数）的一类原子的总称。元素只由一种原子组成，其原子中的每一核子具有同样数量的质子，用一般的化学方法不能使之分解，并且能构成一切物质。可见元素与原子的区别在于，元素着眼于种类不表示个数，没有数量多少的含义；原子既表示种类又讲个数，有数量的含义。

截至 1810 年，道尔顿已对二十余种元素建立了原子量表，其中包括氧、氮、磷、硫、铜、铁等。至此，人类看不见的原子终于被赋予了自己固有的实体规模、实质和特性。道尔顿还提出了第一套有化学含义的符号系统——每一种原子都用一个带有某种明确符号的圆圈来表示，比如氢原子就是个中心的有圆点的圆圈，氧原子是空心圆圈。但这一套符号因为花样太多，过于繁杂而没有被后人采用。

1841 年，贝采利乌斯根据已经发现的一些元素，如硫、磷能以不同的形式存在的事实，即硫有菱形硫、单斜硫，磷有白磷和红磷，创立了同（元）素异形体的概念，即相同的元素能形成不同的单质。这就表明元素和单质的概念是有区别的。

在 19 世纪，化学研究的重量分析法得到了很大的完善和发展，主要表现在分离和测定方法以及操作技术方面。贝采利乌斯是当时最享盛誉的分析化学家，他曾测定了 2 000 多种化合物的化合量，使用了很多新的测定方法、试剂和仪器设备，使定量分析的精确度达到了空前的高度，对定量分析法的完善和发展做出了重大贡献。化学家所运用的分离和测定方法以及操作技术，至今大都仍被采用。运用这些分析方法，人们发现了锆和钛、铍、铀和钍、硒和碲、钼、钨、铬、镉、锗、铌、钽、钒、钌、铑、钯、锇、铱等元素及一些稀土元素。

19 世纪，光谱分析法出现，光谱分析法是利用光谱线来分析某种元素存在与否的一种方法。它是由德国化学家本生和基尔霍夫共同创立的。1855 年，本生为克服当时的煤气灯的缺点，发明了著名的"本生灯"。金属及其盐在本生灯火焰中能产生特殊的带有颜色的火焰，据此可以鉴别这些金属。为了使产生的光谱具有更好的观察效果，他们两人合作研制成了分光镜，并用这种新的实验仪器发现了铯、铷等元素。随后人们又用这种方法发现了铊、铟、镓、铪、锗等元素。

19 世纪还诞生电化学方法。1807 年，英国科学家戴维描述了分离出金属钾和钠的过程。之前他开始采用新的电解的方法来研究化学元素。拉瓦锡曾经认为化学家关心的不是元素，而是那些当前还不能够被分解的物体。当时曾经有人将碱、苏打、钾草碱（从草木灰中提炼出来的碳酸钾）当作不能被分解的物体，但是拉瓦锡却拒绝把它们列入不能被分解的物体名单中。受到拉瓦锡文章的启发，戴维就想用电解的方法从碳酸钾、碳酸钠和碱中离析出其中的化学元素。他提出了大胆的预言："如果化学结合具有我曾经大胆设想过的那种特性，不管物体中的元素的天然结合力有多强，但总不能没有限度，而我们人造的仪器的力量似乎是能够无限地增大,希望新的方法(指电解)能够使我们发现物体中真正的元素。"

戴维用了250对金属板制成了当时最大的伏达电堆,以便产生强大的电流和极高的电压。开始时,他用苛性钾的饱和溶液进行电解,但是并未分离出金属钾,只是把水分解了。戴维决定改变这种做法,电解纯净的苛性钾,但是干燥的苛性钾并不导电。他又将苛性钾烧至熔化,接通电流后,阴极白金丝周围很快出现了燃烧得很旺的淡紫色火苗,但戴维还是一无所获。待他冷静思考后,判断苛性钾的确分解了,只是分解产物在高温下又立刻烧掉了。戴维又将表面湿润的苛性钾放在铂制的小盘上,并用导线将铂制小盘与电池的阴极相连;一条与电池的阳极相连的铂丝则插到苛性钾中,整个装置都暴露在空气中。通电以后,苛性钾开始熔化,表面就沸腾了,戴维发现阴极上有强光发生,阴极附近产生了带金属光泽的酷似水银的颗粒,有的颗粒在形成以后立即燃烧起来,产生淡紫色的火焰,甚至发生爆炸;有的颗粒则被氧化,表面上形成一层白色的薄膜。戴维将电解池中的电流倒转了过来,仍然在阴极上发现银白色的颗粒,也能燃烧和爆炸。戴维看到了这一惊人的发现,欣喜若狂,并在他的实验记录本上写下了:"重要的实验,证明钾碱分解了。"

后来戴维在密闭的坩埚中电解潮湿的苛性钾,终于得到了这种银白色的金属。戴维把它投入水中,开始时它在水面上急速转动,发出嘶嘶的声音,然后燃烧放出淡紫色的火焰。他确认自己发现了一种新的金属元素。由于这种金属是从钾草碱(potash)中制得的,所以将它定名为Potassium(中文译名为钾)。后来他又用电解的方法制得了金属钠、镁、钙、锶、钡和非金属元素硼和硅,成为化学史上发现新元素最多的人。

戴维在电解石灰和重土(BaO)时遭到了多次失败,因为石灰和重土的熔点分别高达2 580℃和1 923℃,这么高的温度下,钙、钡一旦出现便马上燃烧。1808年5月,戴维收到了贝采利乌斯的一封信,信中提到他和瑞典国王的御医曾将石灰和水银混合在一起电解,成功地分解了石灰;他们还用这种方法电解重土制得了钡汞齐。在贝采利乌斯的启发下,戴维把潮湿的石灰和氧化汞按3∶1的比例混合,放在白金皿中电解,制得了大量的钙汞齐。他小心地蒸去汞,从而在化学史上第一次得到了纯净的金属钙。

截至2012年,总共有118种元素被发现,其中94种是存在于地球上,其他的都是人工制造出来的。拥有原子序数大于83的元素(即铋之后的元素)都是不稳定,并会进行放射衰变的。第43和第61种元素(即锝和钷)没有稳定的同位素,会进行衰变。可是,即使是原子序数高达95,没有稳定原子核的元素都一样能在自然中找到,这就是铀和钍的自然衰变。当然,直到今天,人们对化学元素的认识过程也没有完结。当前化学中关于分子结构的研究,物理学中关于核粒子的研究等都在深入开展,可以预料它将带来对化学元素的新认识。

⑥ 门捷列夫与元素周期律

有限的元素之间经过不同的排列组合构成了五彩缤纷的物质世界,既有月球上的岩石,也可以组成芭比娃娃,既可以成为一只猴子,也可以是一架航天飞机。我们人类发现了它们,找到了它们,也分析了它们,而且我们还把其中的一些进行拆分,重新组合,获得了属于我们自己的元素。

19世纪化学研究的另一大困惑就是如何为全部元素进行分类。整个19世纪,化学家们都在试图找出一种符合逻辑的序列,能够把所有元素归并到其中。瑞典化学家柏济力阿斯提出把全部的物质划分为"不可称量的物质",包括电、磁、光和热,以及"可称量的物质",包括各种元素和化合物。元素又可划分为氧气类、非金属类和金属类;化合物则划分为矿物质和"组织机体"。

除了归类外,数量众多的元素排列顺序是什么样呢? 1817年,德国化学家约翰·德贝赖纳首先观察到了不同元素的某些相似性,成为元素周期理论的先声。他提出按照化学性质的相似性每三个元素结成一组。比如,锶的化学性质与钙和钡相似,而锶的原子量介于钙和钡之间,于是德贝赖纳就将这三个元素归为一类,类似于音乐的"三联音"。后来他又发现了更多的类似的"三联音"。尽管这个设想最终被认为是错误的,但这种创新设想却启发了后人,于是"五联音"的说法也被提出。

"三联音"和"五联音"的设想提出后,人们又组合成了一个有规律的元素表。1862年,法国地质学家亚历山大·钱考特斯草拟了包含24种元素的世界上第一张元素周期表。钱考特斯观察到,将元素按照原子量排列成行,某些相同的特性就会反复出现,于是,他将各种元素的符号按原子量递增的顺序镌刻在一个圆柱体柱面上,这些元素就呈现出一条螺旋上升的状态。后来,英国化学家约翰·纽兰兹利发表文章称如果将元素按照原子质量递增排列,会发现一种元素的特性会在此序列上向前、向后各八个位置出现。纽兰兹利将这种每隔八个位置出现的周期现象比喻为音乐中的八音程规律,命名为"八音程律"周期。

最终解决化学元素分类的人,是我们熟知的俄国化学家门捷列夫。季米特里·门捷列夫1834年出生在俄国西伯利亚托博尔斯克,1948年入彼得堡专科学校,1850年入彼得堡师范学院学习化学,1855年取得教师资格,毕业后任敖德萨中学教师。1856年获化学高等学位,1857年首次取得大学职位,任彼得堡大学副教授。1859年他到德国海德堡大学深造。1861年回彼得堡从事科学研究工作。1866年任彼得堡大学普通化学教授。

门捷列夫对化学这一学科发展的最大贡献在于发现了化学元素周期律。他从批判视角出发,在继承前人工作的基础上,对大量实验事实进行了订正、分析和概括，总结出这样一条规律：元素（以及由它所形成的单质和化合物）的性质随着原子量（现根据国家标准称为相对原子质量）的递增而呈周期性的变化，即存在着周期率。

			Ti=50	Zr=90	?=180
			V=51	Nb=94	Ta=182
			Cr=52	Mo=96	W=186
			Mn=55	Rh=104.4	Pt=197.4
			Fe=56	Ru=104.4	Ir=198
			Ni=Co=59	Pd=106.6	Os=199
H=1			Cu=63.4	Ag=108	Hg=200
	Be=9.4	Mg=24	Zn=65.2	Cd=112	
	B=11	Al=27.4	?=68	Ur=116	Au=197?
	C=12	Si=28	?=70	Sn=118	
	N=14	P=31	As=75	Sb=122	Bi=210
	O=16	S=32	Se=79.4	Te=128?	
	F=19	Cl=35.5	Br=80	I=127	
Li=7	Na=23	K=39	Rb=85.4	Cs=133	Tl=204
		Ca=40	Sr=87.6	Ba=137	Pb=207
		?=45	Ce=92		
		?Er=56	La=94		
		?Yt=66	Di=95		
		In=75	Th=118?		

图 4-5　门捷列夫的第一张元素周期表

门捷列夫坚信，元素的基本属性是原子量。他认为元素之间的差别集中表现在不同的原子量上。他提出应当区分单质和元素两个不同概念，指出在红色氧化汞中并不存在金属汞和气体氧，只是元素汞和元素氧，它们以单质存在时才表现为金属和气体。在门捷列夫按照原子量升序排列已知的 63 种元素时，他发现这些元素的化合价也呈现出有节奏的往复现象。化合价是原子形成该元素化学连接能力的一种指证。沿着这个表格观察，门捷列夫发现元素的化合价呈有规律的起伏状态——1，2，3，4，3，2，1；而且如此循环往复。

门捷列夫受单人纸牌玩法的启发，将元素的名字都写在纸牌的背面，按照玩纸牌的顺序排好，横向符合原子质量顺序，纵向符合化合价顺序。门捷列夫于 1869 年发表了题为《元素新体系》的论文，他根据元素周期律编制了第一个元素周期表，把已经发现的 63 种元素全部列入表里，从而初步完成了使元素系统化的任务。不仅如此，按照此法排列的元素周期表还有预测没被发现的元素的功能，他还在表中留下空位，预言了未被发现的元素的化学性质、化合价和原子量，即预言了类似硼、铝、硅的未知元素（门捷列夫叫它类硼、类铝和类硅，即以后发现的钪、镓、锗）的性质。

门捷列夫的论文在西方主流学术界并没有引起重视，因为当时的化学家们早已厌倦了形形色色的分类体系。直到 1875 年,法国科学家布瓦邦德朗发现了新元素镓,镓的化学性质、化合价、原子量正好和门捷列夫的元素周期表中预言的介于铝和铟的元素——"类铝"相一致。人们终于认识到了门捷列夫理论的准确性。

镓是化学史上第一个先从理论预言,后在自然界中被发现验证的化学元素。在化学元素周期系建立的过程中,性质相似的元素成为一族已为化学家们接受。当时法国化学家布瓦邦德朗利用光谱分析发觉到,在铝族中,在铝和铟之间缺少一个元素。从 1865 年开始,他用分光镜寻找这个元素。他分析了许多矿物,但是都没有成功,他最后在闪锌矿中离析出几克性质与门捷列夫预言的"类铝"相同的元素,并命名为 Gallium(中文译名为镓),元素符号定为 Ga。他之所以将新元素起这个名称,是因为他是法国人,为纪念他的祖国 Gallo(高卢,高卢是法国的古称)。

1875 年 9 月,布瓦邦德朗在法国化学家们面前表演了一组实验,证明新元素的存在。当时布瓦邦德朗测定的新元素比重是 4.7,而门捷列夫根据元素周期系推算出的比重应该是 5.9～6.0。布瓦邦德朗开始根本不相信门捷列夫给他的提示,他将自己发现的元素重新提纯后,又重新测定了这种新元素,证实了比重应该是 5.96。他后来激动地说,没有什么比这件事能证明门捷列夫的伟大之处了! 镓的发现不仅是一个化学元素的发现,它的发现引起了科学家们对门捷列夫制定的元素周期系的重视,使化学元素周期系得到赞扬和承认。

门捷列夫工作的成功,引起了科学界的震动。后来的科学发展证明,门捷列夫的元素周期表对当时以及后来的化学发展起到了决定性的作用。门捷列夫发现了元素周期律,在世界上留下了不朽的光荣,人们给他以很高的评价。恩格斯在《自然辩证法》一书中曾经指出:"门捷列夫不自觉地应用黑格尔的量转化为质的规律,完成了科学上的一个勋业,这个勋业可以和勒维烈计算尚未知道的行星海王星的轨道的勋业居于同等地位。"人们为了纪念他的功绩,把元素周期律和周期表称为门捷列夫元素周期律和门捷列夫元素周期表。美国加州大学有位名叫西博格的教授,他在 1951 年获得诺贝尔化学奖后没有懈怠,在 1955 年 4 月 30 日又在美国物理学会举行一次会议上宣布合成了 101 号元素,他在加速器中用氦核轰击锿原子,制得了 101 号元素。为纪念伟大的化学家门捷列夫,西博格用门捷列夫的名字命名该元素,这个元素的中文译名为"钔"(Mendelevium)。

由于时代的局限性,门捷列夫的元素周期律并不是完美无缺的。1894 年,稀有气体氩的发现,对周期律是一次考验和补充。1913 年,英国物理学家莫塞莱在研究各种元素的伦琴射线波长与原子序数的关系后,证实原子序数在数量上等于原子核所带的阳电荷,进而明确作为周期律的基础不是原子量而是原子序数,其本质是核电荷数和核外电子数。在周期律指导下产生的原子结构学说,不仅赋予元素周期律以新的说明,并且进一步阐明了周期律的本质,把周期律这一自然法则放在更严格更科学的基础上。元素周期律经过后人的不断完善和发展,在人们认识自然、改造自然、征服自然的斗争中,发挥着越来越大的作用。

三、有机化学的创立

❶ 从无机物到有机物

早在古代,人们在酿酒、制糖、造纸、染色和制药的劳动过程中,已广泛利用和制造有机物质,有机物就是以碳氢化合物为母体的化合物。18 世纪后半叶,开始有了有机物的实验研究。历史上,活力论一直是普遍的观念。活力论渊源于古希腊的亚里士多德。他认为事物是形式和质料的统一,形式构成事物的本质,在事物的形成中起决定作用。而生物的形式是灵魂,即"隐德莱希"(Entelecheia 的译音),它赋予有机体以行为完善性和合目的性。灵魂的性质决定有机体的机能和结构。植物只有一种司营养和繁殖的灵魂,动物另有一种司感觉的灵魂,人类除了这两种灵魂外,还有一种理性的灵魂。近代活力论的主要倡导者有比利时的 J. B. 赫耳蒙特、德国的 G. E. 施塔尔、C. F. 沃尔夫、J. 布卢门巴赫和法国的 M. F. X. 比夏等人。他们各自提出不同的名称代替亚里士多德的灵魂概念。活力论片面夸大生命的特殊性,也就否定了生命的物质性,把有机界和无机界绝对地对立起来。

当时人们发现,一般植物都含有碳、氢、氧,而动物则还含有氮。受活力论影响,他们都以为,碳氢化合物是动植物有机体所特有的,它只能由"生命活力"产生和发生作用,有机物与无生命自然界中存在的铜、铁、水银等物质有原则的区别,有机物不能从无机物产生或合成。

19 世纪时,盖·吕萨克、贝采利乌斯等人对蔗糖、乳糖、淀粉、蜡等许多有机物质进行分析,搞清楚了这些有机物的组成成分和含量比例。李比希使碳氢分析发展成为精确的定量分析技术。在精确分析的基础上,他写出了许多有机化合物的化学式。在有机化合物的分离、提纯、分析发展的一定阶段上,有机化合物的人工合成也发展起来了。1828 年,德国化学家弗里德里希·维勒第一次证明有机物可用普通的无机物制得,这项研究成果开创了无机化学的新纪元。

维勒 1800 年出生在的德国的法兰克福,他幼时就喜欢化学,尤其对化学实验感兴趣。1820 年入马尔堡医科大学学医,期间常在宿舍中进行化学实验。他的第一篇科学论文是《关于硫氰酸汞的性质》,发表在《吉尔伯特年鉴》上,并受到著名化学家贝采利乌斯的重视。他后来到海德堡大学拜著名化学家格美林、生理学家蒂德曼为师。1823 年取得外科医学博士学位。毕业后在贝采利乌斯的实验室工作一年,之后先后在法兰克福、柏林等地任教。

自 1824 年起,维勒开始研究氰酸铵(NH_4CNO),氰酸铵是一种无机化合物,可由氯化铵和氰酸银反应制得,即用氯化铵(NH_4Cl)水溶液同氰酸银($AgCNO$)进行化学反应来制取氰酸铵,他认为按照反应方程式,这一化学反应本来会得到两种化学物质,即氯化银和氰酸铵。然而,当他滤去氯化银($AgCl$)沉淀,并对溶液进行蒸发时,并没有得到所期望的氰酸铵,而得到了一种白色结晶状的物质。为了确定这种白色结晶物,维勒又用了 4 年的时间,采用不同的无机物和不同的方法,对其进行了一系列的定性和定量实验研究,最后他终于完全确认实验中所得到的这种白色结晶状物质,这种物质称为碳酰胺(carbamide),是由碳、氮、氧、氢组成的有机化合物,因为在人尿中含有这种物质,所以取一个通俗名称——尿素,尿素是一切动物机体内的代谢产物。

事实上,早在 1773 年,伊莱尔·罗埃尔就发现了尿素。1828 年,维勒首次使用无机物质氰酸铵与硫酸铵人工合成了尿素。本来他打算合成氰酸铵,却得到了尿素。尿素的合成揭开了人工合成有机物的序幕。维勒由于偶然发现了从无机物合成有机物的方法,而被认为是有机化学研究的先驱。在此之前,人们普遍认为:有机物只能依靠一种生命力在动物或植物体内产生;人

图 4-6　纪念维勒而发行的邮票

工只能合成无机物而不能合成有机物。维勒的老师贝采利乌斯当时也支持生命力学说,他写信给维勒,以讽刺的口吻问他能不能在实验室里"制造出一个小孩来"。1828 年,维勒将自己的发现和实验过程写成题为《论尿素的人工制成》的论文,发表在《物理学和化学年鉴》上。他的论文详尽记述了如何用氰酸与氨水或氯化铵与氰酸银来制备纯净的尿素。

1845 年,德国化学家柯尔柏用木炭、硫磺、氯水等无机物合成了酒精、蚁酸、葡萄酸、苹果酸、柠檬酸、琥珀酸等一系列有机酸,进而还合成了油脂类和糖类物质;到了 19 世纪后期,有机合成更加蓬勃发展,先后用人工方法合成了染料、香料、药物和炸药等。随着这些化学家的一系列有机物合成实验,人们认识到有机物是可以在实验室由人工合成的,这打破了多年来占据有机化学领域的生命力学说。随后,乙酸、酒石酸等有机物相继被合成出来,这些成果都支持了维勒的观点。

维勒不但用氰酸铵人工合成了尿素,而且还分析了氰酸银的化学组成,结果竟与李比希对雷酸银的化学组成的分析结果相当地吻合。而氰酸银和雷酸银确是两

种性质不同的化合物。为此,维勒与李比希又共同研究了氰酸、雷酸和三聚氰酸,发现他们的化学组成完全相同,而性质却不相同。瑞典的化学家贝采利乌斯在这些实验事实的基础上,提出了"同分异构体"的概念,认为之所以性质不同,是由于它们的化学结构不同。同分异构体是一种有相同分子式而有不同的原子排列的化合物。这导致了有机化合物经典结构理论的建立和发展。

人们所认识的有机物质越来越多,积累的实际材料越来越丰富,就更迫切地需要理论的加工和概括,而要制造、生产更多更好的有机产品,也必须有理论的指导。为此,仅仅知道一些有机物质的成分和组成就远远不够了,理论上需要回答的是:有机物质有哪些种类? 有机物中的各个组分为什么要以一定的比例结合? 它们是怎样构成起来的? 因此,有机化合物的分类和结构理论的研究被提到了化学发展的日程上。

19世纪初期,人们知道水电解之后,可在阳极得到氧,在阴极得到氢,根据正、负电相吸的原理,贝采利乌斯在1812年发表了"电化二元论"。他认为,含氧化合物是由两部分组成的:一部分为氧;另一部分为基;含单元素为单基,含碳、氢以及氮等多元素的叫复基。复基是有机物的组成单位,相当于组成无机物的元素,有机物可看作是带复合基的氧化物。实际上,复基不过是为比拟各种化合物成分而假设的模糊的基团概念,它没有固定组成和形式,不表示化学反应功能,也不反映有机物的真实结构。

1832年,维勒和李比希把复基观点发展为"基团论"理论,认为化合物都含有不同的无机基团和一个共同的有机基团,基团是稳定的,它是一系列化合物中不变化的组成部分,它可被其他简单物所取代;它与某简单物结合后,此简单物可被当量的其他简单物代替。基团说能够解释一些有机化学反应,但它不能回答"为什么有机化学反应中会出现这些基团"以及"基团的本质是什么"这样的问题。

19世纪30年代,人们在漂白过程中发现氯可以取代脂肪和石蜡中的氢,从而促进了有机卤代反应的研究和取代说的提出。1834年,法国化学家杜马系统地研究了卤素和有机化合物的反应,发现在某些有机反应中,有机物的某些基团的正电性的氢可以被负电性的氯或氧所取代,而不改变原来物质的基本性质。1839年,杜马把取代论进一步发展为类型论。他认为,在有机化学中,存在着一定的类型,当有机物的氢被某一等量卤族元素取代后,其类型保持不变。对类型论有重大发展的是法国化学家日拉尔,他在1843年引进了"同系列"的概念,即有机化合物存在着多个系列,每一个系列都有自己的代数组成式,如,烷烃系列是 C_nH_{2n+2},正醇系列是 $C_nH_{2n+2}O$,正脂肪酸系列是 $C_nH_{2n}O_2$ 等;在同一系列中,形值的量的增加,会形成不同质的有机化合物,各化合物的化学性质相似,物理性质呈有规律的变化。在类型论思想的影响下,经过德国化学家霍夫曼、英国化学家威廉逊、法国化学家日拉尔等人的工作,1848～1857年完整的类型系统被建立起来,这个系统将有机化合物分为五个基本类型,即水型、氢型、氯化氢型、氨型、沼气型。如果这五种母体化合物中的氢被其他基团所取代,则可得到各种醇、醚、酸类的有机化合物。

从二元论到取代论再到类型论,人们对有机化合物的认识在步步深入,然而这些认识又都仅仅停留在化学反应的现象方面,主要是进行分类,而没有触及化学反应进行的内在根据。因为认识到有机化合物按一定类型出现,并不能知道类型里的原子是怎样结合起来的,为什么有这样一些类型,有机化学反应的机理是什么,这些问题就要求将人的认识视野深入到有机物的内在结构上。

❷ 凯库勒的梦与苯环结构

类型论的观点也得到了德国化学家弗里德利希·凯库勒的支持,他在前人工作的基础上试图建立一个有机物的整体的类型学说。凯库勒1829年生于德国达姆施塔特,1848年进入吉森大学学习,他学的专业是建筑学。凯库勒在吉森大学早就听说了李比希教授的大名,同学们也多次劝说他听听这位教授的化学课,但凯库勒对化学毫无兴趣,不愿意将时间花费在自己不愿做的事情上,因此对李比希教授的了解也仅限于道听途说。某次偶然的接触,使凯库勒一改初衷,决定去听听李比希教授的化学课。课堂上,李比希教授那轻松的神态、幽默的语言、广博的知识把凯库勒带入了一个全新的世界,凯库勒被深深地吸引,他对化学产生了极大的兴趣。自此,凯库勒就常去听李比希的化学课,渐渐地他对化学研究着了迷。

不久,凯库勒放弃了建筑学,立志转学化学。此举遭到了亲人们的反对,为此,他曾一度被迫转入达姆施塔特市的高等工艺学校求学。但他仍坚信,自己未来的前途是从事化学,别无他路。进入工艺学校不久,他就同因发明磷火柴而闻名的化学教师弗里德里希·莫登豪尔接近起来。凯库勒在这位老师的指导下,进行分析化学实验,熟练地掌握了许多种分析方法。当亲人们了解到凯库勒不愿放弃学化学的决心时,只好同意他重返吉森大学继续学习。1849年秋天,他回到了李比希实验室,继续进行分析化学实验。李比希被这位学生的坚强意志深深地感动了。在他的指引下,凯库勒从此走上了研究化学的道路。人们在慨叹建筑业失去一位优秀的设计家之余,却惊喜地发现在有机化学这片原始森林中矗立起一座精美的大厦!

凯库勒投身化学的时期,正是有机化学成为化学研究主流的时期。有机化学以前所未有的速度向前发展:化学家们发现了有机化合物大量存在的事实,并人工合成了许多罕见的有机化合物;维勒和李比希基因理论的提出;法国化学家日拉尔"类型论"的建立等。这无疑大大丰富了有机化学知识,但此时的有机化学无论如何也不能和无机化学相比，因为无机化学的研究有道尔顿原子论的理论为指导，而有机化学没有。没有理论指导的实践，必然是盲目的，混乱的。为了描述醋酸的结构，人们使用了 19 种表达方式，谁是谁非？化学家们各持己见，互不妥协，有机化学界一片混乱。

1857 年，凯库勒提出了"原子数"的概念，认为与某一个原子相化合的其他元素的原子或基的数目取决于各成分的亲和力值，也就是现在所说的原子价，例如 CH_3、CH_2、CH 的亲和力值分别是 1、2、3。1858 年，他用原子价的概念奠定了有机结构理论的基础，他指出：第一，碳是四价的，一个原子的碳与四个氢原子的化学亲和力值是等价的；第二，碳原子不仅与其他种类的原子结合，而且各碳原子彼此之间也可以结合而形成碳链，这时，碳原子的部分亲和力互相抵消；第三，碳原子在有机物中有固定的排布。这一思想已接近于化学结构式的概念，只是他又认为完全同一的物质可能有多种结构类型，没有完全摆脱旧类型论的影响。在上述观点的基础上，1865 年，凯库勒提出苯的结构式——六个碳原子首尾相接，成环状封闭的模式。这一理论极大地促进了芳香族化学的发展和有机化学工业的进步，充分体现了基础理论研究对于技术和经济进步的巨大推动作用。

1861 年起，凯库勒开始研究苯的结构。凯库勒关于苯环结构的构想，在有机化学发展史上成为一段佳话。当时已知一个苯分子含有 6 个碳原子和 6 个氢原子，碳的化合价是 4 价，氢则是 1 价，有机物的碳原子互相连接形成碳链，那么在饱和状态下每个碳原子还应该与 2 个（在碳链中间）或 3 个（在碳链两端）氢原子

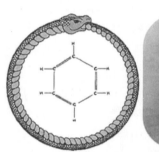

图 4-7　凯库勒与苯环结构

化合，算上去 6 个碳原子应该和 14 个氢原子化合，比如己烷就是这样的。苯分子只有 6 个氢原子，说明它的碳原子处于极不饱和状态，化学性质应该很活泼。但是苯的化学性质却非常稳定，说明它和不饱和有机物的结构不一样。苯究竟有什么样特殊的分子结构呢？这个问题把当时的化学家难住了。凯库勒也对此百思不得其解。

凯库勒早年接受的建筑学训练帮了他的大忙，建筑学使他具有了更好的形象思维能力，他善于运用模型方法，把化合物的性能与结构联系起来，他的苦心研究终于有了结果，1864 年冬天，他的科学灵感使他获得了重大的突破。他在回忆这段经历时说道："我坐下来写我的教科书，但工作没有进展；我的思想开小差了。我

把椅子转向炉火，打起瞌睡来了。原子又在我眼前跳跃起来，这时较小的基团谦逊地退到后面。我的思想因这类幻觉的不断出现变得更敏锐了，现在能分辨出多种形状的大结构，也能分辨出有时紧密地靠近在一起的长行分子，它围绕、旋转，像蛇一样地动着。看！那是什么？有一条蛇咬住了自己的尾巴，这个形状虚幻地在我的眼前旋转着。像是电光一闪，我醒了。我花了这一夜的剩余时间，作出了这个假想。"于是，凯库勒首次满意地写出了苯的结构式。指出芳香族化合物的结构含有封闭的碳原子环。它不同于具有开链结构的脂肪族化合物。

实施上，凯库勒首次提到了这个梦是在 1890 年，在柏林市政大厅举行的庆祝凯库勒发现苯环结构 25 周年的大会上，于是这个故事很快传遍了全世界，不仅一般人觉得有趣，心理学家更是对它感兴趣。100 多年来，众多心理学家在提出有关梦或创造性的理论时，都喜欢以此为例。据说它是研究创造性的心理学文献中被举得最多的一个例子。

美国南伊利诺大学化学教授约翰·沃提兹在 20 世纪 80 年代对凯库勒留下的资料做了透彻的研究，发现有众多间接证据能够证明凯库勒别有用心地捏造了这个梦的故事。他能够证明在凯库勒之前已经有人提出了苯环结构，而且凯库勒还知情，以此断定凯库勒没有说真话。事实的确如此。沃提兹发现早在 1854 年，法国化学家奥古斯特·劳伦在《化学方法》一书中已把苯的分子结构画成六角形环状结构。沃提兹还在凯库勒的档案中找到了他在 1854 年 7 月 4 日写给德国出版商的一封信，在信中他提出由他把劳伦的这本书从法文翻译成德文。这就表明凯库勒读过而且熟悉劳伦的这本书。但是凯库勒在论文没有提及劳伦对苯环结构的研究，只提到劳伦的其他工作。所以，他的结论是，凯库勒是没有必要从梦中得到启发的。凯库勒编造这么个离奇故事的原因，可能是为了不想让人知道他的重大发现与法国人有关。

1861 年，俄国化学家布特列洛夫较系统地提出了有机化学的结构理论。其基本内容为：第一，化学结构的概念。布特列洛夫把组成物质的化学质点——分子看成是有内在联系的统一整体。分子中的原子以一定排列顺序结合着；其间存在着亲和力的相互作用；在亲和力的相互作用中组成分子。第二，原子间相互作用有两种类型，一种存在于直接联结的原子之间，决定分子中原子团或结构单位的反应性能；另一种存在于不直接联结的原子间，决定属于同一类型的各个反应的特殊性。两种作用类型说明各种官能团在化学反应里的共性和个性。第三，化学结构与化学性质的关系。物质的化学性质决定于它的化学结构，可以通过对化学性质的研究推测化学结构，也可以根据化学结构推测物质的化学性质，以至预言尚未发现的新化合物。至此，近代有机结构理论已基本上确立了。

四、现代化学的进步

① 化学合成的新发展

化学合成是现代化学的一个非常活跃的领域。随着现代化学实验仪器、设备和方法的飞速发展，人们创造了很多过去根本无法创设的实验条件，合成了大量结构复杂的化学物质。

制备硼的氢化物，一直是久未攻克的化学难题。1912 年，德国化学家斯托克对硼烷进行了开创性的工作，发明了一种专门的真空设备，采取低温方法合成了一系列硼的氢化物（从 B_2H_6 到 $B_{10}H_{14}$），并研究了它们的分子量和化学性质。1940 年，斯托克的学生 E. 威伯格用氨与硼烷作用制成了结构与苯相似的"无机苯" $B_3N_3H_6$。1962 年，英国化学家巴特利特合成了第一种稀有气体化合物六氟铂酸氙，打破了统治化学达 80 年之久的稀有气体"不能参加化学反应"的传统化学观，开辟了新的化学合成领域。

有机合成在 20 世纪取得了突飞猛进的发展，许多高分子化合物被合成出来，如酚醛树脂（1907 年）、丁钠橡胶（1910 年）、尼龙纤维（1934 年）。对有机天然产物合成贡献较大的化学家，应首推美国化学家伍德沃德。他先后合成了奎宁（1944 年）、包括胆甾醇（胆固醇）和皮质酮（可的松）在内的甾族化合物（1951 年）、利血平（1956 年）、叶绿素（1960 年）以及维生素 B_{12}（1972 年）等。为表彰他的杰出贡献，他获得了 1965 年的诺贝尔化学奖，被誉为"当代的有机化学大师"。

关于奎宁的合成，还可以追溯到 19 世纪的一段故事。英国化学家威廉·亨利·柏琴制成了世界上第一种人工合成染料——苯胺紫。这是一个误打误撞的发明，因为当时柏琴的目的是要合成奎宁。柏琴 1838 年出生在伦敦。他在 14 岁时，有一天去听科学家法拉第的学术讲座，小柏琴深深地被法拉第的有趣实验所吸引。从此，他便决心选择化学研究作为自己终生的事业。当时，英国的教育界不重视化学。在学校里，化学课总是安排在午休时间，因为多数学生都对化学课不感兴趣。只有皇家化学学院才设有比较正规的化学课程。柏琴 17 岁时就在皇家化学学院崭露了头角，为此来自德国的化学家霍夫曼教授挑选他担任自己的助手。就在当助手的这段时间里，由于一次偶然的实验，年仅 18 岁的柏琴发明了人工合成染料。

1849 年，欧洲流行疟疾，死亡人数节节攀升。为了对付这种可怕的疾病，许多科学家在寻觅治疗疟疾的良药。后来人们发现，从金鸡纳树中提取的奎宁是治疗此病的特效药。但是金鸡纳树主要生长在南美洲，能供提取的奎宁很有限，远远不能满足需求。科学家们在想：能否采用化学合成的方法来制取奎宁呢？霍夫曼有一天不经意地大声说到："难道就不能用煤焦油里的化学物质来制造奎宁吗？"

这句话引起了柏琴极大的兴趣，他一心要研究这一课题。然而柏琴并不知道，在当时的科技条件下，这一目的是无法实现的。实验经历了无数次失败，可柏琴并不灰心，仍然每天坚持实验。有一次，实验进行到最后一步，当加进重铬酸钾时，反应瓶里出现了一种奇妙的紫色粉状物质。为了知道这种物质的性质，柏琴向容器中加了一点儿酒精。他发现酒精溶液变成了鲜艳的紫红色，色泽非常艳丽。柏琴面对着这种紫色的物质在想：这东西到底有什么用处呢？他随手从瓶子里取出一点儿放在手上，想仔细瞧瞧究竟是啥东西。一不留神，紫色物碰到他的白衣服，碰到的地方就变成了紫色。衣服搞脏了，柏琴敏锐地感觉到这种紫色物质可以用来做染料。他立即重新做了刚才的实验。这次，他得到了更多的紫色物质，并把它调成了溶液，然后将一块白布浸入到溶液中。几小时后，白布真的被染成了紫色，颜色鲜艳无比，水洗不掉，日晒不褪。合成染料制成了！长

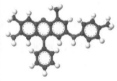

图 4-8　柏琴制成人工合成染料——苯胺紫

时间的实验虽然没有制出奎宁，却意外地合成了染料，使他成为世界上第一位发明人工合成染料的人。从此，缤纷的色彩就不只属于自然界了，人们也不仅仅只能从植物中提取蓝靛和茜草色素了。柏琴在23岁就已经成了世界上的染料权威。他应邀到伦敦的化学大会做报告，而法拉第也坐在听众席上。昔日的先生今天成了学生，昔日的学生则成了今天的先生。

1965年，我国科学家第一次实现了具有生物活性的结晶牛胰岛素蛋白质的人工合成，这对揭示生命奥秘具有重要意义。早在1948年，英国生物化学家桑格就选择了一种分子量小，但具有蛋白质全部结构特征的牛胰岛素作为实验的典型材料进行研究，于1952年搞清了牛胰岛素的 G 链和 P 链上所有氨基酸的排列次序以及这两个链的结合方式。次年，他宣布破译出由 17 种 51 个氨基酸组成的两条多肽链牛胰

图 4-9　中国科学家首次人工合成牛胰岛素

岛素的全部结构。这是人类第一次搞清一种重要蛋白质分子的全部结构。桑格也因此荣获 1958 年诺贝尔化学奖。

从 1958 年开始,中国科学院上海生物化学研究所、中国科学院上海有机化学研究所和北京大学生物系三个单位联合,以钮经义为首,由龚岳亭、邹承鲁、杜雨苍、季爱雪、邢其毅、汪猷、徐杰诚等人共同组成一个协作组,在前人对胰岛素结构和肽链合成方法研究的基础上,开始探索用化学方法合成胰岛素。他们首先是将天然胰岛素拆成两条链,再把它们重新合成为胰岛素,并于 1959 年突破了这一难题,重新合成的胰岛素是同原来活力相同、形状一样的结晶。其次,他们在合成了胰岛素的两条链后,用人工合成的 B 链同天然的 A 链相连接。这种牛胰岛素的半合成在 1964 年获得成功。第三,把经过考验的半合成的 A 链与 B 链相结合。在 1965 年 9 月 17 日完成了结晶牛胰岛素的全合成,从而确立了合成牛胰岛素的全部方法和程序。

经过严格鉴定,合成胰岛素的结构、生物活力、物理化学性质、结晶形状都和天然的牛胰岛素完全一样。这是世界上第一个人工合成的蛋白质,为人类认识生命、揭开生命奥秘迈出了可喜的一大步。这项成果获 1982 年中国自然科学一等奖。这是中国当时能够获得诺贝尔奖的绝佳机会。我国人工合成胰岛素研究集体的代表钮经义,被推荐为诺贝尔化学奖 1979 年度候选人。但最后,1979 年度诺贝尔化学奖的得主为美国人布朗和德国人维提希。我国钮经义未能获选,令人惋惜。

蛋白质和核酸是组成生物体的两种重要大分子物质。1953 年,詹姆斯·沃森和弗朗西斯·克里克描述了 DNA(脱氧核糖核酸)的结构。1970 年,印度血统的美籍学者科兰纳等人使用模板技术首次用化学方法人工合成了有 77 个核苷酸对的酵母丙氨酸的结构基因。1973 年,科兰纳再次成功合成了具有 126 个核苷酸对的大肠杆菌酪氨酸运转 RNA(tRNA)基因。为了使合成的基因能发挥作用,科兰纳等经过 3 年埋头苦干,在 1976 年 8 月,终于使大肠杆菌酪氨酸运转 RNA(tRNA)基因顺利地转录出酪氨酸 tRNA。1977 年,美国加利福尼亚大学的博耶,用化学方法合成了人生长激素抑制因子的基因。人生长激素抑制因子是人脑、肠管、胰腺中分泌出来的一种神经激素,它能抑制甲状腺刺激激素,促胃液素、胰岛素和胰高血糖素的分泌,对肢端肥大症、急性胰腺炎和糖尿病等多种疾病都有医疗价值。1981 年我国科学家又实现了具有生物活性的酵母丙氨酸 tRNA 的首次全合成,取得了又一突破。

❷ 研究向微观发展

19 世纪末 20 世纪初,以震惊整个自然科学的电子、X 射线与放射性等三大发现为标志,化学实验进入了现代发展阶段。早在 1836 年,法拉第就曾研究过低压气体中的放电现象。1869年,德国化学家希托夫发现真空放电于阴极,并以直线传播。1876年,戈尔茨坦将这种射线命名为"阴极射线"。1878年,英国化学家克鲁克斯发现阴极射线能推动小风车,被磁场推斥或牵引,是带电的粒子流。1897年,克鲁克斯的学生英国物理学家J.J.汤姆生对阴极射线作了定性和定量的研究,测定了阴极射线中粒子的荷质比。这种比原子还小的粒子被命名为"电子"。电子的发现,动摇了"原子不可分"的传统化学观。

1895年,德国物理学家伦琴在研究阴极射线时发现了X射线。1896年,法国物理学家贝克勒发现了"铀射线"。次年,法国著名化学家玛丽·居里又发现了钍也能产生射线,于是她把这种现象称为"放射性",把具有这种性质的元素称为放射性元素。居里夫妇经过极其艰苦的努力,于1898年先后发现了具有更强放射性的新元素钋和镭。随后,又花费了几年时间,从两吨铀的废矿渣中分离出0.1克光谱纯的氯化镭,并测定了镭的原子量。镭曾被称为"伟大的革命家",克鲁克斯尖锐地评论说,"十分之几克的镭就破坏了化学中的原子论",可见这一成果意义的重大。为此,居里夫人获得了1911年的诺贝尔化学奖。

20世纪初,量子论的发展使化学和物理学有了共同的语言,解决了化学上许多悬而未决的问题。20世纪早期,化学家从化学实验中发现,对于原子或分子,假若电子数量是偶数,而不是奇数,则这原子或分子会更具化学稳定性。1914年,约翰内斯·里德伯建议,主量子数为4的电子层最多只能容纳32个电子,但是他并不清楚为什么会这样。1916年,吉尔伯特·路易斯在论文《原子与分子》里表述出六条关于化学行为的假定,其中,第三条假定表明:"原子倾向于在每个电子层里维持偶数量的电子,更特别倾向于维持8个电子对称性地排列于立方体的8个顶点。"但是,他并没有试图预测这模型会造成什么样的光谱线,而任何模型的预测都必须符合实验结果。

化学家欧文·朗缪尔于1919年提议,将每个电子层按照其主量子数分为若干个同样体积的"细胞",每个细胞都固定于原子的某个区域,除了最内部电子层的细胞只能容纳1个电子以外,其他每个细胞都可容纳2个电子。比较内部的电子层必须先填满,才可开始填入比较外部的电子层。1913年,丹麦著名物理学家尼尔斯·玻尔提出关于氢原子结构的玻尔模型,成功解释了氢原子线谱,他又试图将这理论应用于其他种原子与分子,但获得的结果很有限。经过9年的漫长研究,1922年,玻尔又完成了关于周期表内各个元素怎样排列的论述,并且建立了递建原理,这一原理给出在各个原子里电子的排布方法——每个新电子会占据最低能量空位,并逐级的高层递建。但是,玻尔并没有解释为什么每个电子层只能容纳有限并且呈规律性数量的电子,为什么不能对每个电子都设定同样的量子数。

奥地利物理学家泡利于1918年进入慕尼黑大学就读,阿诺·索末菲是他的博士论文指导教授,他们时常探讨关于原子结构方面的问题,特别是先前里德伯发现的整数数列,每个整数是对应的电子层最多能够容纳的电子数量,这数列貌似具有特别意义。1921年,泡利获得博士学位,在他的博士论文里,他应用玻尔－索末菲模型来解析氢分子离子问题。毕业后,泡利应聘到哥廷根大学成为物理学家马克斯·玻恩的助手,从事关于应用天文学微扰理论与原子物理学的研究。1922年,玻尔邀请泡利到哥本哈根大学的玻尔研究所做研究。在那里,泡利试图解释在原子谱光谱学领域的反常塞曼效应实验结果,即处于弱外磁场的碱金属会展示出双重线光谱,而不是正常的三重线光谱。泡利无法找到满意的解答,隔年,泡利任聘为汉堡大学物理讲师,他开始研究形成闭合壳层的物理机制,认为这问题与多重线结构有关,因此他更加专注于研究碱金属的双重线结构。按照那时由玻尔带头提倡的主流观点,因为原子核的有限角动量,才会出现双重线结构。泡利不赞同这种观点,1924年,他发表论文表明,碱金属的双重线结构是因为电子所拥有的一种量子特性,是一种无法用经典力学理论描述的"双值性"。为此,他提议设置新的双值量子数,只能从两个数值之中选一个为量子数的数值。

1925年,泡利发表论文正式提出泡利不相容原理:原子中不能有2个电子处于同一量子态上。这一原理使得当时所知的许多有关原子结构的知识变得有条有理。这个原理在原子中就表现为:不能有两个或两个以上的电子具有完全相同的四个量子数,或者说在轨道量子数 m, l, n 确定的一个原子轨道上最多可容纳两个电子,而这两个电子的自旋方向必须相反。这成为电子在核外排布形成周期性从而解释元素周期表的准则之一。上述的泡利不相容原理,不是定理,说明它没有理论依据,但得出的结论却与用爱因斯坦和普郎克量子能量理论得出的结论是一致的,就证明了它的正确,而它的意义就在于能够解决很多的理论问题。

❸ 实验手段的现代化

现代化学在实验规模和研究方式上发生了很大变化。最早的化学实验室大概要算炼丹术士的实验室,实验室中的实验设备和条件极其粗糙和简陋,实验者的实验目的也只是为了寻求"长生不老"和"点石化金"的"仙药"。到了17世纪至19世纪初期,当化学成为一门独立的科学以后,化学实验室才逐渐多了起来,出现了一大批从事化学科学实验研究的化学家。但这些实验室都属于私人所有,如波义耳在他姐姐家建立的实验室,化学大师贝采利乌斯的实验室是他的厨房,在那里化学实验和烹调一起进行。私人实验室的规模比较小,除实验室的主人外,最多只能容纳一两个助手或一两名学生。李比希就曾在盖·吕萨克的私人实验室里当过助手。这个时期的化学实验基本上属于个体式研究,个别的科学家独居楼阁,摆弄着烧瓶、量筒、天平等仪器,其规模和形式近似于手工业作坊。

第一个公共化学实验室是 1817 年英国化学家 T. 汤姆生在格拉斯哥大学建立的供教学用的实验室。自此之后，欧洲各大学都纷纷仿效，建立了自己的化学实验室。这些实验室的建立，不仅改变了化学教育的面貌，使实验成为培养和提高学生素质的重要内容，而且使大学不再只是单纯传授化学知识的场所，还是进行化学科学研究的重要基地。在 19 世纪的公共实验室中，最著名的是 1824 年李比希在吉森大学建立的化学实验室，它可以同时容纳 22 名学生进行化学实验。在那里，李比希培养了许多优秀的化学家，以他为核心的"吉森学派"是近代化学史上公认的一大学派。他们这种集体式的合作研究，取得了惊人的成就。在 1901～1910 年最早的 10 位诺贝尔化学奖获得者当中，李比希的学生竟然占了 7 位。这一成就在化学史上首屈一指。

1898 年，J. J. 汤姆生的学生卢瑟福发现铀和铀的化合物发出的射线有两种不同的类型，一种是 α 射线，一种是 β 射线；2 年后，法国化学家维拉尔又发现了第三种射线 γ 射线。1901 年卢瑟福和英国年轻的化学家索迪进行了一系列合作实验研究，发现镭和钍等放射性元素都具有蜕变现象。据此，他们提出了著名的元素蜕变假说，认为放射性的产生是由于一种元素蜕变成另一种元素所引起的。这一成果具有革命意义，打破了"元素不能变"的传统化学观，卢瑟福也因此荣获 1908 年的诺贝尔化学奖。

电子、放射性和元素蜕变理论奠定了化学结构测定实验的理论基础。1912 年，德国物理学家劳埃发现 X 射线通过硫酸铜、硫化锌、铜、氯化钠、铁和萤石等晶体时可以产生衍射现象。这一发现提供了一种在原子-分子水平上对无机物和有机物结构进行测定的重要实验方法，即 X 射线衍射法。

无机物的结构测定的真正开始是在 X 射线衍射线被发现以后。在此之前，像氯化钠这样简单的离子化合物的结构问题，对化学家来说都是一个难题，但运用这种方法之后，化学家才恍然大悟，原来其结构是如此简单。20 世纪二三十年代，人们运用 X 射线衍射法分析测定了数以百计的无机盐、金属配合物和一系列硅酸盐的晶体结构。

有机物的晶体结构测定始于 20 世纪 20 年代。在此期间，人们测定了六次甲基四胺、简单的聚苯环系、己链烃、尿素、一些甾族化合物、镍钛菁、纤维素以及一系列天然高分子和人工聚合物的结构。20 世纪四五十年代，有机物晶体结构分析工作更加蓬勃发展，最突出的是 1949 年青霉素晶体结构、1952 年二茂铁（金属有机化合物）结构和 1957 年维生素 B_{12} 结构的测定。另外，人们应用 X 射线衍射法还对一系列复杂蛋白质的结构进行了测定，取得了许多重大突破，为分子生物学理论的建立奠定了坚实的实验基础。

从 20 世纪 30 年代起，出现了国家规模的大型化学科学研究机构和庞大的实验基地;到了20世纪70年代,实验的规模则扩大到国际间相互合作的新阶段。许多尖端实验绝不是任何个人、一般科研组织所能胜任的,而必须由国家统一规划、组织协调各学科科学家来共同攻克。实验用人广、花费多、规模大、组织周密和协调,已成为现代化学实验的又一重要特点。

❹ 新仪器的不断创新

化学实验手段是制约化学科学研究的非常重要的方面。虽然在19世纪化学实验手段已经有了相当的水平,形成了一套相对比较完整的化学常规仪器(包括各种玻璃仪器在内)和设备,但这些仪器和设备的质量还不高,种类还不够齐全,精度也不够灵敏和准确。为克服这些不足,人们在对原有的化学实验手段加以改进的同时,积极吸收现代各种科学技术的新成果,创造和发明了一大批现代化的实验仪器和设备。

在18~19世纪,天平曾是使化学实验定量化的重要实验手段,借助于天平,人们取得了一系列重要实验成果。但当时的天平还比较粗糙,灵敏度一般只能达到0.1~0.01克。为了满足现代化学研究的需要,人们对天平进行了改进和完善,制造了一些灵敏度更高、操作更方便的天平。如现代的分析天平,从称量范围来看,有常量分析天平(范围:0.1毫克至100克)、微量分析天平(范围:0.001毫克至20克)和介于二者之间的半微量分析天平;从种类来看,有等臂式天平和悬臂式超微量天平(灵敏度可达0.01微克,最大载重为1毫克)。这些天平具有灵敏、准确和操作方便(如应用光学、电学原理制造的电光天平)等特点。

现代化学的许多重大突破都与化学实验手段的改进、发明和创造紧密相关。光学分析法是利用光谱学的研究成果而建立起来的一类方法,它包括光度法和光谱法等。光度法的前身是比色法,这种方法在19世纪中期开始盛行,所采用的实验手段主要是一些目视比色计,如"Nessler比色管""目视分光光度计"等。但使用这些仪器容易引起观测上的主观误差,并易使测试人员眼睛疲劳,分辨能力降低。为此,在19世纪末,人们将光电测量器利用到比色计上,设计和发明了光电比色计。20世纪30年代以后,人们利用棱镜和能发射紫外与可见连续光谱的汞灯、氢灯制造了可见光紫外光分光光度计。由于这种分光光度计扩展了测定组分吸收光谱的利用范围,因此到20世纪60年代,它基本上取代了光电比色计。

20世纪40年代红外技术开始在化学实验研究中加以运用并得到较快的发展,人们可以根据红外光谱来推断分子中某些基团的存在。20世纪50年代初又发展出了原子吸收光度法,由于它具有灵敏、快速、简便、准确、经济和适用广泛等诸多优点,所以发展极快,十几年内就得到了普及。

光谱法产生于19世纪50年代,但人们只是利用光谱来进行一些定性检验。

利用光谱广泛进行半定量、定量检测则开始于 20 世纪 20 年代。20 世纪 60 年代，利用光电倍增管为接受器的多道光谱仪问世，使光谱定量分析的速度和自动化程度大为提高。在此期间，人们又进行了利用 ICP（电感耦合等离子距）作为光谱分析光源的尝试，极大地提高了光谱分析的灵敏度、准确度和工作效率。

1910 年 J. J. 汤姆生设计了一种没有聚焦的抛物线质谱装置，他利用这台仪器第一次发现了稳定同位素；1918 年美国科学家丹普斯特研制了第一台单聚焦质谱仪，并利用该仪器发现了锂、钙、锌和镁的同位素。1919 年 J. J. 汤姆生的助手阿斯顿改进了磁分离器，制成了新式质谱仪，从而把人类研究微观粒子的手段向前大大推进了一步。阿斯顿利用质谱仪发现了氖、氩、氪、氙、氯等元素都有同位素存在；在 71 种元素中，他发现了天然存在的 287 种核素中的 212 种。为表彰阿斯顿在研制质谱仪和发现众多核素方面的卓越贡献，他于 1922 年获得了诺贝尔化学奖。质谱法的基本原理是使化学试样中的各种组分在离子源中发生电离，生成不同荷质比的带正电荷的离子，经过加速电场的作用，形成了离子束，进入质量分析器。在质量分析器中，再利用电场和磁场，使其发生相反的速度色散，将它们分别聚焦而得到质谱图，从而确定其质量。这种方法在同位素质量的测定中被广泛应用。此后，人们又相继发明了速度聚焦质谱仪、双聚焦质谱仪和离子源质谱仪，使这种方法的适用性更加广阔。20 世纪 60 年代出现的二次离子质谱法，显示了更巨大的魅力。

色谱法也叫色层法、层析法，其创始人是俄国化学家米哈依尔·茨卫特。这种方法最初是作为一种分离手段而在实验中被加以研究和运用的。德籍奥地利化学家 R. 库恩就曾运用层析法在维生素和胡萝卜素的离析与结构分析中取得了重大研究成果，并于 1938 年获得了诺贝尔化学奖。英国化学家 A. 马丁对层析法的发展贡献卓著，他因此于 1952 年获得了诺贝尔化学奖。20 世纪 50 年代以后，人们将这种分离手段与检测系统连接起来，从而使其成为一种独特的分析方法，它包括气相色谱和液相色谱等。目前这种方法是应用最广泛、最具特色的分析方法之一，而且表现出广阔的发展前景。

现代化学实验使用了很多灵敏、精确和快速的实验手段，表现出仪器化的特点，红外光谱、核磁共振、顺磁共振和质谱等实验手段已被广泛使用。在微量分析和痕量杂质分析方面，出现了原子吸收光谱、极谱分析、库仑分析以及萃取、离子交换分离、色谱、电泳层析等新的分析、分离技术和手段；在化学元素或组分的分析测定、微观分子结构、晶体结构、表面化学结构等的分析测定方面，出现了 X 射线、荧光光谱、光电子能谱、扫描电镜、电子探针、拉曼激光光谱、分子束、四圆衍射仪、低能电子衍射、中子衍射、皮秒激光光谱等现代化的实验技术和手段。运用这些实验手段，能够更精确地进行化学定量检测，达到微米（10^{-6}）、纳米（10^{-9}），甚至皮米

(10^{-12})数量级,从而大大促进了化学实验手段的精密化。

近30年来,计算机在化学实验中得到了卓有成效的应用,正逐步成为重要的化学实验手段。目前出现的各种仪器的联机使用和自动化,不仅用于电分析化学、谱学、微观反应动力学、平衡常数的测定、分析仪器的控制、数据的存贮与处理,以及化学文献检索等,而且还能使经典化学操作达到控制的自动化。

❺ 从物理化学到量子化学

1877年,德国化学家奥斯瓦尔德和荷兰化学家范托夫创刊《物理化学杂志》,标志着物理化学作为一门学科的正式形成。从这一时期到20世纪初,物理化学以化学热力学的蓬勃发展为其特征。从克劳修斯引入新的态函数熵开始,之后的焓、亥姆霍兹函数、吉布斯函数等态函数相继引入,开创了物理化学中的重要分支——热化学。一般认为,化学热力学是热力学第一定律和热力学第二定律被广泛应用于各种化学体系,特别是溶液体系的研究。吉布斯对多相平衡体系的研究和范托夫对化学平衡的研究,阿伦尼斯提出电离学说,能斯特发现热定理等都是对化学热力学的重要贡献。

1906年,刘易斯提出处理非理想体系的逸度和活度概念以及测定方法,化学热力学的全部基础已经具备。劳厄和布拉格对X射线晶体结构分析的创造性研究,为经典的晶体学向近代结晶化学的发展奠定了基础。阿伦尼斯关于化学反应活化能的概念,以及博登施泰因和能斯特关于链反应的概念,对后来化学动力学的发展也都作出了重要贡献。

20世纪20~40年代是结构化学领先发展的时期,这时的物理化学研究已深入到微观的原子和分子世界,改变了人们以往对分子内部结构的复杂性茫然无知的状况。

1926年,量子力学研究的兴起,不但在物理学中掀起了高潮,也给予物理化学研究很大的冲击。尤其是在1927年,海特勒和伦敦对氢分子问题的量子力学处理,为1916年刘易斯提出的共享电子对的共价键概念提供了理论基础。1931年量子化学和结构生物学的先驱者之一鲍林和斯莱特把这种处理方法推广到其他双原子分子和多原子分子中,形成了化学键的价键方法。1932年,莫利肯和洪特在处理氢分子的问题时根据不同的物理模型,采用不同的试探波函数,从而发展了分子轨道方法。

量子化学是理论化学的一个分支学科,是应用量子力学的基本原理和方法来研究化学问题的一门基础科学。1927年海特勒和伦敦用量子力学基本原理讨论氢分子结构问题,说明了两个氢原子能够结合成一个稳定的氢分子的原因,并且利用相当近似的计算方法,算出其结合能。由此,使人们认识到可以用量子力学原理讨论分子结构问题,从而逐渐形成了量子化学这一分支学科。

量子化学的发展历史可分两个阶段:第一个阶段是 1927 年到 20 世纪 50 年代末,为创建时期。其主要标志是三种化学键理论的建立和发展,分子间相互作用的量子化学研究。在三种化学键理论中,价键理论是由鲍林在海特勒和伦敦的氢分子结构工作的基础上发展而成,其图像与经典原子价理论接近,为化学家所普遍接受。

分子轨道理论是在 1928 年由马利肯等首先提出,1931 年休克尔提出的简单分子轨道理论,对早期处理共轭分子体系起重要作用。分子轨道理论计算较简便,又得到光电子能谱实验的支持,使它在化学键理论中占主导地位。

配位场理论由贝特等在 1929 年提出,最先用于讨论过渡金属离子在晶体场中的能级分裂,后来又与分子轨道理论结合,发展成为现代的配位场理论。

第二个阶段是 20 世纪 60 年代以后。主要标志是量子化学计算方法的研究,其中严格计算的从头算方法、半经验计算的全略微分重叠和间略微分重叠等方法的出现,这些方法扩大了量子化学的应用范围,提高了计算精度。

1928~1930 年,许莱拉斯计算氦原子,1933 年詹姆斯和库利奇计算氢分子,得到了接近实验值的结果。20 世纪 70 年代又对它们进行更精确的计算,得到了与实验值几乎完全相同的结果。计算量子化学的发展,使定量的计算扩大到原子数较多的分子,并加速了量子化学向其他学科的渗透。

第二次世界大战后到 20 世纪 60 年代期间,物理化学以实验研究手段和测量技术,特别是各种谱学技术的飞跃发展和由此而产生的丰硕成果为其特点。

电子学、高真空和计算机技术的突飞猛进,不但使物理化学的传统实验方法和测量技术的准确度、精密度和时间分辨率有很大提高,而且还出现了许多新的谱学技术。光谱学和其他谱学的时间分辨率和自控、记录手段的不断提高,使物理化学的研究对象超出了基态稳定分子而开始进入各种激发态的研究领域。

光化学首先获得了长足的进步,因为光谱的研究弄清楚了光化学初步过程的实质,促进了人们开展对各种化学反应机理的研究。这些快速灵敏的检测手段能够使研究人员发现反应过程中出现的暂态中间产物,使反应机理不再只是从反应速率方程凭猜测而得出的结论。这些检测手段对化学动力学的发展也有很大的推动作用。

先进的仪器设备和检测手段也大大缩短了测定结构的时间,使结晶化学在测定复杂的生物大分子晶体结构方面有了重大突破,青霉素、维生素 B_{12}、蛋白质、胰岛素的结构测定和脱氧核糖核酸的螺旋体构型的测定都获得成功。电子能谱的出现更使结构化学研究能够从物体的体相转到表面相,对于固体表面和催化剂而言,这是一个新的研究方法。

20 世纪 60 年代,激光器的发明和不断改进的激光技术,大容量高速电子计算机的出现,以及微弱信号检测手段的发明孕育着物理化学中新的生长点的诞生。

20 世纪 70 年代以来,分子反应动力学、激光化学和表面结构化学代表着物理化学的前沿阵地。研究对象从一般键合分子扩展到准键合分子、范德瓦耳斯分子、原子簇、分子簇和非化学计量化合物。在实验中不但能控制化学反应的温度和压力等条件,进而对反应物分子的内部量子态、能量和空间取向实行控制。

在理论研究方面,大型电子计算机加速了量子化学在定量计算方面的发展。对于许多化学体系来说,薛定谔方程已不再是可望而不可解的了。福井谦一提出的前线轨道理论以及伍德沃德和霍夫曼提出的分子轨道对称守恒原理的建立是量子化学的重要发展。

物理化学还在不断吸收物理和数学的研究成果,例如 20 世纪 70 年代初,普里戈金等提出了耗散结构理论,使非平衡态理论研究获得了可喜的进展,加深了人们对远离平衡的体系稳定性的理解。

第五章

人类对天和地的认识

一、天文学的起源

❶ 人类仰望天空的遐想

在德国大哲学家康德的墓碑上刻着他生前的一句名言:有两样东西,我对它们的思考越是深沉和持久,它们在我心灵中唤起的赞叹和敬畏就会越来越历久弥新,一是我们头顶浩瀚灿烂的星空,一是我们心中崇高的道德法则。古往今来,每当夜色清澈,群星争辉时,多少人因之浮想联翩。人类认识天的历史特别悠久,自然,天文学也是一门很古老的科学,自有人类文明史以来,天文学就有重要的地位。人们生活和生产的需要,总是与历法的制定有不可分割的关系;人类对天空的神秘感和对日月星辰运动和谐的美感,迫使人类去探索天空,同时原始人对自然现象的恐惧,自然而言就对天文现象加以注意,所以有一种观点认为天文学起源于古代人类时令的获得和占卜活动。

远在有历史记载以前,人们就已经深深领会了一些天文现象,积累了不少零碎的天文知识:日、月、星有规律地升起和落下;月亮周期性地圆缺;星星在天穹上形成的永恒结构(星座)等。人们把一些天文知识运用到航海上,并用来决定适于耕种和收获的季节。特别是太阳更是人们关注的对象,人类的一切活动都同它有关,因此,在古代除了有火的崇拜(如拜火教)以外,还有太阳崇拜。

"九曲黄河万里沙,浪淘风簸自天涯。如今直上银河去,同到牵牛织女家。"这首家喻户晓的唐诗千百年来一直被咏诵。牛郎织女的故事一直脍炙人口。初秋晴夜,银河高悬,斜贯长空。银河,有许多别名,在西方,它叫做"牛奶路"(Milk Way);在我国古代,它又叫银汉、高寒、星河、明河、天河……天河两岸,很容易找到"牛郎"星和"织女"星,它们是两颗很亮的星。牛郎在河东,又名牵牛星,也叫"河鼓二"。它的两旁,各有一颗稍暗的星。三星相连,形如扁担。牛郎居中,两端宛如一副箩筐,所以它们又合称为"扁担星"。据说,每年农历七月初七,牛郎就将他的两个娃娃放在箩筐里,挑起扁担,去与织女"鹊桥相会"啦!织女在河西,与牛郎以及自己的孩子遥遥相望。它四周有四颗星构成了一个平行四边形,恰如织布用的梭子一般,它正是织女的劳动工具。

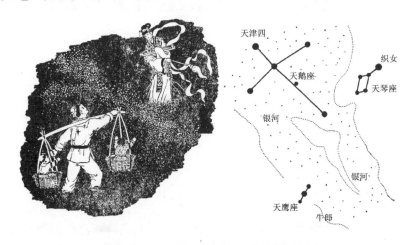

图 5-1　牛郎星、织女星及相关星座示意图

　　大概公元前 3000 年,生活在两河流域的苏美尔人就划分了星群。考古发现,公元前 3000 年的石碑上就刻有日食和月食的记录,以及一些行星的运动、月相和太阳历。在古埃及,人们更关注于研究历法、季节的变化和用天文的方法测定方向。古埃及人生活在尼罗河畔,每年天狼星同太阳一道升起后不久,尼罗河一定会涨潮泛滥,古埃及人不能不留心观测这个天象。这个天象的观测使埃及人测定了一年的日期,他们大约在公元前 30 世纪就把一年定为 365 日了。

　　几乎所有的自然科学分支都是研究地球上的现象,只有天文学从它诞生的那一天起就和天上可望而不可及的灿烂星空联系在一起。天文学家观测从行星、恒星、星系等各种天体来的辐射,小到星际的分子,大到整个宇宙。天文学家测量它们的位置,计算它们的轨道,研究它们的诞生、演化和死亡,探讨它们的能源机制。随着人类社会的发展,天文学的研究对象从太阳系发展到整个宇宙。现代天文学是以观察及解释天体的物质状况及事件为主的学科,主要研究天体的分布、运动、位置、状态、结构、组成、性质及起源和演化。现代天文学按研究方法分类已形成天体测量学、天体力学和天体物理学三大分支学科。

天文学与其他自然科学的不同之处在于,天文学的实验方法是观测,通过观测来收集天体的各种信息。因而对观测方法和观测手段的研究,是天文学家努力研究的一个方向,即天文学是一门集观测和理论于一身的科学。它的发展还同人们掌握的观测手段、观测仪器的进步紧密相关,也同数学的进步紧密相关。然而在古代,在这两种条件都不够具备的情况下,人们还是以极敏锐的目光和极聪明的头脑使天文学有了长足的发展。天文学包含的内容很多,有天象记录、天体测量、天文仪器的制作、历法的制订等,当然最基本的,还是要从天象观察和记录做起。

❷ 古代的天文观测

中国是世界上天文学发达最早的国家之一,古代的天象记录不但年代连续,而且十分丰富,其中有些在现代天文学研究中仍起着重要的作用。以古代关于太阳黑子、彗星、流星和客星的记载为例。太阳黑子实际上是太阳表面漩涡状的低温区。我们知道,太阳是个炽热的大火球,表面温度有 6 000℃ 左右。在这样的温度下,所有的物质都气化了,分解为比较简单的元素。在太阳燃烧的过程中,会产生局部的温度不均匀区域,这些区域的温度会低于附近区域的正常温度而产生气旋,这些气旋产生后能存在一定时间,这就是太阳黑子。黑子并不是真正的黑色,只不过温度低一点,看上去发暗罢了。现在世界上公认最早的黑子记载,是中国西汉河平元年(公元前 28 年)三月所见的黑子现象。事实上,我国还有比这更早的黑子记载。成书于公元前 140 年左右的《淮南子》说:"日中有踆乌。"所谓"踆乌"也就是黑子的形象。1973 年,长沙马王堆出土的汉墓帛画上,太阳里就画了一个乌鸟形象。这大概是由黑子的观测而引发的联想。欧洲人发现太阳黑子,时间已比较晚。他们最早的黑子记载是公元 807 年,但还误认为是水星凌日。直到伽利略使用望远镜,欧洲人才在公元 1610 年看到太阳黑子。

关于彗星的观测,我国最早而可靠的记录是公元前 613 年的一次观测。记录说鲁文公十四年秋"有星孛入北斗"。这彗星就是著名的哈雷彗星,这也是世界上最早的一次哈雷彗星记录。哈雷彗星每 76 年在地球上能观测到一次,从春秋到清朝末年两千年里,我国共有 31 次关于哈雷彗星的记录。我们祖先不仅观测了彗星的形态和位置,对彗星的成因也有正确的解释。

天体测量确定星座后要制订星表,也就是把测定出的若干恒星坐标汇编起来。星表是天文学的重要工具,我国古代曾多次测编过星表。最早的一次是在战国时代,观测者叫石申,是魏国人。石申活动的年代大约在公元前 4 世纪。石申编过一部被后人称为《石氏星经》的书,这部书在宋代以后失传,今天我们只能从别的天文学古籍中得知它的一些片断。

从这些片断中我们知道石申星表中已经有了二十八宿的标志星，连同其他一些恒星共 115 颗星的赤道坐标位置。石申星表所使用的赤道坐标方式，同现代天文学上广泛使用的赤道坐标系是一致的。到了 16 世纪，欧洲也广泛深入使用了赤道坐标系来确定星位。在石申星表测定后的公元前 2 世纪，古希腊天文学家希帕克也编制了一份星表，这份星表对后来欧洲天文学的发展起了很大作用。

从天文学角度看，星宿和星座没有什么实质性差别，只不过前者是中国古代习用的术语，代表中国古人划分星群的方法；星座则代表起源于欧洲，现在已成为全世界广泛采用的一种划分星空的方式。比如，牛郎星是"天鹰座"最亮的星星，织女星是"天琴座"最亮的星。若按照国际统一称呼，它们分别称为天鹰座 α 和天琴座 α。

希帕克是古希腊最伟大的天文学家之一。大约在公元前 130 年左右，有一颗新星爆发，这件事促使希帕克编制了西方历史上第一个记载恒星的星表。他对这些恒星在天球上的位置做了精密的测量，目的是将来有奇异天象出现时，能够确定其位置，同时也能发现恒星间的相对运动，事实上他的确通过这一工作发现了恒星运动。这个星表共包含 1 025 颗星，记载着恒星在星座间的分布和它们的亮度，星表能够传到今天，完全是由于希帕克的后继者托勒密把它们抄在自己的著作里。1718 年，英国天文学家哈雷根据希帕克的星表发现了恒星的自行。由于其在天文学上的贡献，希帕克被后人称为"天文学之父"。

有了星表，还应当有一种形象的星座标志图，这就是星图。星图在天文学上的作用就好比地理学上的地图。作为恒星位置记录的科学性星图，大约在秦汉以前就有了。中国的星图起源于古代盖天说的一种示范仪器，这个仪器叫盖图，有点类似于如今教学上的活动星图。据公元前 1 世纪成书的《周髀算经》记载：如果在这张图上蒙上一块薄丝绢，绢上画一个表示人眼所见范围的圆圈，那么把底图绕着天极（就是北极星的方向）逆时针旋转，就可以看到一天里和一年里夜晚所见星空的大致情况。到了公元后 1 世纪的汉代，星图上已有 118 组，每组都有名称，一共有 783 颗星。

星数最多的是三国时吴国太史令陈卓所绘的星图。他把当时存在的石申、甘氏、巫咸三家天文学派所命名的恒星，并画成一张全天星图。图上共有星 283 组，1 464 颗。这张星图一直被后世看作经典。

❸ 中国古代天文学家

如果说绘制星图是观天的话，那么天文观测还要有测地的任务，观天与测地合到一起才是完整的天文学。测地是天文学另一个重要方面。测地，主要是准确地测量地球的子午线。子午线也就是经线，就是在地球面上任意一点与南极和北极两个极点所成的平面与地球相交所成的交线。这条交线把地球"切"开成两个半圆。如果这半个圆处于半夜子时,那么相对应的那半圆一定处于正响午时,所以才称为子午线。测量子午线的长度可以确定地球的大小。地球从赤道线开始往南北两极各分为 $90°$,这是纬度,按照这个经纬线的划分,测量子午线长度就有了一个简单的办法,即不必一定要从南极测到北极,只要测量出每相差纬度 $1°$ 时,这一段的经线长度就计算出总长度了,但在古代,这也是难以办到的。

中国古代历法不仅包含了年、月、日的安排,而且还包含对日食、月食的预报以及节气的测算等,这些都同观测地球的纬度有关。最早使用科学方法测定子午线长度的是著名的天文学家一行(公元 683～727 年)。一行原姓张,名遂,是唐初王公的后代。他从幼时起就遍览群书,尤其喜欢研究天文和历法。女皇武则天当政时,她的侄儿武三思威焰显赫,不可一世。武三思听说张遂博学多才,便千方百计地要把他网罗到自己门下。张遂早就知道武三思的为人,不肯与他为伍,他为了躲避武三思迫害,便出家当了和尚,取法名为一行。

唐玄宗即位以后,于开元五年(公元 717 年)召一行到长安,让他主持修订历法。在修订历法的过程中,一行为了测量日月星辰的位置和运行,先后制成了黄道铜仪和浑天铜仪等天文仪器。黄道铜仪是用来测量日、月和星辰在轨道上的坐标位置,浑天铜仪是个模拟的天球运动模型,上面以周天为象,布列星宿。用水冲击下面的轮子,仪器旋转,每昼夜自转一周,表明天上星宿出没和运动情况。一行用这些仪器重新观测了 150 多颗恒星的位置,发现与古书上记载不相符合。这说明恒星在天球上的位置不是永远不变的,恒星也在运动。这一观测事实,英国天文学家哈雷在 1718 年也发现了。

提到浑天仪,就不得不提到中国著名的天文学家张衡。张衡在西汉耿寿昌发明的浑天仪的基础上,根据自己的浑天说,创制了一个比之前的都精确、全面得多的"浑天仪"。这种浑天仪也称漏水转浑天仪,它是一种水运浑象,用一个直径四尺多的铜球,球上刻有二十八宿、中外星官以及黄赤道、南北极、二十四节气、恒显圈、恒隐圈等,成一浑象,再用一套转动机械,把浑象和漏壶结合起来。以漏壶流水控制浑象,使它与天球同步转动,以显示星空的周日视运动,如恒星的出没和中天等。它还有一个附属机构即瑞轮蓂荚,是一种机械日历,由传动装置和浑象相连,从每月初一起,每天生一叶片;月半后每天落一叶片。它所用的两级漏壶是现今所知最早的关于两级漏壶的记载。

张衡(公元 78～139 年),字平子。汉族,南阳西鄂(今河南南阳市石桥镇)人,中国东汉时期伟大的天文学家、数学家、发明家、地理学家和文学家,张衡为中国天文学、机械技术、地震学的发展作出了杰出的贡献,发明了浑天仪、地动仪,是东汉中期浑天说的代表人物之一。由于他的贡献突出,联合国大文组织将月球背面的一个环形山命名为"张衡环形山"，太阳系中的 1802 号小行星命名为"张衡星"。

为了改革历法，一行和其他一些天文学家进行测量日影的工作。他们在今河南境内的四个地点测量北极高度和日影长度，还测量了这四地的距离。根据测量结果，一行抛弃了古代的错误结论，得出北极高度差 1°时，南北距离为三百五十一里八十步。这个数据就是地球子午线一度的长度。换算成现在单位，子午线一度长129.22千米。而现代的测量结果是 111.2 千米。尽管这个测量误差较大，但它是世界上第一次子午线长度的实测。在一行以前，古希腊的天文学家也曾于公元前 3 世纪和公元前 1 世纪进行过两次确定子午线的工作，但他们并没有经过实地测量，所以一行的工作是开创性的。

一行的成就不仅仅在于他第一次测量了子午线，他还主持修订了《大衍历》。中国的历法起源很早，成文历法就有从周朝末年到汉朝初年的四分历，这个历法确定了一年为 365.25 日，大致与希腊当时的历法相当。东汉末年，人们认识到四分历误差太大，又进行了修改，提高了精度，到南北朝时的祖冲之，又制定出大明历，确定一年为 365.242 8 日。这在当时是相当精密的，以后五六百年里没有超过它的。一行修订的大衍历，主要特点是经过反复推算，确定了二十四个节气的准确时间，基本上符合天文实际。而在这以前，人们是平均分配的方法，把一年等距地分为二十四份，由此来确定节气。这与地球和太阳运行的实际并不完全相符。大衍历比较汉武帝以来的 23 家历法都更为精密，是当时世界上先进的历法。

到了元代，又有一位科学家叫郭守敬，他改进了观测日影的方法，在河南登封建立了测景台，用来观测日影。郭守敬根据他多次精密测定的冬至时刻的结果，并利用从祖冲之以来的观测资料，证实了每年为 365.242 5 日，是历史上所使用的最精密的数值，这在世界上也是第一次使用这么精密的数值，到了明朝末年，这个数字被进一步修正为 365.241 90 日，比起现代理论计算只差 0.000 27 日！这个只凭双眼和简单仪器观测的结果，不能不令人敬服。

二、古代天文学思想的起步

❶ 盖天说与浑天说

对整个宇宙的认识，中国古代早就出现过不同的猜测和理解，盖天说和浑天说就是其中的典范。盖天说可能起源于殷末周初，它在发展过程中也有几种不同的见解。早期的盖天说是天圆地方说，认为"天圆如张盖，地方如棋局"，穹隆状的天覆盖在呈正方形的平直大地上。但圆盖形的天与正方形的大地边缘无法吻合。于是又有人提出，天并不与地相接，而是像一把大伞一样高高悬在大地之上，地的周边有8根柱子支撑着，天和地的形状犹如一座顶部为圆穹形的凉亭。共工怒触不周山和女娲氏炼石补天的神话正是以持这种见解的盖天说为依据的。还有一种形成较晚的盖天说提出天是球穹状的，地也是球穹状的，两者间的间距是8万里，北极位于天穹的中央，日月星辰绕之旋转不息，盖天说通常把日月星辰的出没解释为它们运行时远近距离变化所致，离远了就看不见，离近了就看见它们照耀。

浑天说是中国古代的一种宇宙学说，可能始于战国时期，更多的史书认为，汉代天文学家张衡提出了"浑天说"，他认为"天之包地，犹壳之裹黄"。由于古人只能在肉眼观察的基础上加以丰富的想象，来构想天体的构造。浑天说最初认为：地球不是孤零零地悬在空中的，而是浮在水上；后来又有发展，认为地球浮在气中，因此有可能回旋浮动，这就是"地有四游"的朴素地动说的先河。浑天说认为全天恒星都布于一个"天球"上，而日月五星则附着在"天球"上运行，这与现代天文学的天球概念十分接近。因而浑天说采用球面坐标系，如赤道坐标系，来量度天体的位置，计量天体的运动。在古代，浑天说不只是一种宇宙学说，而且是一种观测和测量天体视运动的计算体系，类似现代的球面天文学。西汉末的扬雄提到了"浑天"这个词，这是现今所知的最早的记载。他在《法言·重黎》篇里说："或问浑天。曰：落下闳营之，鲜于妄人度之，耿中丞象之。"这里的"浑天"是浑天仪，实即浑仪的意思。扬雄是在和《问天》对照的情况下来说这段话的。由此可见，落下闳时已有浑天说及其观庖瞧鳌。

浑天说提出后，并未能立即取代盖天说，而是两家各执一端，争论不休。但是，在宇宙结构的认识上，浑天说显然要比盖天说进步得多，能更好地解释许多天象。另一方面，浑天说手中有两大法宝：一是当时最先进的观天仪——浑天仪，借助于它，浑天家可以用精确的观测事实来论证浑天说。在中国古代，依据这些观测事实而制定的历法具有相当的精度，这是盖天说所无法比拟的。另一大法宝就是浑象，利用它可以形象地演示天体的运行，使人们不得不折服于浑天说的卓越思想，因此，浑天说逐渐取得了优势地位。到了唐代，天文学家一行等人通过天地测试彻底否定了盖天说，使浑天说在中国古代天文领域称雄了上千年。

同浑天说和盖天说相类似，宣夜说也是古人提出的一种宇宙学说。"宣夜"这个名字很怪，初看不知为何义，历来也无解释，直到清朝末期邹伯奇才说："宣劳午夜，斯为谈天家之宣夜乎？"这是一种望文生义的解释，但在没有任何说法的情况下可聊备一说，即宣表示喧嚣达旦，夜就是整个夜里，表示天文学家整夜忙于天文观测，又互相讨论，可见宣夜之学即为有关天文学的知识。宣夜说起源很早，这个学说认为天是没有形体的无限空间，即所谓"天"，并没有一个固体的"天穹"，而只不过是无边无涯的气体，日月星辰就在气体中飘浮游动，依赖气的作用而运动或静止。各天体运动状态不同，速度各异，是因为它们不是附缀在有形质的天上，而是漂浮在空中。

不论是中国古代的盖天说、浑天说，还是西方古代的地心说，乃至哥白尼的日心说，无不把天看作一个坚硬的球壳，星星都固定在这个球壳上。宣夜说否定这种看法，认为宇宙是无限的，宇宙中充满着气体，所有天体都在气体中漂浮运动。日月星辰的运动规律是由它们各自的特性所决定的，绝没有坚硬的天球或是什么本轮、均轮来束缚它们。宣夜说打破了固体天球的观念，这在古代众多的宇宙学说中是非常难得的。这种宇宙无限的思想出现于两千多年前，是非常可贵的。所以，无可否认，宣夜说的一些看法是相当先进的，它是中国古代一种朴素的无限宇宙观念。它同盖天说、浑天说本质的不同在于：它承认天是没有形质的，天体各有自己的运动规律，宇宙是无限的空间。这三点即使在今天也是有意义的。或许正因为它的先进思想离开当时人们的认识水平太远，它不可能为多数人所接受。试想，一个无限的宇宙空间已是难以想象，更何况众多的天体都毫无依赖地漂浮在空中各自运动呢？在近代科学诞生以后，人们依据万有引力定律和天体力学规律说明了天体的运动，证明了宣夜说的基本观点是正确的，然而在古代缺乏理论的证明，只能使它保留在思想领域，成为一种思辨的假说。随着时间的流逝，人们对宣夜说的观点也渐渐淡忘了。唐代天文学家李淳风，在他所著的《晋书·天文志》中保留了宣夜说的唯一资料，才使这一思想得以保存下来。

❷ 地心说与托勒密的天文学体系

在古希腊，天文学是数学的一个分支，天文学家的研究目的是创造可以模拟天体运动现象的几何模型。这个传统始于毕达哥拉斯学派。毕达哥拉斯学派将天文和算术、几何、音乐并举为四种数学技艺。后来由这四种技艺组成的数学研究就被称为"四艺"。柏拉图在《理想国》中将四艺作为哲学教育的基础。他鼓励了比他更年轻的数学家欧多克斯去发展一套古希腊的天文学体系。

古人大多将地球看作宇宙的中心，以为太阳、月亮、行星和恒星都绕着地球旋转。人们以为所有的恒星都镶嵌在一个透明的球（也许是个硕大透明的水晶球）上，这个球就叫做"恒星天球"，或者叫做"恒星天"。对恒星天的距离有过种种猜测，就像对"月亮天""太阳天""水星天"的距离有过种种猜测一样。

柏拉图提出，行星表面上的不规则运动可以通过以球形大地为中心的匀速圆周运动的组合来解释。这在公元 4 世纪是一个新颖的观点。欧多克斯对柏拉图的问题的解答是为每个行星指定一组同心球。通过倾斜球体的旋转轴，为每个球指定不同的旋转周期，欧多克斯得以逼近天体的"出没"。这使得他成为尝试给出行星运动的数学描述的第一人。

地心说的起源很早,最初由米利都学派形成初步理念,后由古希腊学者欧多克斯提出,经亚里士多德完善,又让托勒密进一步发展成为"地心说"。欧多克斯提出的就是后来长期盛行于古代欧洲的宇宙学说,该学说认为,地球位于宇宙中心,人类则住在半球型的世界中心。亚里士多德的地心说认为,宇宙是一个有限的球体,分为天地两层,地球位于宇宙中心,所以日月围绕地球运行,物体总是落向地面。地球之外有 9 个等距天层,由里到外的排列次序是:月球天、水星天、金星天、太阳天、火星天、木星天、土星天、恒星天和原动力天,此外空无一物。上帝推动了恒星天层,才带动了所有天层的运动。

另一位希腊天文学家希帕克也对地心说有了新发展。希帕克先假定地球是中心,然后说明日月星辰等每一个天体都在一个轨道,即"本轮"上运动,而这轨道又在一个更大的轨道即"均轮"上围绕地球运行。这样就可以解释日月行星的视运动。本轮和均轮的大小由直接观察来确定。希帕克的这个学说把天文学搞得很复杂,但它却在几百年里顺利地解释了天文现象。如果我们知道,从亚里士多德时代开始直到近代伽利略发现惯性原理为止,这将近两千年里天文学家面临的巨大困难是不知该如何解释天体的不断运动,那么我们就能够理解希帕克工作的意义了。希帕克的理论指导着从托勒密到第谷的许多杰出天文学家的工作,统治天文学界达 1 600 年之久。后来他的学生托勒密所写的《天文大全》被称为天文学的百科全书,就是根据他的研究成果加以发挥写成的。

从 13 世纪到 17 世纪左右,地心说也一直是天主教教会公认的世界观。天体围绕地球运动的学说不仅仅是当时天文学上的计算方法,而且当时的哲学思想也被加入其中。因为神在宇宙中心安置地球这个人类居住的特别天体。地球是宇宙中心的同时,也是全部的天体的主人。全部的天体是地球的,以跟着主人的形式运动。在欧洲中世纪,亚里士多德哲学成为当时天文学体系的骨架,该体系还汲取了的中世纪基督教神学上公认的学说,因此天动说被看作了正式的宇宙观。在 14 世纪但丁发表的叙事诗《神曲·天堂篇》中,他将月、太阳、木星等各行星同心圆状包围地球的周遭。

将地心说系统化的是古希腊天文学家托勒密(如图 5-2)。托勒密曾经在亚历山大城工作了几十年。公元前 30 年,埃及的托勒密王国已被罗马征服,所以托勒密是生活在罗马时代。托勒密进一步完善了希帕克等人的地心说。他改进和发展了三角学,力求把天文学建立在数学的基础上。他把描述日、月、行星运动的本轮和均轮的数目增加了很多,这样可以比较精确地计算星体运动。实际观测结果也和按照托勒密体系计算的结果比较接近,这给地球中心说的广泛传播提供了基础。托勒密的主要著作《天文大全》(后来译成阿拉伯文,称《至大论》,也译作《大综合论》),在中世纪被奉做标准和权威的天文学著作。他还绘制了包括欧、亚、非三洲和太平洋、印度洋、大西洋三大洋的世界地图。

图 5-2　托勒密地心说示意图

托勒密的地心说体系之所以能够统治天文学界一千多年，主要有两个原因。首先是宗教和哲学对科学进行干涉，压制、打击和扼杀跟地心说不符的学说。其次是日心说不符合人们的感觉经验，同时科学还没有发展到足以解决日心说引起的各种问题，而应用数学方法来描述天体运动的地心说符合人们的感觉经验，因此在很长时期里被广泛地接受了。

三、中国古代对地的探索

❶ 神话世界的猜想

远古时代，人们心目中的地和天一样，都是神秘莫测的。比如，关于天地的由来，民间流传着许多有趣的神话和传说。有说盘古挥动一把神斧开天辟地，又说盘古临死时口吐雾气变成了风和云，死后左眼变为太阳，右眼成了月亮，血液变成了江河，手足和身躯则成为大地的四极和五方的名山。这反映了当时人们已经知道有天地之分，天上有太阳、月亮，地上分布着山脉、河流，周围有变幻莫测的风云。此外，还有混沌初开的说法，茫茫宇宙，原本是一片混沌，无所谓天和地，后来，轻清者上升而为天，浊者下沉而为地。把天地成因归之于物质的变化，包含有原始的、朴素的唯物主义的自然观。

在远古人的观念中,大地是平坦的,它被安置在一只龟背上,而龟又漂浮于大海之中(如图5-3)。所以当时的人们以为航海不能走太远,否则走到尽头就会"掉下去"。正因如此,后来第一个提出地球是一个球体的想法的人是很伟大的,这已经是巨大进步,需要克服相当大的成见。大江东去,一泻千里。中国地形西高东低,这同样引起了人们的关注。它是怎样形成的呢?"共工怒触不周山"的神话作了解释:英雄共工由于与颛顼争夺天地之位,一怒之下,撞倒了支撑天地的天柱之一——不周山(传说即今昆仑山),天柱折,地维绝,"天倾西北,地陷东南"。从此西北多高山,东南多平地,西高东低,江河东流。这虽然是神话,却多少反映了古人渴望了解地形特征及其形成原因。

图5-3　古人想象的大地位置

在我们祖先留下的文献中,最初出现"地理"二字是在《易经·系辞》中,其中有"仰以观于天文,俯以察于地理"以及"观法于地"一类词句。东汉的王充对天文、气象有相当深入的研究,他的解释是:"天有日月星辰谓之文,地有山川陵谷谓之理。"唐代的孔颖达则指出:"地有山、川、原、隰,各有条理,故称理也。"我国研究地学史的前辈则阐明《易经·系辞》中的"观法于地"是指对地表山、川、水、泽的观察,与希腊文的"地理"仅指描写地的意思,还是有所不同的。

《山海经》是中国古代保存神话最多的书,夸父逐日、精卫填海、大禹治水这些人尽皆知的神话都出自这里。虽年代未详、作者未详,但其内容却是无所不包、无奇不有,以山川地形和异国远人的生活情态为纲,横跨地理、神话、历史、科学、宗教、民俗、文学等领域。从古代开始,它就是本令人抓耳挠腮读不懂的"天书",连司马迁在其《史记》中都老老实实地称"至《禹本经》《山海经》所有怪物,余不敢言也"。关于它的性质,历来更是众说纷纭,有地理类、历史类、宗教类、巫术类、小说类等五花八门的说法。它是一部公认的古代奇书。

有些学者则认为《山海经》不只是神话,而且是远古地理,包括了一些海外的山川鸟兽。《山海经》现存 18 篇,包括山经(5 篇)、海内经(5 篇)、海外经(4 篇)、大荒经(4 篇)。记载了山川、道里、民族、物产、药物等信息。其中在《山经》中将矿物分为金、玉、石、土 4 类,并记述了各自的色泽、特征、产地,具有较高的参考价值。

在一定意义上可以说《山海经》是一部记录远古自然地理和人文地理的专著,它记述着中华民族文明与文化的起源和发展,以及这种生存与发展所凭依的自然生态环境。有研究《山海经》的学者假设,五藏山经记载的是第四纪冰河期末期,当时的中原大地存在着大规模的新物种,如披毛犀象和各种无法解释的怪兽。探索频道《冰河世纪》电视片中,美国科学家用电脑复原的古代灭绝动物和《山海经》中记载的怪兽非常相像!在温暖间冰期来临的时候,地质地貌发生了巨大变化,造山运动或火山爆发频繁,动植物大量灭绝,这就造成了五藏山经中大量记载"山

图 5-4 《山海经·山经》中的插图

有水无草木"的怪现象。这种假设完全符合"地球膨胀论"的四曲线图,古人想伪造出这样完全符合科学理论的现象,几乎是根本不可能的。

此外,约成书于战国时期的《尚书·禹贡》记述了多种金属矿物和非金属矿物。《管子·地数》篇中的"上有陵石者其下有铅、锡、赤铜,上有赭者其下有铁",论述了金属矿产的共生关系。

❷ 中国古代著名地理学家

我国是一个历史悠久,地域辽阔的国家,很多科学家都对地理学方面进行认真的探索,为我国古代的地理科学做出重大的贡献的还有我国北魏一位卓越的科学家郦道元。

郦道元,字善长,北魏范阳人,生于公元 470 年,曾任过御史中尉等职。他大量阅读地理古籍,十分珍惜前人的丰硕成果,同时也发现古籍中有许多不足之处。如

《山海经》虽记述详细,但不完备;《尚书·禹贡》《周礼·职方》以及《汉书·地理志》等又过于简略,使人不容易看懂;《水经》虽然记述了全国主要河流水道,但是缺少发展脉络,不够系统。

《水经》是中国第一部记述水系的专著。著者和成书年代历来说法不一,争议颇多。《水经》简要记述了全国137条主要河流的水道情况。原文仅1万多字,记载十分简略,缺乏系统性,对水道的来龙去脉及流经地区的地理情况记载不够详细、具体。

郦道元认为,地理现象是不断发展变化的。因此,应该在对现有地理情况的考察的基础上,印证古籍,然后把经常变化的地理面貌尽量详细、准确地记载下来。在这种思想的指导下,他决心为《水经》作注。这期间,他亲自考察了许多河流,还博览了大量前人著作。经过长期艰苦的努力,他终于完成了影响后世的巨著《水经注》。《水经注》共40卷,30多万字,是当时一部空前的地理学巨著,它名义上是注释《水经》,实际上是在《水经》基础上的再创作。全书记述了1 252条河流,比原著增加了上千条,文字也增加20多倍,内容要比《水经》原著丰富得多。

《水经注》涉及的范围十分广泛,从地域上讲,抓住河流水道这一自然现象,对全国地理情况作了详细记载;从内容上讲,把每条河流流域区内的其他自然现象如地质、地貌、土壤、气候、物产、民俗、历史古迹、神话传说等综合起来,做了全面描述。《水经注》中还记载了大量农田水利建设工程的资料,反映了我国古代劳动人民在治水营田、改造自然方面所取得的伟大成就和宝贵成果。《水经注》的内容也涉及其他学科领域,如书中记载了古代的冶炼业、煮盐业以及农业等方面情况,属经济地理范畴。该书不仅是一部具有重大科学价值的地理巨著,还是一部颇具特色的山水游记。郦道元以饱满的热情,浑厚的文笔,精美的语言,形象、生动地描述了祖国的壮丽山川,表现了他对祖国的热爱和赞美。《水经注》在中国古代科学发展史上具有重要地位,许多学者对它进

图5-5 郦道元编著的《水经注》附图

行过系统深入的研究,并形成了专门的学科:郦学。

在郦道元去世 1000 多年后,中国又出现了一位著名的地理学家徐霞客,他以著名的《徐霞客游记》而闻名中外。徐霞客(1587～1641 年),名弘祖(也作宏祖),字振之,别号霞客,江苏江阴人。徐霞客是中国历史上伟大的地理学家之一,也是著名的旅行家和文学家。

徐霞客 22 岁时就开始外出游历,历经 34 年。他先后游历了大半个中国,足迹遍于华东、华北、中南、西南,踏遍泰山、普陀山、天台山、雁荡山、五台山、黄山、武夷山、庐山、华山等名山,游尽太湖、岷江、黄河、富春江、闽江等胜水。

他将 30 多年考察所得撰写而成 60 余万字《徐霞客游记》,开辟了地理学上系统观察自然、描述自然的新方向,此书既是系统考察祖国地貌地质的地理名著,又是描绘华夏风景资源的旅游巨篇,还是文字优美的文学佳作,在国内外具有深远的影响,所以世人称徐霞客为"游圣"。徐霞客的游历,并不是单纯为了寻奇访胜,更重要的是为了探索大自然的奥秘,寻找大自然的规律。他在山脉、水道、地质和地貌等方面的调查和研究都取得了超越前人的成就。

徐霞客对许多河流的水道源进行了探索,像广西的左右江,湘江支流潇、郴二水,云南南北二盘江以及长江等,其中以长江最为深入。长江的发源地在哪儿,很长时间里这一直是个谜。战国时期的《尚书·禹贡》中有"岷江导江"的说法,之后都沿用这一说法。徐霞客对此产生了怀疑。他带着这个疑问"北历三秦,南极五岭,西出石门金沙",查出金沙江发源于昆仑山南麓,比岷江长一千多里,于是推断金沙江才是长江源头。

徐霞客还是世界上对石灰岩地貌进行科学考察的先驱。徐霞客在湖南、广西、贵州和云南作了详细的考察,对各地不同的石灰岩地貌作了详细的描述、记载和研究。他还考察了 100 多个石灰岩洞。他没有任何仪器,全凭目测步量,但他的考察大都十分科学。如对桂林七星岩 15 个洞口的记载,同今天地理研究人员的实地勘测,结果大致相符。徐霞客去世后的 100 多年,欧洲人才开始考察石灰岩地貌,徐霞客称得上是世界最早的石灰岩地貌学者。他指出,岩洞是由于流水的侵蚀造成的,石钟乳则是由于石灰岩溶于水,从石灰岩中滴下的水蒸发后,石灰岩凝聚而成钟乳石,呈现出各种奇妙的形状。这些见解,大部分符合现代科学的原理。

徐霞客对火山、温泉等地热现象也都有考察研究,对气候的变化,对植物因地势高度不同而变化等自然现象,都作了认真的考察和描述。此外,他对农业、手工业、交通的状况,对各地的名胜古迹演变和少数民族的风土人情,也都有生动的描述和记载。

③ 沈括与《梦溪笔谈》

中国宋代出现一位著名的科学家沈括,他的贡献是多方面的,尤其是在地学方面。沈括青年时代支持王安石变法,在兴修水利、管理财政、用兵打仗、写诗作文、考古和科学研究方面,都具有杰出的才能。他晚年隐居梦溪园(今镇江市东郊)的8年中,集中精力写成《梦溪笔谈》这一部我国历史上不朽的自然科学巨著。

《梦溪笔谈》中,有二百多条是论述自然科学的,内容涉及天文、地理、地质、物理、数学、化学、气象、生物、医学和工程技术等许多方面,从中我们可以看到沈括对自然地理方面的深入研究。

比如,在地貌方面,沈括有自己独到的见解。宋神宗熙宁七年(1074年),沈括在浙东察访,游览了北雁荡山。沈括见雁荡诸峰"皆峭拔险怪,上耸千尺,穹崖巨谷,不类他山,皆包在诸谷中。自岭外望之,都无所见;至谷中,则森然干霄",这样的地形又是怎样形成的呢?沈括认为这是"谷中大水冲激,沙土尽去,唯巨石岿然挺立耳"。诸如大小龙湫、水帘、初月谷等处的洞穴,"皆是水凿之穴"。是流水这把"利铲"开挖出众多的奇异洞穴,是流水这枝"神笔"描绘了雁荡美景。沈括经常外出,经历之广,见识之多,使他在地质、地貌上有敏锐的观察力。他还善于类比、推断,出色地解释各种不同的地貌类型的成因。当他看到雁荡奇秀就联想到北方的黄土高原的景色,他指出:"今成皋、陕西大涧中,立土动及百尺,迥然耸立,亦雁荡具体而微者,但此土彼石耳。"正确地指出,北方的黄土高原与雁荡山地形成因雷同,只不过陕西的是黄土,雁荡山是岩石罢了,都是属于流水侵蚀地形。而对侵蚀地形的认识,西欧学术界直到1780年才由苏格兰地理学家郝登提出。

沈括还发现从雁荡山谷底仰望雁荡山,满目是悬崖峭壁,如果登上山顶俯视群峰,则各山峰高低相差无几,峰顶几乎在同一个平面上。原来,雁荡山是由白垩纪时期的性质坚硬致密的流纹岩组成。白垩纪末第三纪初,这一带地壳发生不均匀上升,而后遭受外力的强烈侵蚀,形成平坦的剥蚀面,现代地貌学上叫古夷平面。古夷平面标志着一个地区的地貌发育阶段。在恢复古地理环境,确定地貌发育分期的研究上识别古夷平面是至关重要的。关于古夷平面的理论,沈括虽然没有正式提出来,但他已经观察到了这类现象。他对雁荡山的观察、描写、分析能够细致正确到如此地步,在当时实属难得。

沈括对我国古代地学的贡献是多方面的,在《梦溪笔谈》中与地学有关的即有五十多条,除自然地理外,还涉及地质矿物、古生物学,乃至历史地理、经济地理等方面。值得一提的是,他还对地图的测绘、制图也有所独创。他研制成功立体模型地图,发展了南宋谢庄制作的《木方丈图》。他在视察定州(今河北定县)西部山区时，详细地测绘了那一带的地形，然后试着用熔蜡在木板上模拟山川地势制成立体模型。这种模型轻巧、醒目，有立体感，类似今日作战用的沙盘，对当时训练官兵、指挥作战，起了很大的作用，得到了朝廷的重视。当时宋神宗即通令边地州郡仿造，缴内府收藏。从此，立体地图模型在我国得到了应用和推广。

四、近代天文学革命

❶ 哥白尼的日心说

15 世纪，古代的天文学受到了来自几个方面的冲击：一是航海活动提出新要求；二是文艺复兴沉重地打击了神学和经院哲学，作为基督教教义的亚里士多德-托勒密的地心说体系受到怀疑；三是当时成为燃眉之急的历法改革需要新的天文体系。在不少人的头脑中，长期被认为不动的大地开始动摇了。

哥白尼出生在波兰西部维斯杜拉河畔的托伦城，18 岁时进入克拉科夫大学学习，23 岁那年到文艺复兴的中心意大利求学，先后在博洛尼亚大学、帕多瓦大学、费拉拉大学研究医学、数学和天文学，获费拉拉大学教会法博士。在复兴古代学术的热潮中，哥白尼孜孜不倦地阅读了能够得到的各种古希腊和古罗马的哲学著作，在西塞罗和普卢塔克的著作中，他发现有人逼真地描写过地球的运动。这种思想像灯塔一样，在茫茫的黑夜中给正在探寻道路的哥白尼指明了方向。哥白尼开始认真地考虑地球运动的问题。

哥白尼通过分析行星运动的资料，发现每颗行星都有自转、公转和轴的回旋运动。他设想，如果地球也是运动的，是否可使对天体运动的解

图 5-6　哥白尼

释变得简单呢？但是这种设想必须克服认识上的两个难题：一是如果地球是运动的，从地球上观测恒星，就应该发现它在恒星背景上的位移差别，但为什么观测不到恒星视差呢？二是如果地球是运动的，地球上的一切东西就将飞散，垂直上抛的物体将落在后面，为什么地球上的人观察到的事实却并非如此啊？托勒密就曾以此来反证地球是不动的。

为了解决第一个难题，哥白尼提出，这是由于恒星距离我们太远而视差太小的

缘故。这种解释从今天看来也是正确的,直到1838年人们才借助大型天文望远镜首次测得一个恒星的视差。对于第二个问题,哥白尼的回答是:地球上的东西之所以没有因地球旋转而飞散,也没有使上抛的物体落到后面去,那是因为地球的运动已分给了那些物体,它们随地球一起运动。比如船只静静地行驶,实际上是船动,但船里的人却觉得自己是静止的,船外的东西好像都在动。哥白尼在这里已有了运动相对性的明确概念了。哥白尼对天文学的认识为后来的开普勒发现行星运动定律提供了必要前提,也为牛顿解释行星运动定律开辟了道路。

形成日心说观点,要有破除旧观念的勇气、对事物的敏感性以及丰富的想象力和创造力。论证日心说,同样需要有铁杵磨成针的恒心、百折不回的毅力、进行精细天文观测的技巧以及做大量复杂的数学计算的才能。哥白尼在波兰的一所教堂的角塔上建立了简易天文台,用自制的简陋仪器进行长期系统的观测。他用实际观测的结果不断修订自己的日心说体系。在日心说体系里,地球和行星围绕太阳作匀速圆周运动;地球本身有自转运动;月亮是地球的卫星,围绕地球转动。按照日心说体系计算的结果比较符合实际观测,因此哥白尼坚信它的正确性。哥白尼的日心说是哲学思考、实际观测和数学计算的杰作(如图5-7)。

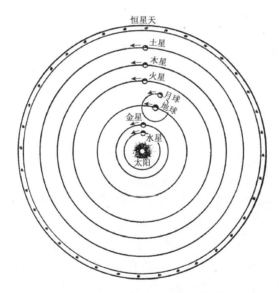

图5-7 哥白尼的日心说体系示意图

哥白尼深深懂得自己学说的革命意义,他害怕费尽千辛万苦才获得的宝贵研究成果被扼杀在摇篮里,害怕教会的迫害,不敢发表自己的全部研究成果。他在1506～1512年,把日心说的观点写了一个简要的《浅说》,手抄几份送给朋友,没有刊印成书。1530年他发表了论文摘要,叙述自己的研究结果。教皇克力门七世对它表示赞许，要求发表全文。哥白尼还是不敢，他把《天体运行论》藏了30多年，直到年近古稀的时候才破釜沉舟，决定出版。他在书里是这样写的：对数学一窍不通的空谈家会曲解《圣经》来对我的著作进行非难和攻击，我对这种意见决定不予理睬，我鄙视他们。1543年，当凝聚着他一生心血结晶的《天体运行论》印好送到病床前的时候，哥白尼已经神志不清，只用手摸了摸，之后就与世长辞了。

❷ 哥白尼的继承者

《天体运行论》的出版吹响了科学起义的号角，它号召人们为砸碎神学的枷锁，为科学的生存权利而战。《天体运行论》的出版又是对宗教的公开宣判，它宣告地球只是太阳系的一颗普通行星，不是宇宙的中心，不处在上帝给予的特殊宝座上。在《天体运行论》发表初期，教会的最高统治者还没有完全认识到这个学说的革命意义和巨大影响，因此批准它出版发行。直到日心说广泛流传，大受欢迎，动摇基督教教义和威胁教会统治的时候，教会才感到震惊，采取一系列的镇压措施。1616年，哥白尼的书遭到禁止。但是科学一旦得到解放，那是任何力量也压制不住的。哥白尼的著作击中了宗教的要害，从此神学在科学的打击下变得千疮百孔，开始了一个宗教日趋没落、科学日益兴盛的新时代。

哥白尼的日心说虽然是认识上的一次飞跃，却不是认识的终结。哥白尼从球形是万物中最完善的形状这种观点出发，认为宇宙是球形，行星轨道也都是圆形的。哥白尼抛弃了地球中心说，又把太阳当作宇宙的中心，他的日心说并不是完美无缺的、最终的绝对真理。但是，战斗的号角一经吹响，革命自有后来人，于是出现了布鲁诺、开普勒、伽利略等一大批后继的天文学家。

布鲁诺出生在意大利一个贫苦家庭，10岁就进修道院，15岁成为一名修士。他受文艺复兴的影响，广泛阅读各种书籍。依靠顽强的毅力通过自修，成为当时著名的学者之一。布鲁诺因为激烈抨击宗教和经院哲学，遭到教会迫害，逃离意大利，长期流亡在瑞士、法国、英国和德国。布鲁诺接受并且发展了哥白尼的日心说。他保留了日心说中地球作为普通行星围绕太阳运动这个核心思想，把以太阳为宇宙中心的观点发展为宇宙无限的思想。他大胆指出宇宙无限大，其中的星体是无数的。他认为，恒星是一些和太阳一样灼热、巨大的天体，无限的宇宙不可能有中心。他进一步说明了宇宙是物质的。

布鲁诺对哥白尼学说的宣传获得广泛而热烈的支持，到处都出现信仰日心说的人。他关于空间无限、物质无数的观点被教会看做异端邪说，洪水猛兽。他对教会的尖锐辛辣的讽刺，使他成为教会的眼中钉，肉中刺。教会把布鲁诺看成是最危险的革命者，一定要置他死地而后快。1592年，宗教裁判所把布鲁诺逮捕下狱。他遭受酷刑和8年囚禁，始终坚强不屈。他认为自己没有做过任何可以后悔的事情。他在临死前对宣读判词的教士说,你们宣读判词,比我听到判词还要畏惧。1600年,布鲁诺为真理献身,在罗马的百花广场上被活活烧死。他用鲜血和生命捍卫了科学的真理和自己的信仰。

意大利的科学家伽利略也是向教会挑战的一员。他利用合成的镜片,制成了天文望远镜,通过观测到的新事实,批驳了经院哲学的教条。经院哲学认为,球状天体是绝对完备的,太阳毫无瑕疵,宇宙间只能有一个环绕中心。伽利略却用观测事实宣布,太阳有黑子,月球表面有山谷,木星有四个卫星,犹如一个小太阳系。1632年,伽利略发表了轰动整个学术界的《关于托勒密和哥白尼两大世界体系的对话》。伽利略也因此再次受到罗马教会的传讯,伽利略被迫宣布放弃信仰,但仍被判处监禁。虽然如此,他对科学的热忱仍不减当年。在被监禁和半监禁的情况下,在他生命的最后9年中,他一直进行着艰苦的科学研究工作。

在为科学争取生存权利的斗争中,人们前赴后继,一个人倒下去,千万个人站起来。接下来出现了第谷和开普勒。第谷是丹麦贵族,国王腓特烈二世给了他一笔年金和哥本哈根海峡中的一个小岛,供他进行天文研究。第谷在这个岛上建立了一座天文台。从1576年起,他和助手们二十多年如一日,进行了大量的天文观测工作。他的观测结果比前人准确五十倍,几乎达到肉眼观测精度的极限,是望远镜发明以前最卓越的天文观测工作。第谷是一位卓然超群的优秀观察家,但不是一位高明的理论家,他积累的观测资料就像一座待开采的宝藏,等待后来人去挖掘。

③ 开普勒的理论探索

当第谷的保护人丹麦国王死后,第谷被迫离开他心爱的天文台。于1599年逃往布拉格,充当奥地利皇帝鲁道夫二世的御前天文学家,鲁道夫二世是一名迷信占星术的统治者。第谷在那儿遇见了一位很有天才的青年,他的名字叫约翰·开普勒。第谷十分器重开普勒,在自己即将离别人世时,将自己毕生积累的观测资料全部赠送给他。1601年10月24日,第谷与世长辞,开普勒继承御前天文学家的职位。

开普勒幼年时体弱多病,因而损坏了视力。他17岁时进入蒂宾根大学基督教神学院攻读,1591年获得学位。开普勒在天文学教授米海尔·麦斯特林秘密宣传哥白尼学说的影响下,成了哥白尼的忠实信徒。1596年,开普勒写了《宇宙的秘密》一书,承袭了毕达哥拉斯学派的"天球和谐"理论,书中虽然充满了神秘性,但仍清楚地表明他赞同哥白尼的日心宇宙体系。从此,开普勒便悉心探索各行星轨道之间的数字与几何关系了。

第谷丰富的观测资料到了开普勒手里才真正发挥了它的作用。开普勒利用这些资料特别详细地研究了火星运动的轨道。经过无数次尝试和摸索,终于得出"火星沿椭圆轨道绕太阳运行,太阳位于焦点之一的位置上"这条定律。这便是开普勒第一定律的雏形。开普勒相信宇宙规律可以用数学来表示。他为行星运转的圆形轨道不符合精确观测的资料而苦恼。他寻求更简单、更和谐的数学方式来表示天体运动。最后，他放弃了哥白尼的圆形轨道和匀速运动的观念，运用高超的数学才能，提出了用他名字命名的行星运动定律。

1609年，开普勒在他的《新天文学》一书中公布他的两条定律。

第一定律：行星运行的轨道是椭圆，太阳在它的一个焦点上。

第二定律：行星向径在相等时间内扫过相等的面积。这条定律又称为"面积定律"（如图5-8）。

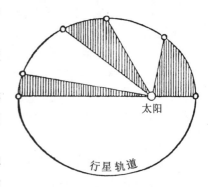

图5-8　开普勒的面积定律

开普勒付出难以想象的艰巨劳动，在十几年内一直试图找出行星公转周期与它们到太阳的距离之间的关系。他作了极为繁复的计算和尝试，遭到无数的失败之后，终于发现了行星运动的第三定律：如果以年为单位计算行星的公转周期 T，以天文单位来量度该行星与太阳的平均距离 a（不难看出，它正是行星轨道椭圆的半长径），那么周期的平方就恰好等于平均距离的立方，也就是说，对于每颗行星都有

$$a^3 = T^2$$

开普勒将这条定律发表在1619年出版的书中，他意味深长地将这本书取名为《宇宙和谐论》。就像第谷为开普勒发现这三条定律奠定了观测基础一样，开普勒的三大定律也为后来牛顿发现万有引力定律筑起升登彼岸的金桥。

开普勒虽然对天文学作出卓越的贡献，但他的一生却贫困艰辛。为了生活，他不得不终身为人占星卜命。然而，他本人却决不相信占星术这门伪科学。1630年11月15日在贫病交加中死去。尽管到他去世为止，人们对天体（指太阳、月球和大行星）的真实运动规律仅处于描述阶段，未能深究行星运动的力学原因，但人们仍将开普勒确立为天体力学的奠基人。

❹ 东西方天文学的交流

中国和欧洲的天文学真正开始大规模的直接交流，是从明末的耶稣会传教士的来华活动开始的。传教士海外活动的直接目的是扩张教会的势力，但实际上也与欧洲资本主义向外扩张和殖民活动有千丝万缕联系。传教士们为打开中国大门曾经费尽心机，终于认识到士大夫们对西方的科学知识，尤其是天文知识很感兴趣。于是,他们便尽力利用传播科学知识的手段,取得中国政府和知识分子的信任,以便达到在中国扩张教会势力的目的。因此,当时在派往中国的传教士中,有好些人是属于欧洲第一流的天文学家。

当欧洲处于文艺复兴时,中国天文学则处于衰落的阶段。因此,传教士得以尽量地利用这个机会为传教活动服务。意大利人利玛窦就是由于宣传西方的科学知识,而获得中国知识分子欢迎的。1584 年,利玛窦获准与罗明坚神父入居广东肇庆。为了传教,他们从西方带来了许多用品,比如圣母像、地图、星盘和三棱镜等,其中还有欧几里得《几何原本》。利玛窦带来的各种西方的新事物,吸引了众多好奇的中国人。特别是他带来的地图,令中国人眼界大开。1584 年,利玛窦制作并印行《山海舆地全图》(又名《坤舆万国全图》),这使中国人首次接触到了近代地理学知识。

为了在中国打开传教的局面,天文学家阳玛诺、邓玉函和汤若望等人,先后来到中国传教,并参与中国的历法改革。传教士们大多受过良好的科学教育,他们怀着巨大的宗教热情,努力学习汉语,并在汉族知识分子的协助下从事翻译工作。利玛窦著有《乾坤体义》,以自己的航海经历,第一次在中国具体地宣传地圆思想。他书中的宇宙概念,是托勒密的九重天理论。其他早期的传教士所传播的也只是古希腊和欧洲中世纪的古老科学知识,但仅凭这些东西,吸引不了中国的知识界。他们便逐渐开始介绍一些新的科学知识和新的发现。例如,第一架天文望远镜是1609 年造成的,阳玛诺在 1615 年出版的《天问略》中就作了介绍。在该书中还介绍了伽利略对金星位相、木星有月、土星有耳(尚未认识到是光环)等一系列的新发现。但是,对于哥白尼学说,则始终一字不提。因为那时正是布鲁诺被送上火刑架和伽利略受审的时代。

邓玉函是继伽利略之后当选为猞猁科学院的第七名院士,是一位很有才华的天文学家兼物理学家。1618 年,他来到中国传教,随身带来一架望远镜,这架望远镜于 1634 年献给了崇祯皇帝。邓玉函和伽利略、开普勒都是好友,来华之后,他们之间仍一直保持着联系。邓玉函曾将中国古代天文学的一些重要资料介绍给开普勒。他们之间的来往信件曾单独出版,后被收入《开普勒文集》。

1629 年,徐光启主持修历。传教士邓玉函、罗雅谷、汤若望均参与其中。经许多中西天文学家的通力合作,于 1634 年全部完成《崇祯历书》。总的说来,《崇祯历书》是比较进步的,比古老而又陈旧的《大统历》要先进和准确得多。《崇祯历书》使用了开普勒亲自托人带到北京的哥白尼学派编制的《鲁道夫星表》中的一些观测数据和进行行星运动计算的数表。但是,它却隐瞒了哥白尼的革命学说,而用折衷的第谷体系来解释天体的真实运动。当时开普勒三大定律已经公布,但《崇祯历书》仍然使用了本轮均轮体系。《崇祯历书》引入了平面和球面三角学,采用了比较准确的计算公式,简化了计算步骤。它也将欧洲的一整套天文学上的度量制度引入了中国天文学,从此以后,中国天文学便逐渐与世界天文学融合起来。

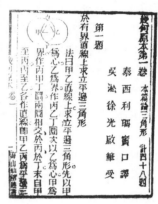

图 5-9　传教士利玛窦与徐光启

1644 年以后,清朝统一了中国。汤若望将《崇祯历书》改名为《西洋新法历书》,得到清政府的批准而颁行。他被任命为钦天监正。从此以后,中国天文机构的领导权一直为传教士所把持,直到 1805 年为止。耶稣会传教士公开在中国传播日心说,那是 1759 年以后的事了。当时日心说在欧洲经过了两百余年的斗争,已经彻底取得了胜利。

传教士们在向中国介绍西方天文学的同时,他们也在整理研究中国古代的天文知识和有价值的天象记录,并把这些研究成果及时地介绍到欧洲,在各个学术刊物上发表出来。东方天文学传到西方,对欧洲天文学的发展也曾起到一定积极的作用。例如,当中国的宇宙理论在 16 世纪末和 17 世纪初传到欧洲时,曾引起欧洲天文界的强烈震动,促进了传统的水晶球概念的崩溃。中国的天象记录,也曾为欧洲天文学家在天文学上所作出的贡献提供了宝贵的资料。

五、天体力学的起步

❶ 牛顿的"上帝第一推动"

天体力学是天文学的一个分支,涉及天体的运动和万有引力的作用,是应用物理学,特别是牛顿力学,研究天体的力学运动和形状。研究对象是太阳系内天体与成员不多的恒星系统。以牛顿、格拉朗日等科学家为代表,伴随着航海事业的兴盛而开始,伴着理论研究的成熟而走向完善的。

牛顿所生活的欧洲,人们将月球以上的空间称为神界,因为月亮绕地球旋转而不下落;月球以下为俗界,因为地表的物体将自由下落。后来牛顿提出万有引力定律,并指出月球不下落是由于具有横向速度的缘故,可是他无法回答这一速度是怎么来的。他同样无法解释绕太阳运行的行星的动力来源。牛顿认为自然界万物的运动都由于惯性的原因,比如地球和其他行星绕太阳旋转运动,是由于这些行星一开始就具有这种运动的惯性。有人问牛顿,这一开始的惯性是怎么产生的。据说,牛顿想得脑壳冒烟也无法回答,气得临死前才蹦出一句话:"是上帝一脚踢的。"有人干脆把类似于行星一开始的惯性力叫"上帝的第一推动力"。牛顿在研究太阳系中各个行星绕太阳运动时,按照他的推理,如果没有这个"上帝第一推动力",太阳系中的所有行星是无法产生一个和太阳引力方向不一致的初始运动速度。这样太阳系中的所有行星,都应当在太阳的引力作用下,被太阳的引力所吸引落向太阳,而最终被太阳吞噬。在宇宙中,像太阳系这样的星系是普遍存在的,因此,"上帝的第一推动力"在宇宙中是普遍存在的,不会是太阳系的个别现象。

"上帝的第一推动力"是什么? 有没有? 怎么产生的? 牛顿力学无法回答,牛顿力学告诉我们:"上帝的第一推动力"是为了对付万有引力而产生的,如果没有这个"上帝的第一推动力",宇宙在万有引力的作用下,会收缩成一个致密的球体,什么特性都消失了,就不会有我们人类出现,自然界也就不会这么绚丽多彩。

很多历史学家认为,为解释"上帝的第一推动",牛顿晚年转向神学。事实上,牛顿一生都是一个虔诚的基督徒,在牛顿的一生中,其80%以上的著作都是神学著作,总字数超过140万字,而并不是晚年才转向了神学。牛顿用上帝来解释行星运动的动力,显然背离了科学精神。19世纪,"星云假说"的创立以及辩证自然观的创立,才最终解释了行星运动的问题。

② 星云说创立

最早提出星云说的,一位是德国哲学家康德,另一位是法国科学家皮埃尔·西蒙·拉普拉斯。拉普拉斯1749年3月23日生于法国西北部卡尔瓦多斯的博蒙昂诺日,他从青年时期就显示出卓越的数学才能,18岁时离家赴巴黎,决定从事数学工作。于是他带着一封推荐信去找当时法国著名学者达朗贝尔,但遭其拒绝接见。拉普拉斯就寄去一篇力学方面的论文给达朗贝尔。这篇论文出色至极,以至达朗贝尔忽然高兴得要当他的教父,并使拉普拉斯被推荐到军事学校教书。

此后,拉普拉斯同拉瓦锡在一起工作了一段时间,他们测定了许多物质的比热。1780年，他们两人证明了将一种化合物分解为其组成元素所需的热量就等于这些元素形成该化合物时所放出的热量。这可以看作是热化学的开端，而且它也是继布拉克关于潜热的研究工作之后向质量守恒定律迈进的又一个里程碑，60年后这个定律终于瓜熟蒂落地诞生了。

拉普拉斯曾任巴黎军事学院数学教授。1795年任巴黎综合工科学校教授，后又在巴黎高等师范学校任教授。1816年被选为法兰西科学院院士，1817年任该院院长。拉普拉斯是天体力学的主要奠基人、天体演化学的创立者之一，他还是分析概率论的创始人，因此可以说他是应用数学的先驱。拉普拉斯在研究天体问题的过程中，创造和发展了许多数学的方法，以他的名字命名的拉普拉斯变换、拉普拉斯定理和拉普拉斯方程，在科学技术的各个领域有着广泛的应用。

1796年拉普拉斯的著作《宇宙体系论》问世，书中提出了对后来有重大影响的关于行星起源的星云说。在这部书中，他独立于康德，提出了第一个科学的太阳系起源理论——星云说。康德的星云说是从哲学角度提出的，而拉普拉斯则从数学、力学角度充实了星云说，因此，人们常常把他们两人的星云说称为"康德-拉普拉斯星云说"。

拉普拉斯认为，形成太阳系的星云是气态的。其原有的空间要比今日的太阳系大好几倍。这团星云开始时就成球状分布，中心密度较大，整个星云在缓慢地转动着，并且具有很高的温度。由于冷却，星云便收缩，而收缩便引起转动速度的增加，离心力也随之增加。在离心力的作用下，星云越来越扁。自转速度继续加大，当赤道上离中心最远部分的离心力等于中心部分对它的引力时，那一部分便不再收缩，形成了一个旋转着的气体环。分离过程一次次地重演，最后中心部分收缩形成了太阳，各个环则形成了原行星。原行星继续向星云收缩，它所形成的气体环便形成卫星。由于星云成刚体旋转，每个环的外部质点的线速度比内部大。凝聚成行星后，便得到了正向的自转。

拉普拉斯的星云说，是第一个从力学原理出发，比较完整严密地说明太阳系形成过程的学说。它使人们认识到，宇宙是按客观规律发展的，像太阳系形成这样的问题，也是可以用科学方法解决的。

拉普拉斯的星云说，几乎圆满地解释了当时观测到的所有太阳系天体的一切现象。例如，行星轨道都近于正圆；轨道几乎都在同一平面上；行星公转方向相同；太阳、行星和卫星自转方向都相同等。因此，拉普拉斯的天体演化学说，受到了普遍的欢迎，几乎统治了整个19世纪。

拉普拉斯长期从事大行星运动理论和月球运动理论方面的研究，尤其是他特别注意研究太阳系天体摄动，太阳系的普遍稳定性问题以及太阳系稳定性的动力学问题。在总结前人研究的基础上取得大量重要成果，他的这些成果集中在

1799～1825年出版的5卷16册巨著《天体力学》中。在这部著作中他第一次提出天体力学这一名词,是经典天体力学的代表作。因此他被誉为法国的牛顿和天体力学之父。

据说,有人告诉拿破仑,说拉普拉斯在他的《天体力学》中没有提到上帝。拿破仑便问拉普拉斯:"您的宇宙体系的大作中,为什么没有提宇宙的创造者?""陛下,我不需要那样的假设。"拉普拉斯回答。

拉普拉斯把上帝从宇宙中赶出去,是他的一大功劳。作为天体力学的主要奠基人,拉普拉斯把牛顿的万有引力定律应用到整个太阳系,1773年解决了一个当时著名的难题:木星轨道为什么在不断地收缩,而同时土星的轨道又在不断地膨胀。拉普拉斯用数学方法证明行星平均运动的不变性,即行星的轨道大小只有周期性变化,并证明为偏心率和倾角的3次幂。这就是著名的拉普拉斯定理。此后他开始了太阳系稳定性问题的研究。1784～1785年,他求得天体对其外任一质点的引力分量可以用一个势函数来表示,这个势函数满足一个偏微分方程,即著名的拉普拉斯方程。1786年证明行星轨道的偏心率和倾角总保持很小和恒定,能自动调整,即摄动效应是守恒和周期性的,不会积累也不会消解。1787年,他发现月球的加速度同地球轨道的偏心率有关,从理论上解决了太阳系动态中观测到的最后一个反常问题。

③ 银河系的真正发现

天体演化学说的诞生,打破了宇宙不变论的定势。1781年,太阳系的一颗新行星——天王星被发现,这成了18世纪科学的相对停滞在天文学上的重大转折。此后,天文学迅速向前发展着。太阳系有8大行星(原来的提法是9大行星,2006年,冥王星从9大行星中除名,被降为"矮行星")。但在那时,人们只知道它有6大行星,即金星、木星、水星、火星、土星和地球,月球是地球的卫星。

天王星的发现,把太阳系的范围扩大了一倍,是有史以来人们发现的第一颗新行星,引起了科学界的巨大震动。耐人寻味的是,为天文学作出巨大贡献的天王星发现者,不是一位著名的天文学家,而是一位流浪的音乐家,他就是后来成为著名天文学家的威廉·赫歇尔。

赫歇尔于1738年出生在德国西北部的汉诺威城,由于家庭经济拮据,15岁时,父亲把他送到军乐队里拉手风琴。赫歇尔技艺蒸蒸日上,音乐才能初露锋芒,然而法国皇帝路易十五发动了对德国的战争,法国军队占领汉诺威。赫歇尔离开军队,从德国只身流亡到英国,他靠演奏手风琴糊口度日,开始了流浪音乐家的生涯。在流浪期间,赫歇尔在街头巷尾演奏,行同乞讨,衣不御寒,食不果腹,过着远离家乡、寄人篱下的辛酸日子。

孤独中他对星星产生了浓厚的兴趣,开始研究天文学。要观察星星,注视遥远的天空,凭肉眼是无能为力的,必须要有望远镜。天文望远镜的价格是昂贵的,赫歇尔没有被困难吓倒,就自己动手磨制望远镜。经过无数次的尝试和挫折之后,他终于成为制作望远镜的一代宗师。他一生磨出的反射镜面达 400 块以上,最后还造就一架口径 1.22 米,镜筒长 12 米的大型金属反射望远镜,这在当时实在是一宗令人望而生畏的伟大业绩。

值得一提的是,在事业上赫歇尔并不孤单,他的妹妹卡罗琳·赫歇尔终生未嫁,一辈子忠实地当着哥哥的助手。她干得非常出色,最后也成为一位颇有声望的天文学家。后人为了纪念她,便以她的名字正式命名了月球上的一个环形山。她那详尽而从不间断的日记记录了赫歇尔整整 50 年的工作史,其中也谈到了当赫歇尔因为磨镜工作紧张得放不下双手的时候,卡罗琳亲自一口一口地喂这位比自己年长 12 岁的哥哥吃饭的动人情景。他们兄妹两人都很长寿,赫歇尔 80 岁后还在观测天空,卡罗琳则一直工作到 90 多岁。

威廉·赫歇尔是天文学史上的一位巨人。1781 年他破天荒地发现了太阳系中的第一颗新行星——天王星。在此之前人们一直以为土星是太阳系的边界,天王星的发现使人们所认识的太阳系的直径陡然增加了一倍。这件事在社会公众中激起的热情经久而不息,以至于四分之一个世纪之后英国著名诗人济慈还写出了这样的诗句:

> 于是我感到就像一个天空的守望者,
> 看见一颗新行星正游进自己的视野。

以此来表达一种极度欢乐惊喜的心情。那年赫歇尔还被英国皇家学会授予科普莱奖章,这位业余天文爱好者最后被选为英国皇家学会会员。1782 年,英王乔治三世聘他为宫廷天文学家,拨给他观测费用和天文设备。自此,赫歇尔不必再去拉琴了,解除了生活的后顾之忧。赫歇尔从此完全致力于天文学的研究,成为一名职业天文学家。

各国天文学家也纷纷祝贺赫歇尔发现了新行星,建议把这颗新行星命名为"赫歇尔星",表示对发现者的敬意。赫歇尔为了报答乔治三世的支持和资助,想把它命名为"乔治星"。最后采纳了柏林天文台台长的建议,遵守以神话人物命名行星的传统,取名古代神话的天王"尤拉纳斯",译成汉语就是"天王星"。

在天王星发现后,有人利用牛顿力学基础上的摄动理论来计算天王星的位置,并给它编出了一个运行表。可是,从 1821 年起,天王星的实际运动与运动表逐渐不符,后来差距更大。天王星为什么会"出轨"呢? 当时有两种意见,一是认为根据万有引力定律计算出来的轨道不一定正确。二是认为天王星外可能还存在一个大行星,天王星受到它的摄动而改变了位置。1846 年,德国柏林天文台台长加勒看到了亚当斯和勒威耶的有关未知新星的轨道和位置计算报告,他如获至宝,亲自观测,真的找到了这颗行星,这就是太阳系的第 8 颗大行星——海王星。后来经过长期争论,亚当斯和勒威耶被公认为海王星的共同发现者。

在太阳系内,赫歇尔还发现了土星的两颗卫星和天王星的两颗卫星,但是他最伟大的成就则属于恒星天文学的范围,因此人们公正地将他赞誉为近代"恒星天文学之父"。他首创了大规模的双星研究工作;观测、记录和研究了大量的"星团"和"星云"。他于 1783 年巧妙地发现了太阳也有自行,论证了太阳正以每秒 17.5 千米的速度朝着武仙座的方向前进。这样,赫歇尔就比哥白尼又前进了一大步。哥白尼否定了地球是宇宙的中心,却又用太阳代替了它。而根据赫歇尔的发现,人们就会很自然地得出结论:太阳也不是宇宙的中心。也许,整个宇宙根本就没有中心吧!

赫歇尔希望阐明"宇宙的结构"——其实用今天的话来说,他所了解的只是"银河系的结构"而已。他采用的方法是用他那些第一流的望远镜朝着天空的各个方向观测,并且一颗一颗地数出在各个方向上所能看到的星数。显然,要在望远镜中看到全天的恒星并数出全部的数目是不切实际的。于是他挑选出了 683 个区域,它们分散在英国可见的整个天空中。从 1784 年起赫歇尔开始了他的恒星计数工作。在 1 083 次的观测中,他一共数了 117 600 颗恒星。他发现越接近银河,每单位面积天空中的恒星数目便越多,银河平面内的星星最多,而在与之垂直的方向上星星便最少。

正是通过这样的计数工作,赫歇尔确定了我们置身于其中的这个庞大恒星系统的外貌,它确实大致呈透镜状,其直径大致为天狼星距离的 850 倍,厚度则为天狼星距离的 150 倍。当然,那时对于天狼星本身的实际距离尚一无所知。

由于这个庞大恒星系统的大部分星星都位于银河中,因此人们便将这整个透镜状的星系本身也称作"银河系"。可以说,赫歇尔是第一个真正发现了银河系的人。他首先确定了这个星系的形状、大小以及其中的星数。他根据实际计数的结果推测银河系中的总星数也许有若干千亿,比起如今我们所知道的,这又是一个太小的数字。如今我们知道银河系由 2 000 多亿颗恒星组成的,其外形宛如乐队中用的大钹,中央鼓起的部分叫银核,边缘扁薄的部分叫银盘。整个银河系的直径约达 10 万光年。太阳大致位于它的对称平面上,离开银河系中心大约 30 000 光年。我们自己身处银河系内观看银河中的星星,宛如一个躲在巨钹中的人环视这个巨钹的四周边沿。一般情况下,这个巨钹内的人只能看见有一个完整的环带围绕着自己,而无法看到它的全貌。这正符合那句古诗的意境:不识庐山真面目,只缘身在此山中。

恒星自行的发现,彻底清除了恒星"永世不变"这样一种宇宙静止的观念。同时,恒星这个词原先也包含着其亮度一成不变的意思,随着近代天文学的发展,这种偏颇之见最终也烟消云散了。

古人很早就注意到一种很罕见的天象:天空中突然会冒出一颗"新的"星星——"新星"来。其实,所谓的"新星"并不是新诞生的恒星,相反,它们倒是恒星年老的象征。直到近几十年来,研究恒星如何度过其一生,即恒星如何"生长老死"(更科学的说法叫做恒星的演化)取得了巨大的进展后,人们才明白了这一点。

实际上,新星本来都是些很暗弱的星星,往常人们看不见它;或者,它隐匿在满天繁星之间而未惹人注意。但是,忽然间它爆发了,抛射出大量物质,这时它的亮度突然增大了几百倍至几百万倍,平均说来是增亮 11 个星等,即几万倍。于是,人们发现了它,以为在那儿突然出现了一颗新的恒星,"新星"这个名称正是这样来的。

爆发规模比新星更大的另一类恒星,被称之为"超新星"。它们爆发时可以增亮 17 个星等以上,即增亮千万倍乃至上亿倍。超新星乃是恒星世界中已知的最激烈的爆发过程。它爆发时放出的能量可抵得上千万到成百亿个太阳的能量;也就是说,一颗爆发中的超新星发光本领几乎与整个星系相当。超新星现象要比新星更为罕见。

我国有着世界上最早的新星记录。《汉书》上的"汉武帝元光元年六月客星见于房",是世界上第一条有关新星的文献记载。"客星"就是新星(有时也指超新星);"房"指房宿,是二十八宿之一;时间是公元前 134 年。毫无疑问,新星和超新星一定增添了古代人研究星空的兴趣,但是除此之外,在长达几十个世纪的岁月中,似乎并没有一位天文学家想到过缀满天穹的群星还会有什么亮度变化。

直到 1596 年,才有一位德国人法布里修斯明确地认识了第一颗"变星"。变星,指的是那些在不太长的时间(例如几小时到几年)内亮度便有可察觉的变化(例如几分之一个到几个星等)的恒星。200 多年后,英籍荷兰业余天文学家古德里克于 1782 年观测到英仙座 β(中文名为大陵五)逐渐暗了下去,然后又发现当它的亮度下降到正常亮度的三分之一时,又重新亮了起来,直至复原。面对这种奇怪的现象,当时这位还不满 18 岁的少年提出:一定是另有一颗暗得我们看不见的星星陪伴着大陵五,就像发生日食一样,它周期性地遮掩使得大陵五的亮度有了周期性的变化。现已证实古德里克这种大胆的想法是正确的。后来又发现许多同类的变星,天文学家们便将它们称作大陵型变星或食变星。

古德里克天生聋哑,但有顽强的毅力。接下来,他又发现了两颗新的变星:仙

王座 δ 星和天琴座 β 星。仙王座 δ 星,中文名为"造父一"(造父是我国古代传说中的驾马车能手)。直到 1844 年人们认识的变星还只有 6 颗,然而以后的发展却很快,今天我们所知的变星已经数以万计。

⑤ 恒星视差的测量

自从哥白尼学说发表以后,为了彻底证实它的正确性,以及测定恒星的距离,人们都一直在顽强地试图寻找恒星的视差。视差通常是由地球在轨道上不同的位置,导致观察到近距离的恒星相对于遥远的天体移动到不同位置获得的。事实上,因为恒星视差非常小,因此一直未能观测到(直到 19 世纪),并在近代史中被作为反对日心说的科学论据,但在人们寻找恒星视差的过程中,却意外地发现了光行差和章动。这两种运动的发现,一方面证实了恒星距离的无比遥远;另一方面也使人们明白,只有消除了这些运动的影响之后,才有可能发现恒星的视差。这一困扰天文学家几百年的老问题,终于被贝塞尔和斯特鲁维同时解决了。

贝塞尔是 19 世纪德国天文学家。他首先对测量恒星方位的方法作出了划时代的革新,大大提高了恒星坐标的精度。在此之前,人们都是将观测到的恒星坐标直接编成星表,但即使是在那个时代,人们实际已经认识到有好几项误差是需要进行改正的。贝塞尔为了解决这些问题,他又重新测定了岁差、章动和光行差常数,并用这些数据将布拉德雷的星表进行改正,归算到 1760 年的春分点,并于 1818 年发表。之后他又花了 12 年时间进行观测,将星表的恒星数目扩大到 63 000 颗。

他还编写了一份相当精确的大气折射表,建立了大气折射的对数公式。这些贡献在 19 世纪中都得到了广泛应用。另外,他在这些具体工作的基础上,研究总结出一整套归算恒星位置的方法。由于这些归算,使得观察到的恒星真实位置的精度有了很大提高,这就有可能从事恒星视差的观测工作了。他选定了天鹅座 61 号星作为研究的目标,持续观察了一年多时间,于 1837 年取得了卓越的成果,并于 1838 年 12 月宣布它的视差为 0.314 角秒(或记为 0.314″)。推算出距离约为 10.4 光年,这与现今公认的结果很接近,今测值约 11 光年。在天文学中,除了用小数表示度,还可以把度细分为角分和角秒:1 度等于 60(角)分,1(角)分等于 60(角)秒,用数学式来表示即:$1°(度) = 60'(角分) = 60 \times 60''(角秒)$。

而英国天文学家亨德森实际上早于贝塞尔就测出了半人马座 α 星的视差约为 0.751 角秒(也称弧秒),推算出距离约 4.3 光年(今测值 4.22 光年,是我们太阳系最近的恒星邻居)。可惜亨德森一直觉得这个距离远得实在太惊人,怀疑自己仪器的精确度,直到 1839 年 2 月看到贝塞尔的结果后才发表了他的结果,落了后手。在德国出生的俄国天文学家斯特鲁维也是早期恒星视差观测的竞争者之一,尽管不巧,他选的织女星距离较远,可实际上早在 1837 年他就测得织女星视差为 0.125

角秒，与今测值 0.121 角秒接近。正是因为选的星太远，导致测量值接近仪器极限，斯特鲁维也对自己的结果疑虑重重而没有发表。他于 1840 年重新公布对织女星视差的最终测量结果，反而有较大误差。到 1900 年，约有 70 颗恒星已经用视差法被测定出来（到 20 世纪 80 年代，已有数千颗），即使使用最精密的仪器，能够精确测量的极限距离也只有大约 100 光年。

六、近代地学的发展

❶ 近代地学的起步

如果说天文学代表了人类对地球之外广袤空间的探究和追问的最强音，那么地学无疑就代表了人类对生养自己的地球探问的最强音。地学是对我们所生活的地球为研究对象的学科统称，通常有地质学、地理学、海洋学、大气物理、古生物学等学科，但主要是指地质学和地理学。地质学，是一门关于地球上的物质组成、内部结构、外部特征、各断层之间的相互作用和演变历史的知识体系。由于地球有着无比庞大的体积，人类的感官所能直接观察到的只是它的表层和一部分。地球长达亿万年的演变历史，无论是个人还是整个人类，都难以重复论证。因此对地球总体的科学认识，即现代意义上的地质学，只是到了人类的认识能力有了较大提高的 19 世纪才逐渐形成。

欧洲的文艺复兴运动是一场思想解放运动，它使近代自然科学从神学中解放出来。哥白尼的《天体运行论》是自然科学脱离神学走上独立的开端。15 世纪的地理大发现，开拓了人们的视野。人们要重新认识自然，重新研究地球，并给予地球历史以理性的解释。这一切都为地学的发展奠定了基础。

与天文学一样，地学的建立也必须冲破神学的束缚。地球不是上帝创造的，而是物质世界自然发展的结果。1644 年，法国的笛卡儿提出，地球以及其他天体是由以旋转运动为固有性质的原始粒子组成，正是原始粒子的这种旋涡运动使太阳系生成。1749 年，法国的布丰提出地球起源于太阳和彗星碰撞的灾变说。1779 年布丰用冷却灼热铁球所需时间来推算地球的年龄，这个年龄比《圣经》上所提的大 10 倍。布丰还明确地将上帝创世的 7 日改为地球史上的 7 个"纪"，全面地描述了地球自然发展历史。其后，德国的康德和法国的拉普拉斯先后提出太阳系起源的星云假说，阐明包括地球在内的整个太阳系是逐渐冷凝生成的。

在对化石和地层的认识上，文艺复兴时期的代表人物达·芬奇将贝类化石和现代贝类进行比较，得出化石是过去生物的遗体的正确结论。在其《笔记》一书的地球和海一章中,他反复论述了正是地壳运动把含有生物化石的岩层抬升到高处。1592 年,意大利科学家 F. 科隆纳区分了化石的保存类型,将化石分为陆生、海生两大类。在持化石生物成因观点的学者中,不少人将化石与诺亚洪水联系起来。1695 年,英国的 J. 伍德沃德在《地球自然历史初探》一书中,提出全球性洪水造成大部分生物死亡,化石就是它们的遗体。18 世纪人们普遍接受伍德沃德的"大洪水说"观点。

对地球自然历史,特别是对地层研究做出重要贡献的另一位学者是丹麦的 N. 斯泰诺。1669 年在《天然固体中的坚质体》一文中,他论述了地层、山脉的形成过程,并提出了地层学的重要原理:(1)叠置律,地层未经变动时则上新下老;(2)原始连续律,地层未经变动时则呈横向连续延伸并逐渐尖灭;(3)原始水平律,地层未经变动时则呈水平状。英国学者 R. 胡克提出用化石来记述自然史。通过对龟石、菊石等化石的研究,他论证了这种化石产地曾处于温暖气候条件下,从而推断英国曾位于赤道地带附近,提出地轴位置可能曾经发生过变动的科学假设。

岩石学、矿物学和矿床学的发展,增加了对地下资源的需求,也促使人们更加深入地研究和掌握岩矿知识。16 世纪初,莱奥纳尔都斯的《石志》论述了矿物 200 多种。德国的 G. 阿格里科拉于 1556 年发表《论金属》一书,叙述了有用矿物、矿脉、矿石的生成过程。我国明代著名医药学家李时珍 1578 年写成的《本草纲目》,记载的矿物种类也较前人增加很多,并且更加系统、精确。在《本草纲目》中叙及的矿物、岩石、化石有 200 多种,按水部、土部、金石部分类,又将金石部细分为金类、玉类、石类、卤石类等。

从 18 世纪下半叶到 19 世纪上半叶,工业革命促进了生产的发展和科学技术的进步。法国大革命以启蒙运动为先导,把矛头指向封建王朝。在启蒙思想影响下,在欧洲科学考察和旅行探险盛行。地学研究从对地球的思辨性研究转变为以野外观察分析为主,地壳成为直接观察研究的对象。具有近代意义的 Geology(地质学)一词是由瑞士学者 J. A. 德吕克于 1793 年提出的。他认为,首要的是把地质学从博物学中分出来,地质学要把地球所呈现的现象与其原因结合起来研究。

人们对自然界的探索,需要进行实地考察。在中国首开先河的是 16 世纪明代地理学家徐霞客。他详细考察了中国西南广大岩溶地区的 100 多个岩溶洞穴,并对钟乳石、石笋等成因做了较为科学的解释。欧洲的地学野外考察开始于 18 世纪下半叶。这是地质研究方法的一大进步。野外的研究使人们注意到广大地区地形与构造的关系,真正开始解释区域地质的历史。这一时期,著名的地质旅行家有法国的 J. 盖塔尔。盖塔尔对火山地质、矿物分布以及化石、地形的研究做出了重要贡献。他绘制的法国岩矿图是世界第一幅标示矿产资源、岩石组成的地图,因而被誉为"地质调查之父"。

❷ 水成说与火成说争论

18世纪后半叶,随着资本主义经济的迅速发展和工业革命的兴起,开发矿山、挖掘运河的社会实践日益普遍,在此过程中获得的岩石和化石的资料越来越多,为地质学提供了大量可观察证据,同时由于牛顿力学的建立和完善,依据经验证据和严格因果模式解释自然现象的机械论广泛盛行,理性的批判超越和取代了神学的权威,地质学也开始由思辨走向诉诸经验与观察。英国地质学会甚至将"收集实证材料而不急于构建理论"作为学会的宗旨,在这种注重实证的学术背景下,关于岩石以及岩层成因的水成说与火成说经过一百多年的发展,在18世纪末期由思辨演变成了以确定的地质观察为基础的科学学派。水成说和火成说的论战是18世纪后期到19世纪初期的重要事件,在地质学发展史上影响深远。

德国的A.G.维尔纳是水成说的主要代表。他长期任教于弗莱堡矿业学院,建立了水成学派。1787年,他的《岩层的简明分类和描述》是水成说观点的代表作。他认为,地球生成的初期,表面被原始海洋所掩盖,溶解在其中的矿物质通过结晶,逐渐形成了岩层。首先形成的是没有化石的花岗岩,然后是只有少量化石的板岩、石英岩,接着是含有大量化石的石灰岩和煤,最后是沙石和黏土,维尔纳并不否定热力的作用,但他认为地下的热,如火山是煤的燃烧引起的,因而只是一种较晚的、辅助的地质力量。

维尔纳将萨克逊地区地层分为原生岩、过渡岩、层状岩、冲积岩和火山岩,并相信这一层序在全球普遍适用。他提出结晶岩,如花岗岩,是原始大洋化学沉淀结晶产物,玄武岩也是沉积形成的。原始大洋退却后,即形成灰岩,同时生物开始出现。火山喷发是地下煤层燃烧所致。水成说所论述的不只是岩石成因,更重要的是对地层层序和地质历史所作的解释。

英国爱丁堡业余科学研究者J.赫顿是火成说的代表人物。1795年,赫顿发表了他的经典著作《地球的理论、证据和说明》。赫顿认为,地球内部是熔融的岩浆,它通过火山迸发出来固化为岩石。依照这种说法,玄武岩、花岗岩是火成的,结晶岩是地下深处熔融物质上升到地表结晶后形成的。层状岩石是海底沉积物受上部压力和地心热力作用,固结成岩后抬升,形成陆地。赫顿还发现了泥盆系老红砂岩与其下面的志留系的不整合接触,从而推论地球历史上曾有多次这种造山—夷平—沉积的旋回。因此,他提出自然界过程均一不变,自然现象所表现的事件发生过程在历史时期也曾发生,即著名的均变论。1802年,赫顿的朋友J.普莱费尔所著的《赫顿学说的解释》,有力推动了赫顿学说的传播。

赫顿并不完全否定水的作用,但他认为河水只是把风化了的岩石碎屑冲到海里才逐渐积累,形成石砾砂土和泥土。赫顿认为地球既没有开始,也没有结束;维尔纳的原始海洋的观点没有根据。赫顿还认为不能用设想的原始海洋来解释地质形成的过程，而要用"现在还在起作用"的地质力量来解释。

水成说和火成说各执一端，争论热烈。在争论过程中，人们倾向于用各自观察到的经验证据来支持自己的地质理论。但受到观察范围的限制，各学派又难免局限于区域性或地方性的证据。大凡居住在沉积岩地区或专门从事沉积岩研究的学者倾向于水成说；而居住在火山地区和专门考究火山的学者则倾向于火成说。水成说在初始时占上风，包括英国地质学会的大部分会员也赞成德国人维尔纳的观点。但由于火成说不断得到观察和实验的证实、补充，到 1830 年赖尔的《地质学原理》出版以后，人们普遍转而支持火成说。

地质学史上的水成说与火成说之争是一个重大的事件，它激发许多人投身于地质考察和研究之中，并出现了一大批璀璨夺目的地质学家，以至科学史上将 1790～1830 年誉为"地质学的英雄时代"。

❸ 灾变论与均变论

在地质学的英雄时代，还出现了与地质力的作用方式有关的灾变论与均变论（也称渐变论）的争论。不过这个争论是与火成说和水成说联系在一起的。灾变论者通常是水成论者，而均变论者则通常持有火成论的观点。

所谓灾变论，就是相信造成现在这种地质构造与地貌形态的力是一种突然性的灾难，如圣经中的摩西洪水。即使不涉及神学的因素，那么当前能够看到的巨大山脉和谷壑江河，也必然是由某种巨大的突发性的自然力塑造而成的，且连续的灾变引起了物种的灭绝。法国的居维叶是灾变论的代表人物，他在《论地球表面的革命》一书中根据岩层不整合面上、下生物群的不同，提出海盆一定经历过革命，并认为自然的进程改变了，没有一种现在还在起作用的因素足以产生古代地质作用的结果。他的门徒博蒙则光大了灾变论，将其用于解释造山运动。

火成论的先驱、英国著名地质学家赫顿是均变论的倡导者。他认为，没有什么证据可以证明历史上曾经发生过所谓的引起巨大地质变动的灾变。而更可能的是，过去与现在并无区别。地质作用是一种逐渐、缓慢的过程，正如我们今天看到的那样。相应的，他还创立了地质学研究的历史比较法，即由观察现今正在进行的地质作用过程，如现代风化、剥蚀、搬运、沉积等外动力地质作用，推知过去亿万年前发生的、现在无法观察的沉积地层形成的地质作用过程。这种"将今论古"的考究地质现象的科学方法，通常也被称为现实主义方法论。

在地质学开始形成的时候，许多人认为，由于地质学所研究的对象是我们现在没有经历过的，也是过去任何人都没有经历过的过程，准确地解释地质现象是不可能的，地质学永远不会成为精确可靠的科学，但均变论创立的以现在起作用的地质力来解释过去发生过的事件的现实主义的方法论,显然为地质学提供了有效的方法论工具。

英国的 C. 莱伊尔在《地质学原理》中系统地论证了赫顿的这一思想。通过对欧美的广泛考察和对陆地升降、河谷形成等地质现象的研究,莱伊尔认为在地球的一切变革中,自然法则是始终一致的。同时,他提出用现在仍在起作用的原因来解释地球表面过去的变化的将今论古的现实主义方法。尽管莱伊尔过分强调地质作用古今一致的一面,却忽视发生全球性灾变(激变)的可能性,他的思想方法在地质学理论方面仍占有重要地位,并成为百余年地质学及其研究方法的正统观点。

其实,无论灾变论还是均变论,都只是一种形而上学的假设。均变论无疑是受到了早期的机械论哲学的影响。机械论自然观的假定之一就是,物质体系在整个地球历史时期是守恒的,或者说是不变的,均变论只是将非历史性的机械论做了一点变通,认为守恒的不是自然界的物质体系,而是自然界的那些作用力。地球上的物质通过永恒不变的力的作用而改变着,灾变论则假定过去的作用力可以是与现在不同的,更确切地说是假定远古时代的地质作用力远比现在的要剧烈。相比而言,灾变论含有更多"辩证法"的成分。但是,在各自的假定和推理的前提皆没有经验证据的情况下,以现在起作用的地质力解释远古时代的自然过程,更容易同当代人的经验联系起来,其解释模式更易为当代人所接受,因而均变论很快就取得了统治地位。

❹ 近代地理学奠基者

人类认识和利用地理环境的历史久远而漫长,近代地理学是同工商业社会相适应的知识形态。它的特点是以对地球表面各种现象及其关系的解释性描述为主体;其逻辑推理和概念体系渐趋完善;学科日益分化,学派林立。德国为近代地理学的发源地,较早受其影响的是法、英、俄、美等国家。19 世纪最杰出的地理学家是德国亚历山大·冯·洪堡和 C. 李特尔,他们也是全世界近代地理学的奠基人。

洪堡将毕生精力贡献于考察自然界,他的足迹遍布欧洲和南北美洲。他的《新大陆热带地区旅行记》(30 卷)是美洲大陆自然、经济和政治的第一部百科全书和拉美北部的第一部区域地理著作。他提出世界年均温等值线图、大陆性概念以及植物纬向水平地带学说,是地理学的重要理论,因此他被公认为自然地理学和植物地理学的创始人。洪堡的代表作《宇宙》(5 卷),解决了近代地理学的三大问题:(1)认为地球是统一整体,人类是自然的一部分;(2)主要探讨地表各区域相互关联现象的差异性;(3)研究特定自然要素,应注意其与周围环境的关系。

洪堡的哥哥威廉·冯·洪堡是著名的教育改革者、语言学者及外交官,他于1809 年创办了柏林大学。在柏林大学任教的李特尔是德国第一个地理学讲座教授和柏林地理学会的创始人,他的名言是"土地影响着人类,而人类亦影响着土地",被认为是近代地理学中人地关系的最早阐发者和人文地理学的创始人。他对区域的开创性见解,集中于19卷的《地学通论》中,该书确定了区域的概念和层次。他还认为地理学的基本概念是差异性中的一致性,从而导出这门学科的两个基本部分:系统地理学和区域地理学。洪堡与李特尔分别在地文和人文两大方面为地理学开创了新局面,而且均重视对区域的分析。但前者将重点放在地表自然要素的地域结合,包括其对人文现象的影响,而后者则认为人是地理研究的顶点。

⑤ 赖尔的地质学

自18世纪末到19世纪初,地质知识体系初步形成。一方面地层和生物化石的研究使地质年代和地层系统逐步建立,为其后更全面的历史地质学的发展奠定了基础;另一方面,随着当时的新技术被采用,结晶学、矿物岩石学的研究和理论的系统性日臻完善,加深了人们对地壳物质组成的认识。在这个基础上,对山脉构造及形成过程也有了进一步的理解。

到了19世纪,岩石学、地层学和古生物学皆取得了重大突破。当时的地质学家和博物学家基本上都承认,化石是一度存在过的生物遗骸,是地质和生物过程结合的产物。英国的地层学之父史密斯在土地测量的实际工作中,认识到每一个地层都含有独特的生物化石,发表了《英格兰、威尔士和部分苏格兰地层图》(1815年)和《用生物化石鉴定地层》(1816年)等著作,提出可以利用化石辨别地层,确立了生物地层研究的原理和方法。

他还进一步发现,地层及其所含化石呈现出有规律的叠置,因此,即使相隔很远的地层,也可以根据所含化石来确定其上下关系和生成的地质年代,而史密斯的外甥菲利普斯正是根据这一原理将岩层进行了划分,建立了岩层划分的基本框架。显然,地层是在不同时期逐渐形成的地质学演化思想,已经明显地存在于他们的头脑中了。

古生物学和地层学的奠基人除英国的 W. 史密斯外,还有法国的 G. 居维叶和 J. 拉马克等人。居维叶提出器官相关律,即生物体内各个器官共同组成完整的有机体,同时各个部分之间又相互联系的思想,他通过对少数化石骨骼的详细研究,复原和推断已灭绝的巨大四足兽全貌,为准确地

图 5-10　居维叶

鉴定地层提供了科学依据。他与 A. 龙尼亚合作对巴黎盆地的白垩纪以来的地层和化石进行了系统研究，发表了《巴黎盆地的矿物地理》(1811 年)和《四足兽化石的研究》(1812 年)等文章。拉马克是无脊椎古生物学和进化论思想的奠基人，对巴黎盆地第三纪的瓣鳃类进行了深入的研究，著有《无脊椎动物自然史》等。

近代地质学演化理论体系化的标志是英国地质学家查理士·赖尔在 1830～1833年出版的《地质学原理》一书。这部书的副标题是"以现在还在起作用的原因试释地球表面上以前的变化"，书中吸收了同时代诸多地质学家特别是赫顿的思想，总结了大量的地质学知识，考究了地壳升降、火山、洪水、冰川等地质作用，系统阐述了地质均变论的概念。

赖尔是 19 世纪英国著名地质学家、现代地质学的开创者。1797 年 9 月 14 日，赖尔出生在英国苏格兰法佛夏地区一个叫金诺第的小镇上。赖尔的家可谓书香门第，家中藏书之丰富，远近闻名。他的父亲业余时间非常喜欢进行野外考察，因此书房当中还存放着许多地质、生物方面的书籍和标本。从刚刚懂事起，赖尔就把家里的这块宝地当成了自己游戏玩耍的最好去处。他深深地迷上了书籍，尤其是对那些别具一格、色彩斑斓的精美岩石、生物标本情有独钟，那些大自然的标本对他来说充满魔力。赖尔常常傍着这些标本，听父母绘声绘色地讲述它们的品种、来历和作用，以及在采集制作它们的过程中遇到的种种奇闻轶事。这美好的一切构成了他对地质学、生物学的最初印象。

图 5-11 赖尔

赖尔学习刻苦，17 岁就以优异的成绩考入牛津大学。一进入大学，赖尔就选修了一系列地质学和生物学的课程。这些课程可比在家里父母的讲解深奥多了，但却为他展现了大自然另外一幅同样生机盎然的画面。在著名地质学教授巴克兰讲授地质学的课堂上，赖尔第一次受到了地质学正规系统的训练。他不仅认识了许多岩石和矿物，可以区分它们的种属和特性，而且在野外教学过程中，还掌握了勘察、取样、制作标本的基础知识和特殊技巧。他是如此的喜爱地质学，以至于课堂上的知识已经不能满足他旺盛的求知欲。1819 年，年轻的赖尔就是在这样一个科学背景之下，走出大学校门，迈进地质学殿堂。赖尔生活的时代被称为"地质学的英雄时代"。科学考察和探险旅行已经在英国工业革命和启蒙思想的推动和影响下蓬勃兴起，这使得人们对地球的研究从过去思辨猜测的狭隘泥潭跃进到寻求实证观测的广袤空间。地质科学的各种理论和学说如雨后春笋一般涌现，学术论争十分活跃。当时更多的人看好"水成说",而不是"火成说"。

赖尔通过对这场论争的前后经过和双方学说的深入了解,他发现在双方的结论存在分歧之外,还明显存在着一个研究方法上的差异——是从过去推导现在,还是从现在推导过去。赖尔赞同后一种"水成说"所使用的方法。在他看来,过去有的地质力量现在不一定有,而现在有的地质力量过去则肯定有,现在对岩层起作用的地质力量和过去的地质力量一直是一样的。因此,只能用现在还在起作用的地质力量来解释地球过去的发展。为了说明这一点,就必须假设这一段过去的历史是极其漫长的。他认为:"比起任何其他的先入之见,认为过去的地质年代在时间上是有限的看法,对地质学的进展起着阻碍的作用,除非我们习惯于把过去的地质年代看作可能是无限漫长的,否则,我们在地质学说上就有陷入极端错误观点的危险。"

这就是他提出并一以贯之的"将今论古"的现实主义方法的主要原则和基础。正是在这一方法论的指导下,赖尔经历了 10 年的艰苦努力和野外观测,游历了欧洲和美洲各地的名山大川,在掌握了大量而丰富的第一手地质资料的基础上,他把以往不同时期各派学说地质学家提出的分散的甚至矛盾的学说综合、联系起来,最终形成了一个严整的、新的地质发生和发展理论,即著名的地质演化"渐进论"。

渐进论是赖尔无数心血的结晶。这一理论的核心思想就是:引起地球变化的力量,不是什么超自然的外力,而是自然界本身的自然力,如地震、火山、风雪侵蚀、河水冲刷和沉积等。一个地区的火山岩往往是多期形成的,每一期内往往又是多次喷发和溢流的火山物质造成岩石,考虑到时间长、次数多的因素,每次火山爆发并不都是很强烈的。他还认为,散布在沉积岩地层中的无数同类化石,意味着同一物种曾经生存了许多世代,与其同时生成的地层不会是短期内形成的,这清楚地表明,地质形成是一个长期的演化过程。这就是说,地质现象都是一般自然过程中水和火的共同作用(而不是单一作用)的结果。地球表面正是在这两种力量的共同作用的影响下屡经变化,而且这些变化还一直在缓慢而不停息地进行着。这就使得长期困扰着人们的"水成说"和"火成说"在新的实证基础之上统一起来,使人们对地球的认识更加深化了。而这一理论的集大成之作便是赖尔历时 3 年,于 1833 年写成的《地质学原理》一书。

地质演化理论的重要性,不仅仅体现在将历史的、发展的因素带入地质学形成理论,更为重要的是,它已经蕴含了生物进化的思想。不难理解,既然地层有它的演化历史,地球表面上生活的动植物自然也必然有其演化历史。作为古代地质过程的见证者和古代生物发展的信使,岩石中的化石顺序已明白无误地表明,同演化着的地质过程一样,生物现象也有一个演化过程,尽管赖尔及其同时代的地质学家囿于传统观念,没有正面论证生物进化的观点,但科学的生物进化理论却实实在在是呼之欲出了。创立进化论的达尔文就是看了赖尔的《地质学原理》而受到重大启发的。

七、现代天文学和宇宙学

❶ 天体物理学诞生

由于早期的望远镜成像太模糊,不能分辨天体表面上的细节,所以在十七十八世纪,天文学家只关注天体的运动,而很少谈到它们的物理状态。自从18世纪末反射望远镜和消色差望远镜制成以后,天体物理才开始受到重视。

人们首先关心的是月球。早在1785年,德国人施罗特尔就开始描绘月面图,但可靠性较差。他曾经想象月球上是一个可以住人的世界。直到1837年,马德雷尔发表了《月球:一般的和比较的月面学》一书以后,月球世界的物理特性才第一次被表示出来。马德雷尔认为月球是一个无水、无空气、无生命的世界。他绘制了一幅巨大的月面图,比前人所描画的要完善得多。德国的天文学家施密特在1879年刊印了25幅大的月面图,其中记载了32 856个环形山。1866年,施密特宣布了一个惊人的消息,月面上的一个名叫林奈的直径达9千米的环形山不见了,只留下一个不到1.6千米长的坑穴。这说明月球表面仍然在不断变化着。但后来始终没有再发现过类似的现象。当然也很少有人相信它是事实。

威廉·赫歇尔首先发现火星上有极斑,认识到它是与地球上两极的冰冠相类似的现象。马德雷尔则对火星的自转周期作了精密的测量。1862年和1864年,当火星重又回到与地球最接近的位置时,人们曾发现火星具有与地球上相类似的季节变化。英国人普罗克托还绘制了一幅较清晰的火星图,他把图上明亮微红的区域称为陆地,暗蓝的区域称作宽阔的海洋。

在望远镜里观测到的土星光环,是一幅十分壮丽的神秘天象。光环的形状在不断变化,使人们确信它是一个很薄的圆环。直到1851年,美国哈佛大学天文台台长乔治·邦德还以为它是一个连续的固体圆环,但这种看法与开普勒定律相矛盾。实际上,早在17世纪时,卡西尼就已发现光环之间有空隙。而1850年前后,还观测到在明亮的光环内还有一圈较微弱的光环。这些都说明它不可能是一块统一的圆盘。1859年,英国物理学家马克斯威尔就根据力学原理,证明了土星的光环不可能是固体的,而是无数小质点像小卫星那样,各自独立地环绕土星运动。光环各部亮度的差异,就可以用各区域质点多寡来解释。这一结论为以后的观测所证实。

直到 18 世纪末期，人们对于太阳的认识仍然没有什么进展，甚至对于古人早已预言的太阳是一个巨大火球的认识也忘记了。赫歇尔甚至主张太阳内部是像行星一样寒冷的固体。他还断言太阳上有居民和植物。对于太阳黑子，英国的天文学家威尔逊则断定它是太阳表面凹陷的现象。施罗特尔则认为光球是太阳发光的部分，是太阳表面的大气和云彩。这种荒谬的观点直到 1842 年，欧洲天文学家观测那次日食时发现了日珥以后才得到了改变。

然而，在这个时期，有一位德国药剂师施瓦布却因爱好天文而在偶然的机会发现了太阳黑子的周期性变化。他从 1826 年开始，每天统计太阳黑子的数目，希望有一天会发现水星以内的未知行星经过日面。当他作了 17 年的持续观测以后，虽然没有找到水星以内的未知行星，却获得了一个更重要的发现，太阳黑子数有周期性的变化，周期是 10 或 11 年。他宣布了这个发现以后，并未引起人们的重视。直到当他在 1851 年公开发表了他两个多周期的太阳黑子观测结果时，人们才不再怀疑了。

天文学发展到了这个时代，人们就已迫切希望知道各个天体的物理状态和它们的化学组成了。但是，没有科学的探测手段，那只是一种幻想。1825 年，法国哲学家孔德就曾经悲观地说过："恒星的化学组成是人类绝不能得到的知识。"迟至 1860 年，法国天文学家弗拉马利翁还曾断言："要解决行星世界上热度的问题，我们所要知道的数据是我们永远得不到的。"可是，没过多久，这种悲观的情绪却一扫而空。所谓不能解决的问题、不可知的数据，都可以探测了。这就是天体物理学诞生以来所创立的成就。

首先是分光学在天文上的应用。虽然早在 1666 年，牛顿就已将日光透过棱镜分解成彩色光谱，但这门学科却迟迟没有取得进展。直到 19 世纪初，德国的光学家弗朗和费才对日光与星光的谱线作了科学系统的研究。

弗朗和费首先将棱镜和经纬仪上的小型望远镜联在一起，在物镜前面放一与棱镜的折射棱相平行的狭缝，光通过狭缝后，便能得到一条清晰的光谱。于是，他制成了第一具分光镜。1814 年，弗朗和费将分光镜指向太阳，发现在太阳的光谱里，有不可数计的强弱不一的垂直谱线。他经过反复研究，断定这些谱线是由于日光本身的性质产生的。于是，他发表了一个包括了几百条谱线的光谱图。其中的主要谱线，他都用大写字母作出了标志，这就是著名的弗朗和费谱线。他还发现在月亮、金星、火星的光谱里，也具有太阳光谱里的那些黑线，并且处在相同的位置上。但当他观测各个恒星的光谱时，却发现有的恒星光谱与太阳相似，有的则有不同的谱线。

对这些谱线的成因，第一次作出科学解释的人，是德国物理学家克希霍夫。1859 年，克希霍夫与化学家本生合作，研究了火焰的光谱和电弧里金属蒸气的光谱,得出结论说:发连续光谱的光线,穿过每种灼热的气体,这气体的光谱必发生反变现象。之后不久,他又总结出两条分光学的基本定律:每一个化学元素有一种特殊光谱;每一元素可以吸收它所能够发射的光线,这即是反变现象。他还发现,灼热的固体或液体发连续光谱,气体则发不连续的明线光谱(后来发现高压下的气体也发连续光谱)。这些光谱知识,对于开展天体分光学的研究和取得天体的温度等物理特性及化学组成起着决定性意义。

当克希霍夫将自己的理论用于太阳光谱时,他发现太阳光谱里的黑线是由于光球所发的连续光谱被太阳大气里的蒸汽所吸收而形成的。从此,太阳大气里谱线形成反变的区域被称为反变层。他将这些吸收线与实验室里各种元素的光谱进行比较,便立刻认证出了许多谱线。他宣布了太阳上有地球上常见的钠、铁、钙、镍等元素。以后,新的太阳光谱图不断出现,认证出的太阳上的元素也在不断增加。这一发现具有重要的哲学意义,第一次证实了天体具有和地上相同的化学组成,也证实了人们认识宇宙的能力是不应有极限的。

❷ 谱线红移现象的发现

当火车疾驶过车站时,车站上的人会觉得火车的汽笛声会发生这样的变化:当火车奔向我们而来时,汽笛声便越来越尖;当火车离我们远去时,汽笛的音调又逐渐降低。1842年,奥地利物理学家多普勒首先阐明造成这种现象的原因,他指出:当火车趋近我们时,每秒钟到达我们耳朵里的声波个数就比静止时多,因为这些声波除了从静止声源(汽笛)出发时按正常速度传播外,另外还附加了火车行驶的速度;而当火车离去时,每秒钟传到我们耳中的声波数目要比静止时少些,因为这些声波传来的速度变慢了,它等于声源静止时的声速减去列车的速度。总之,汽笛声的音调变化乃是由于声源的运动使每秒钟撞击我们耳膜的声波数目发生了变化。这种现象,就称为"多普勒效应"。

多普勒效应不仅适用于声波,而且也适用于光波。一个高速运动的光源发出的光,到达我们的眼睛时,其波长和频率也发生了变化,也就是说它的颜色会有所改变。多普勒本人就曾指出:恒星的颜色必定会按它接近或远离我们的速度不同而发生不同程度的变化。这种看法原则上显然是无可非议的,可是实际上却不尽然。因为恒星运动的速度要比光速小得多,所以由恒星运动造成的光波波长变化是微乎其微的,它们根本不会导致恒星的颜色发生任何可察觉的变化。

1848年,法国物理学家斐佐指出:观测光的多普勒效应,最好的办法是测量光谱线位置的微小移动。当恒星移近我们时,有如火车向我们驰来,这时星光的"光调"也会升高,也就是光波的频率增高,波长变短,于是光谱线往紫端(光谱中波长较短的一端)移动;反之,当恒星远去时,光谱线便向红端移动,因为这时"光调"降低，频率低了，波长便增加。天文学家们通过测定光谱线"红移"或"紫移"的程度，便能计算出恒星趋近或退离我们的速度，这就是所谓的"视向速度"。

1868 年，英国天文学家哈金斯首先测得天狼星正以每秒 46.5 千米的速度远离我们而去。如今我们知道天狼星其实是以每秒 8 千米的速度朝着我们跑来，所以哈金斯测得并不准。然而，这毕竟是第一次尝试。因此，哈金斯的工作在天文学史上仍然占有光荣的一席。1890 年，美国天文学家基勒测出了大角星（牧夫座 α 星）正以每秒 6 千米的速度朝我们靠拢。这个数字说明当时的测量水平已经很高，如今我们知道大角星正以每秒 5 千米的视向速度向着我们而来。

利用多普勒效应也可以研究星系的运动。1912 年，美国天文学家斯莱弗发现仙女座星系 M31 正以每秒 200 千米左右的速度向我们奔驰而来。可是 2 年以后，当他测出了 15 个星系的视向速度后，发现其中竟有 13 个星系都在以每秒几百千米的速度远离我们而去，在这些星系的光谱中，光谱线都有红移。然而，为什么这么多星系都要"逃离"我们呢？这确是一个令人费解的问题。

天文学家开始关注对星系视向速度的研究。他们通常用字母 z 来代表一个天体的"红移量"，或者干脆就简称为"红移"。它可以这样来计算：如果将光谱中处于正常位置（即未移动）的某一光谱线的波长记作 λ_0，由于存在视向速度而使该谱线移动到波长为 λ 的位置上，并将两者之差（即波长位移的净大小）$\lambda - \lambda_0$ 记作 $\Delta\lambda$，则红移量 z 与它们有着如下的关系：

$$z = (\lambda - \lambda_0)/\lambda_0 = \Delta\lambda/\lambda_0$$

另一方面，红移 z 和视向速度 v_r 成正比，写成公式就是：

$$z = v_r/c$$

其中 c 是光速，等于每秒 300 000 千米。

1929 年，美国天文学家哈勃用前述各种方法确定的 24 个星系的红移，结果发现距离越远的星系红移越大，它们之间有着良好的正比关系，这便是著名的"哈勃定律"。这个定律既可以用图的形式来表示（如图5-12），也可以写成如下的简单公式：

$$z = H \cdot r/c \quad \text{或者} \quad r = 1/H \cdot cz$$

其中 c 是光速，r 是星系的距离，z 是星系的红移。H 是一个常数，称为"哈勃常

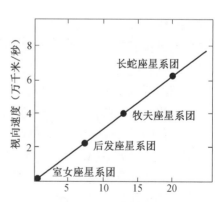

图 5-12　哈勃定律：越远的星系退离我们的速度也越大

数",等于每百万秒差距每秒 55 千米。它的意思就是说,河外星系的距离每增加 1 000 000 秒差距时,它退离我们的速度每秒便增加 55 千米。

有了哈勃定律,我们就可以通过观测河外星系的光谱,测量出它的光谱线的红移量,进而求获其距离。经过这样测量,我们发现,那些距离如此遥远的天体系统都在以多么巨大的速度朝四面八方退离我们而去啊!这简直就像整个宇宙都在疯狂般地膨胀一般。

❸ 由无限宇宙到有限宇宙

在伽利略、牛顿之前,传统的宇宙结构是一个有限有边的世界。宇宙的最外层是由恒星天构成。恒星天是宇宙的边界,在它之外,就没有空间了。在哥白尼的太阳中心说中仍然保持着有限有边的结构图。

在牛顿之后,开始普遍采用了无限无边的观点。即认为宇宙的体积是无限的,也没有空间边界。因为牛顿力学的出发点是惯性。惯性定律指出,当物体在做匀速直线运动时,若没有外力的作用,就会永远维持这种匀速直线运动。这条定律实际上是欧几里得几何学的第二公式——线段可以无限作直线延长的力学化。牛顿力学要求的空间是欧氏几何学空间,即平直的、无限的空间,所以牛顿认为宇宙是无限的,物体无论沿那个方向运动,无论运动多远都不会遇到障碍,由于我们没有看到某一区域的物质会在引力的作用下聚成一个密集的质量,所以牛顿必须假定宇宙空间的物质平均密度是相同的。人们一直习惯于牛顿的这种宇宙模型,即宇宙空间的无限性同牛顿理论的普适性一样,在经典物理学中被认为是已经公认的了。

每一次科学上的重要成果,由于它的巨大声誉往往会使后来的人不去认真思索或者不愿认真思索由这些成功所带来的新东西中哪一些是真正被证明了的真理,哪些还只是设想或假设。其实,宇宙空间是三维无限的欧几里得空间以及牛顿理论可以在宇宙学上适用,就是属于后一类的两个观念。尽管人们已经习惯于接受它们,然而它们却不属于已经真正被证明了的真理。

1823 年,德国的奥尔波斯提出了光度学悖论:如果宇宙是无限的,均匀分布在空间中的恒星也是无限的,那我们在任何方向上都应当看到无限多的恒星,星空每一个角落的亮度都应当塞满恒星,像太阳表面那样灿烂夺目,但我们并未观察到这种情形。1894 年,德国的塞里格尔又提出了引力悖论:如果宇宙中的恒星无限多,那任何一个物体就会受到无限多恒星的无限大的引力作用,产生无限大的加速度,但我们也未看到这种现象。

牛顿无限宇宙的认识遇到了困难,解决悖论的一条出路,就是放弃物质均匀分布的假设,认定宇宙是物质不均匀的、尺度是有限的。1915 年,爱因斯坦根据他的相对论得出推论：宇宙的形状取决于宇宙质量的多少。他认为：宇宙是有限封闭的。如果是这样，宇宙中物质的平均密度必须达到 $5 \times 10^{-30}\,g/cm^3$。但是，迄今可观测到的宇宙的密度，却比这个值小 100 倍。也就是说，宇宙中的大多数物质"失踪"了，科学家将这种"失踪"的物质叫"暗物质"。

通过星系、星系团，乃至宇宙整体的动力学行为，天文学家发现宇宙中绝大部分物质是不发光的，即暗的，其中暗物质占宇宙中总物质和能量的 27％，暗能量占 68％，而普通物质（即粒子物理标准模型粒子）只占 5％。暗物质和暗能量是当代天文学和物理学的重大发现，也成为 21 世纪初科学最大的谜题。暗物质存在于人类已知的物质之外，人们知道它的存在，但不知道它是什么，它的构成也和人类已知的物质不同。在宇宙中，暗物质的能量是人类已知物质的能量的 5 倍以上。暗物质的总质量是普通物质的 6.3 倍，在宇宙能量密度中占了 1/4，同时更重要的是，暗物质主导了宇宙结构的形成。暗物质的本质至今还是个谜。科学家认为，整个宇宙有 84.5％是由暗物质构成，但一直未能证明其存在。已有不少天文学家认为，宇宙中 90％以上的物质是以"暗物质"的方式隐藏着。天文学家们称，根据当前一些统计资料显示，我们平常看不见的暗物质很可能占有宇宙所有物质总量的 95％，而人类可以看到的物质只占宇宙总物质量的不到 5％。

最早提出证据并推断暗物质存在的是 20 世纪 30 年代荷兰科学家简·奥尔特与美国加州理工学院的瑞士天文学家弗里兹·扎维奇等人。自 20 世纪 70 年代以来，科学家们根据对许多大型天体之间，如星系之间的引力效果的观测发现，常规物质不可能引起如此大的引力，因此暗物质的存在理论被广泛认同。2006 年 1 月 6 日的新闻曾报道说，剑桥大学天文研究所的科学家们在历史上第一次成功确定了广泛分布在宇宙间的暗物质的部分物理性质。

如果我们不了解暗物质的性质，就不能说我们已经了解了宇宙。宇宙的秘密还需要未来的科学家去揭示。

❹ 现代宇宙论诞生

就人类目前所达到的探测水平来说，宇宙还是一个充满神秘色彩的无边世界。探索宇宙的科学是当今最受瞩目的学科之一。把目前可能观测到的整个时空范围（即总星系）作为一个物理系统，用现代科学方法研究它的特征，探讨它的结构、形成和演化，这就形成了宇宙学。现代宇宙学所研究的课题，就是现今观测所及的整个大天区上的大尺度特征，即大尺度的时间和空间的性质，物质及运动的基本规律。现代宇宙学是从爱因斯坦 1917 年发表《根据广义相对论宇宙学所作的考查》一文为开端的。

爱因斯坦在发展相对论宇宙学的时候，第一步工作就是指出牛顿的无限宇宙观念中的矛盾和不自洽。要么应当修改牛顿的理论，要么应当修改无限空间的观念，或者两者都要加以修改。这就是爱因斯坦在宇宙学面前提出的简单而又根本的问题。

爱因斯坦提出的问题究竟有没有意义呢？有一种看法，认为宇宙是那样至大无边，那样复杂，探讨宇宙作为一个物理体系的动力学，恐怕是不会得到有意义的结果的。然而，这种"解决"办法不能使爱因斯坦感到丝毫的满意。当爱因斯坦思考并企图解决这个问题的时候，他曾经给德西特写过一封信，说道："宇宙究竟是无限伸展的呢，还是有限封闭的呢？海涅在一首诗中曾给出过一个答案："一个白痴才期望有一个回答。""的确，有许多令物理学家和天文学家醉心的问题，就是让最富于幻想力的诗人看来，也觉得是近乎荒诞的事。似乎只有白痴才愿意在这些问题上枉费精力。其实，这种认识是不对的，在自然科学面前，可以说没有一个有关自然界的问题是不值得去研究的。如今世界上太多的可能不是"白痴"式的问题，而却是白痴式的答案。所谓"没有意义"者本身，往往就是这样一类的答案。

爱因斯坦给出的第一个宇宙模型，既不是亚里士多德的有限有边体系，也不是牛顿的无限无边体系，而是一个有限无边的体系。所谓有限，指的是空间体积有限。所谓无边，指的是这个三维空间并不是一个更大的三维空间中的一部分，它已经包括了全部空间。实际上，在宇宙学的历史上，有限无边的概念并不是在爱因斯坦的宇宙模型中才第一次遇到的。亚里士多德认为大地并不是平坦无边的，而是一个球形。实质上，这就是用有限无边的球面结构代替了无限无边的平面结构。球面就是一个二维的有限无边的体系。沿着球面走，是总也遇不到边的。但是，球面的总面积却是有限的。只要把亚里士多德的二维有限无边概念推广到三维，就可以得到爱因斯坦的三维有限无边体系。

在爱因斯坦的第一个模型之后，陆续又有其他人提出了一些模型。其中，弗里德曼和勒梅特先后提出了膨胀的宇宙模型（如图5-13）。所谓膨胀宇宙是指宇宙空间的尺度随时间而不断地增大。尤其是1929年美国天文学家哈勃发现河外星系普遍都有红移现象，这更加支持了膨胀宇宙的说法。

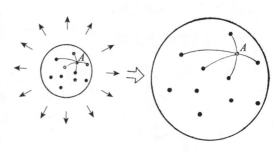

图 5-13　膨胀宇宙示意图

宇宙膨胀观念彻底改变了宇宙学上一种传统的观念，就是认为"大"尺度上的天体,应当处在静态。换句话说,虽然太阳、银河等"小"范围中的天体是有运动的,但是在一个更大的尺度上看,天体系统的平均速度应当是零。形成这种观念是有客观根源的,因为我们肉眼常见的天空景象,除了东升西落之外,几乎看不见其他的变化。爱因斯坦也没有摆脱这种传统观念的束缚。红移现象发现之后,他对他自己原来的说法深表后悔,本来宇宙膨胀是他的广义相对论的一个自然结果,可是他却放弃了它。后来爱因斯坦曾说,这是他"一生中最大的错事"。

5 大爆炸宇宙论

如果宇宙是膨胀的,那么昨天的宇宙应该比今天的宇宙更小,物质也更密集一些。所以,在宇宙的早期,可能是一种非常密集的状态。那时候物质密度非常之高,完全不同于我们今天看到的星空世界。沿着这条线索来研究宇宙中物性的演化历史,就出现了大爆炸宇宙论。

大爆炸宇宙论认为:宇宙是由一个致密炽热的奇点于 137 亿年前一次大爆炸后膨胀形成的。1927 年,比利时天文学家和宇宙学家勒梅特首次提出了宇宙大爆炸假说。1929 年,美国天文学家哈勃根据假说提出星系的红移量与星系间的距离成正比的哈勃定律,并推导出星系都在互相远离的宇宙膨胀说。该理论的创始人之一是伽莫夫。

1946 年美国物理学家伽莫夫正式提出大爆炸理论。1948 年前后,伽莫夫第一次建立了热大爆炸的概念。这个创生宇宙的大爆炸不是常见于地球上发生在一个确定的点,然后向四周的空气传播开去的那种爆炸,而是一种在各处同时发生,从一开始就充满整个空间的那种爆炸,爆炸中每一个粒子都离开其他每一个粒子飞奔。事实上应该理解为空间的急剧膨胀。"整个空间"可以指的是整个无限的宇宙,或者指的是一个像球面一样能弯曲地回到原来位置的有限宇宙。

根据大爆炸宇宙论,早期的宇宙是一大片由微观粒子构成的均匀气体,温度极高,密度极大,且以很大的速率膨胀着。这些气体在热平衡下有均匀的温度。这统一的温度是当时宇宙状态的重要标志,因而称为宇宙温度。气体的绝热膨胀将使温度降低,使得原子核、原子乃至恒星系统得以相继出现。

大爆炸理论的科学性令人不得不信服。除哈勃的发现外,另一个事实是天体的年龄。因为大爆炸宇宙学主张,在一百多亿年之前,宇宙间根本没有任何星体,所以所有星体的年龄都应当小于一百多亿年。现代的观测支持这一点。测定天体年龄的一种方法是利用放射性同位素另一种测定年龄的方法是利用球状星团。球状星团是由上百万颗恒星组成的体系。根据恒星演化的理论,球状星团不同的形状实质上表示不同的年龄。经过测定,最老的球状星团都在 90 亿～150 亿年。所有这些结果都不违背大爆炸宇宙学的预言。

大爆炸理论还预言宇宙中应当可以找到早期留下来的热辐射。它是宇宙温度的标志。1965年,美国贝尔电话公司的彭齐斯和威尔逊从事装置人造卫星通讯地面站的工作。他们发现总有原因不明而且消除不掉的"噪声"干扰他们的接收器。当时他们的工作波长是7.35厘米。后来,这个消息被普林斯顿大学的天体物理学家得知,他们判断,这就是热大爆炸理论所预言的宇宙辐射。因为这种辐射弥漫在整个空间中,所以形成不可能消除的"噪声"。科学家们经对这种辐射反复进行测量,的确证明它们是相当均匀地分布在宇宙空间中的一种热辐射,其温度大致为绝对温度3度(3 K)。这是对大爆炸宇宙学的又一个支持。

大爆炸宇宙学是正在发展中的一个宇宙学学派。除了上述的成功发现,它还有一系列待解决或未解决的问题。不管怎么说,通过从经典宇宙学到现代宇宙学这些认真的实践和思考,今天我们居然有一定的办法来判断一百多亿年之前的许多事件。这不能不被看作人类认识能力的巨大飞跃。

⑥ 射电天文学的兴起

光和无线电辐射在物理上具有共同的本性,两者都是电磁波,只是波长不同而已。人眼所能感觉到的电磁波波长为零点几微米,而无线电波的波长则从几毫米到几千米。所以,无线电波可接收的波段比光波宽得多。更值得注意的是,星际空间中的尘埃物质云,虽然能吸收恒星从背后射来的光,但却能让无线电波通过。因此,利用无线电波对天体进行观测,将大大扩展天文学的研究手段和领域。

1931年,美国无线电工程师杨斯基在研究短波收音机里由天电而来的噪声,他将有高度指向性的天线改变其对天空的指向时,发现指向银道附近时噪声特别大。尤其是当天线指向人马星座时,这种宇宙噪声达到了顶点。杨斯基的观测结果为雷伯所证实。他在1936年建立了第一座射电望远镜,接收器的口径为9米,工作波长为2米。他利用这架射电望远镜,绘出了天空的射电图,也就是宇宙噪声的等强线。第二次世界大战期间,雷达技术有了很大的改进,1942年,英国陆军的雷达也接收到来自太阳的射电信号,事后证实那时正好有一个太阳黑子经过日轮中心。因此,大家才明白这些射电干扰的来源与日面活动的光学现象有联系。

对于太阳的深入研究表明,在太阳处于宁静状态时,也有微弱的短波辐射。当它爆发时,它的射电能量比宁静时大几百万甚至几千万倍,大部分在1~10米的波段内。研究表明,太阳的射电爆发,不但与日面光学现象有关,而且与地球上的物理变化有密切关系。

当射电望远镜刚开始发明的时候,它的分辨本领是很差的。为了提高它的精度,就必须把射电望远镜造得很大。例如,为了达到肉眼的分辨能力,其直径就得达到几十千米。这在制造上存在很大的困难。因此,人们认为射电望远镜在测位和成像上与光学望远镜是难以相比的。但是,在 1951 年克里斯琴森发现,利用两架或多架射电望远镜放在一定的距离上组合起来,制成射电干涉仪,便能大大提高测量方位的精度。到 20 世纪 70 年代,这种干涉仪系统在厘米波段所取得的天体射电图像细节的精度已达到 2″,已能与光学望远镜媲美了。利用这个仪器,就可以详细地测定出黑子、氢气谱斑以及其他活动区域里特别强的射电波的来源。

1946 年,美国和匈牙利的科学家先后用雷达观测月球取得成功,开创了雷达天文学的历史。使用雷达先对天体发射无线电波,然后通过接收天体反射回来的波,对天体进行研究。这样,人们第一次开始了主动地用电波去探测宇宙物理的过程,使天文学由纯观测科学向实验科学迈进了一步,是天文研究方法上的一个革命性的跃进。

利用雷达可以精密测定地球到月球的距离,同时为测定地球半径和形状提供了一个全新的精密方法。1958 年,科学家用雷达观测金星成功;随后,对水星和火星也进行了观测。对金星的多年观测积累,使人们能够得到一个更精密的天文单位的数值,即得出太阳到地球距离的平均值为 149 586 000±500 千米,也就是日地最精密的平均距离。利用雷达,还可以测定行星自转轴的指向,自转的速率以及行星的直径、形状等。

射电天文学所作出的最卓越和最惊人的发现是在银河系和河外星系方面。自从使用干涉仪以后,科学家便发现了存在于很小范围内极强的射电源,并且很快便发现了几千颗之多。精密的测定说明,它们不是点源而具有可量的直径。经过多年的努力,人们终于探明了这类强射电源是银河系里稀有的星气和特殊的河外星云。

剑桥大学天文学家史密斯等人利用干涉仪测出了几个强射电源的精确位置,并由巴德等人利用 5 米望远镜证认出与这些射电源相对应的光学天体。所得结果是,有些如蟹状星云,是超新星的气体遗迹;有些则是具有高速的不规则速度的并具有猛烈湍流的一种特殊的银河星气;有些则是两个遥远的相互碰撞的河外星系。而被称为 20 世纪 60 年代中关于类星体、脉冲星、星际分子和 3K 微波背景辐射的 4 大发现,都是利用射电天文的手段获得的。

天体发出射电辐射,往往与天体的能量迸发有关。从规模最小的太阳上的局部爆发、一些特殊恒星的爆发,到较大的演化到晚期的恒星爆炸、大规模的星系核爆炸等,都有强烈的射电反应。这些发现,对于研究星系的演化,具有十分重要的意义。

八、现代地球科学

❶ 魏格纳与大陆漂移说

20世纪，人们对我们生活于其中的地球的认识有了新的突破，这个突破的导火索就是"大陆漂移说"。提出这个假说的是德国气象学家、地球物理学家阿尔弗雷德·魏格纳。魏格纳1880年生于德国柏林，从小就喜欢幻想和冒险，童年时就喜爱读探险家的故事，英国著名探险家约翰·富兰克林成为他心目中崇拜的偶像。为了给将来探险做准备，他攻读了气象学。1905年，25岁的魏格纳获得了气象学博士学位。1906年，他终于实现了少年时代的远大理想，加入了著名的丹麦探险队，来到了格陵兰岛，从事气象和冰川调查。

1910年的一天，魏格纳身体欠佳，躺在病床上。百无聊赖中，他的目光落在了贴在墙上的一幅世界地图上。他很有兴趣地看着那奇形怪状的陆地地形，看着那曲曲折折的海岸线，海洋，还有岛屿。看着看着，他发现：大西洋西岸的巴西东端呈直角的凸出部分，与东岸非洲几内亚湾的凹进去的部分，一边像是多了一块，一边像是少了一块，正好能合拢起来，再进一步对照，巴西海岸几乎都有凹进去的部分相对应。魏格纳想："看起来就像用手掰开的面包片一样，难道大西洋两岸的大陆原来是一整块，后来才分开的吗？会不会是巧合呢？"一个个问题在他脑海中跳跃着，这个偶然的发现，使他感到十分兴奋。

魏格纳设想：假如现在被大西洋隔开的大陆原来是一整块的话，那么形成大陆的地层、山脉等地理特征也应该是相近的，隔在两岸的动物、植物也应有一定的亲缘关系，它们曾有过相同的生存环境。病好之后，魏格纳走遍了大西洋两岸，进行实地考察。在考察中他发现有一种蜗牛既生活在欧洲大陆，也生活在北美洲的大西洋沿岸。可以想象，蜗牛不可能远涉重洋，也没人听说过曾经有人"引进"过这种野生的蜗牛。他还对同样出现在巴西和南非地层中的某种恐龙化石进行比较研究，认为这种小型爬行动物也不可能跨越大海，最重要的是这种恐龙在其他地区的地层中并没有被发现过。根据生物学家达尔文的物种进化论，相同的生物不可能在相隔很远的两个地区分别独立地形成，它们必定起源于同一个地区。种种迹象表明，两岸的大陆原来是连在一起的整块（如图5-14）。

这期间，魏格纳偶然读到了一篇描述非洲和巴西古生代地层动物相似性的文献摘要。在这篇摘要中，大西洋两岸远古动物化石的相同或相似被用来证明当时非常流行的、非洲和巴西之间存在陆桥的说法。例如，蛇很显然不能渡过浩瀚的大

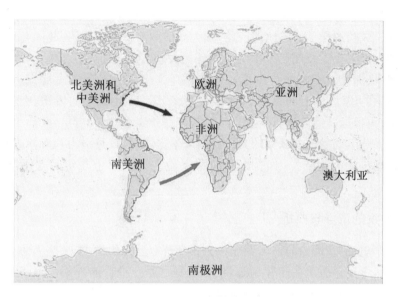

图 5-14　大陆漂移示意图

西洋。因此,在南大西洋两岸发现同样的或十分相似的蛇化石,就证明很久以前的南美洲和非洲之间存在一条陆路通道的可能性是相当大的。如果换一种相反的解释,即假设在这两个地区的大部分土地上存在极其相似但又是相对独立的生物进化过程,而这是完全不可能的。

　　古生物学的证据使魏格纳坚定了自己的看法,但他不同意这两块大陆曾由某种形式的陆桥或由现已沉没的大陆联结起来的假说。因为这些假设需要进一步对这些陆地或陆桥的沉没或崩解做出解释,而对于这些不存在任何科学证据。当然,大陆之间确有陆桥存在,如巴拿马地峡和曾存在过的白令地峡,但没有真正可靠的证据证明古代存在跨越南大西洋的陆桥。作为一种替代性的理论,魏格纳把他早年关于大陆漂移的可能性的思想重新发掘出来,并且按照他的说法,把原来纯粹是"幻想的和非实际的""没有任何地球科学意义的、只是一种拼图游戏似的奇思异想",上升为有效的科学概念。魏格纳在1912年的一次地质学会议上,引用了各种支持证据,对他的假说作了进一步的发展,概括并总结了他的成果。他最初的两篇论文在当年的晚些时候发表。1915年他发表了专著《大陆和海洋的起源》。魏格纳在这部著作中,详细罗列了他所发现的所有支持大陆漂移说的证据,系统提出了大陆漂移学说。

　　该学说认为在古生代后期(约3亿年前)地球上存在一个"泛大陆",相应地也存在一个"泛大洋"。后来,在地球自转离心力和天体引潮力作用下,泛大陆的花岗岩层分离并在分布于整个地壳中的玄武岩层之上发生漂移,逐渐形成了现代的海陆分布。

该学说成功解释了许多地理现象，如大西洋两岸的轮廓问题；非洲与南美洲发现相同的古生物化石及现代生物的亲缘问题；南极洲、非洲、澳大利亚发现相同的冰碛物；南极洲发现温暖条件下形成的煤层等。但它有一个致命弱点——动力。根据魏格纳的说法，当时的物理学家立刻开始计算，利用大陆的体积、密度计算陆地的质量，再根据硅铝质岩石（花岗岩层）与硅镁质岩石（玄武岩层）摩擦力的状况，算出要让大陆运动需要多么大的力量。物理学家发现，日月引力和潮汐力很小，根本无法推动广袤的大陆。因此，大陆漂移学说在兴盛了十几年后就逐渐销声匿迹了。

❷ 学说的沉浮与曲折

在科学史上，新理论的提出者往往会受到怀有偏见的指责，一些人总是试图将已开始的科学革命扼杀在萌芽状态，不幸的是这是一种普遍现象。魏格纳不仅提出的假说本身受到攻击，而且因为他没有专业文凭，不是地质学家，而是一位德国气象学家，因此他被拒绝参加地质学会议，耶鲁大学古生物学名誉教授查理·舒克特当时把大陆漂移假说称为"德国理论"，而且他以明显赞同的态度引用特迈（法国地质勘探局局长）的话说：魏格纳的理论仅仅是"一个漂亮的梦，一个伟大诗人的梦"，当人们试图拥抱它时，将发现"他得到的只是一堆泡沫和一缕清烟"。而且在舒克特看来，"魏格纳的归纳太轻率了，根本不考虑地质学的全部历史"，他只是一个局外人，一个在古生物或地质学领域中没有做过任何实际工作的人。舒克特断定："一个门外汉把他掌握的事实从一个学科移植到另一个学科，显然不会获得正确的结果。"

由于大陆漂移说的革命性质，必须有比通常更为有力的证据才能使这一理论获得科学家共同的支持。要使任何根本性的或彻底的变革为科学界所接受，要么必须有无懈可击或无可辩驳的证据，要么必须有超过一切现有理论的明显的优越性。显然，在20世纪20～30年代，魏格纳的理论尚不具备上述两个条件。事实上，直到50年代以后人们才找到了这种"无懈可击"的证据。而且，接受魏格纳的观点就意味着必须对全部的地质科学进行彻底的重构。显然，在缺乏无可辩驳的证据的情况下，人们当然不愿意这样做。

尽管魏格纳的大陆漂移理论长时间处于被批判阶段，但这并不意味着他的思想没有引起注意或没有追随者。事实上，20世纪20年代，国际科学界早已就此展开了一系列全球性的激烈论战。1922年4月，著名的《自然》杂志刊登了一篇未署名文章，对魏格纳著作的第二版（1920年）进行了评论。这篇文章详细概括了魏格纳理论的基本观点，并希望这部著作的英文版能早日面世。文章的作者指出，如果魏格纳的理论最终被证实,将会发生一场与"哥白尼时代天文学观念的变革"相似的"思想革命"。

为什么魏格纳假说在诸多方面招致反对呢?首先,它直接反对几乎所有地质学家和地理学家的传统思想。这些人从懂事时起受到的一直就是旧有理论的教育,这种理论认定大陆是静止的,地表是固定不动的。大陆漂移说则认为,陆地之间存在一种相对的横向运动。这个大胆的设想就像哥白尼学说刚提出时一样,在世人眼中是荒谬的"异端"。其次,魏格纳的假说也由此带来了新的问题,正如地球物理学家哈·杰弗里斯等人很早就指出的,大陆漂移似乎需要巨大的、几乎无法想象的动力,它远远超过魏格纳本人提出的潮汐力和极地漂移力。争论的焦点似乎可以用形象的语言加以描绘:"脆弱的陆地之舟,航行在坚硬的海床上。"一般人都认为,这显然是不可能的。

魏格纳将自己的论点建立在地质学和古生物学论据的基础之上,他认为,大陆漂移(或称运动、移动)的两个可能的原因是:月亮产生的潮汐力和"极地漂移"力,即由于地球自转而产生的一种离心作用。但是,魏格纳知道,大陆运动的起因这一难题的真正答案仍有待继续寻找。他在 1962 年的著作中写道,大陆漂移理论中的牛顿还没有出现。这话与当年居维叶、范托夫和其他一些人的心态是多么的相似。他承认,"漂移力这一难题的完整答案,可能需要很长时间才能找到"。现在看来,魏格纳最根本也是最富创造力的贡献在于,他首次提出大陆和海底是地表上的两个特殊的层壳,它们在岩石构成和海拔高度上彼此不同这样一个概念。在魏格纳所处的时代,大多数科学家认为,除了太平洋以外,各大洋都有一个硅铝层海底。魏格纳的基本思路后来为板块构造说所证实。

魏格纳的大陆漂移说被认为是与达尔文的生物进化论、爱因斯坦的相对论以及宇宙大爆炸理论和量子论并列的百年以来最伟大的科学进展之一。但这个驱动大陆漂移的动力源是什么,一直困扰着全世界的地质学家。那么这个驱动大陆漂移的力到底是什么呢?

1930 年 4 月,魏格纳率领一支探险队,迎着北极的暴风雪,第 4 次登上格陵兰岛进行考察,在零下 65℃的酷寒下,大多数人失去了勇气,只有他和另外两个追随者继续前进,终于胜利地到达了中部的爱斯密特基地。同年 11 月 1 日,他在庆祝自己 50 岁的生日后冒险返回西海岸基地。在白茫茫的冰天雪地里,他失踪了。直至第二年 4 月他的尸体才被发现,他冻得像石头一样与冰河浑然一体了。

大陆漂移说在 20 世纪 20～40 年代进入低潮,但活动论的支持者仍在探讨研究大陆漂移理论。英国的 J. 乔利在 1925 年提出"放射性热循环说",霍姆斯于 1928 年提出"地幔对流说",南非的 A. L. 杜多瓦于 1937 年提出"大陆船说",还有瑞士的 E. 阿尔冈、美国的 R. A. 戴利等也表达了活动论的观点。所有这些,都为

20 世纪 50 年代活动论的再次兴起准备了条件。

　　进入 20 世纪 50 年代，"大陆漂移说"居然在一个完全不相干的领域里东山再起，这个完全不相干的领域就是研究古代地球磁场的学科——古地磁学。今天地球的两个磁极——南磁极和北磁极几乎是固定不动的，但是随着时间的推移，在漫长的地质历史上其位置是移动的并发生过逆转。根据古地磁学，科学家复原了以往各个地质时期生成的岩石当初的磁场，由此推定了南北磁极的位置。磁极随时间推移而形成的移动轨迹，被称为"极移动曲线"。1950 年，英国的基斯·兰卡恩和帕特里克·布兰科特等，根据对欧洲大陆和北美洲大陆各地质时期岩石中残存磁场的精确测定，成功地得到了"极移动曲线"。地球只存在南磁极和北磁极两个磁极，从各个大陆研究得来的南磁极或北磁极的"极移动曲线"理应是一致的。而磁极的移动和变化情况各个地域彼此不同，这表明每块陆地各自在独立地运动着。兰卡恩等人求得的两条"移动曲线"形状相似却沿经线偏离。如果把大西洋两边的北美大陆和欧洲大陆合在一起，那对应的"移动曲线"恰好能够吻合。这个事实正好说明了大陆漂移具有可能性。由于导致大陆漂移的动力问题没能解决，所有的地球科学家对"大陆漂移说"始终不予理会，不过"大陆漂移说"却因古地磁学的发现而峥嵘再现。

　　推动魏格纳的基本思想复兴的第二条研究线索是关于海底山脉的研究。海洋和内陆湖泊大约覆盖了地球表面的 70％。由于关于海底的特征与本质的知识在 20 世纪 30～40 年代还相当粗浅。20 世纪 50 年代伊始，在第二次世界大战中开发的新技术被广泛用于海洋观测，比如采用声呐装置观测海底地形，利用海洋磁场仪探测海底磁场异常情况等。通过这些探测，科学家终于搞清全球海底被称为"海岭"的巨大海底山脉是彼此相连的。在海底山脉中位于大西洋中部的大西洋中央海岭，魏格纳在世时人们就不陌生。但是，类似的海岭存在于太平洋、印度洋、北冰洋等地球所有的海洋，像网络一样分布在海底。在大西洋中部南北走向绵延 1 万公里以上的中央海岭的中段，还存在一个"大规模的谷地"，科学家还发现，这个"中央谷地"与中央海岭并排相连。于是有科学家提出，大西洋正是地球的裂缝，海底也许就是在这里扩张的。随后科学家又测定出从地球内部涌流出的地壳热流量，也了解到从海岭之下的深处似乎正在喷涌出热物质。

　　根据以上探测结果，科学家得出结论：中央海岭下的地幔对流升腾形成海洋地壳，海底由此扩大，这解释了大陆的分裂和移动。构成大陆地壳的物质密度小，地幔就会上浮。大陆下的地幔对流升腾造成大陆分裂，进而地幔向水平方向的运动将大陆推开。"海底扩张说"是普林斯顿大学的哈里·赫斯于 1960 年首次提出来的。他认为，地幔软流层物质的对流上升使海岭地区形成新岩石，并推动整个海底向两侧扩张，最后在海沟地区俯冲沉入大陆地壳下方。该学说描述的是纵贯主要大洋海丘两侧的海底部分持续受到挤压的过程。由于这个观点极为新颖、奇特,以至于赫斯把书中的这一章看作是"一篇地球散文诗"。赫斯指出,逐渐降到海底的巨大海丘是地壳下地幔内熔融物质上涌的出口。这种物质同样沿着海丘的两侧流淌、冷却、固化,最后变成地壳的一部分覆盖在原来的地壳之上。当海丘两侧的地壳以这种方式积累增长时,这种物质(巨大的板块)就会横向离开海丘。既然地球不可能增大,这个板块在增长过程中也不会简单地扩张,那么在远离海丘之外,必定会有一处板块发生分裂。换言之,板块离海丘最远处的边界被挤到另一个板块底下,并最终进入地幔中。这时,板块边缘的水分全部被挤压出来,而板块进入地幔的部分又重新变成了熔融状。这个过程同某种对流"传送带"联系在一起,即从海丘的地幔中带出物质,然后把它传送出去,这些物质最终在远处的海沟附近又再次回到地幔中。

正是海底扩张学说的动力支持,加上新的证据(古地磁研究等)支持大陆确实很可能发生过漂移,从而使大陆漂移学说(板块构造学说也称新大陆漂移学说)开始形成。

③ 现代板块理论

板块构造学说是 1968 年法国地质学家勒皮雄与麦肯齐、摩根等人提出的一种新的大陆漂移说,它是海底扩张说的具体引申。所谓板块指的是岩石圈板块,包括整个地壳和莫霍面以下的上地幔顶部,也就是说地壳和软流圈以上的地幔顶部。新全球构造理论认为,不论大陆壳或大洋壳都曾发生并还在继续发生大规模水平运动。这些板块在以每年 1 厘米到 10 厘米的速度在移动。但这种水平运动并不像大陆漂移说所设想的,发生在硅铝层和硅镁层之间,而是岩石圈板块整个地幔软流层上像传送带那样移动着,大陆只是传送带上的"乘客"。

勒皮雄在 1968 年将全球地壳划分为六大板块:太平洋板块、亚欧板块、非洲板块、美洲板块、印度洋板块(包括澳大利亚)和南极洲板块(如图 5-15)。其中除太平洋板块几乎全为海洋外,其余五个板块既包括大陆又包括海洋。此外,在板块中还可以分出若干次一级的小板块,如把美洲大板块分为南、北美洲两个板块,菲律宾、阿拉伯半岛、土耳其等也可作为独立的小板块。板块之间的边界是大洋中脊或海岭、深海沟、转换断层和地缝合线。一般说来,在板块内部,地壳相对比较稳定,而板块与板块交界处,则是地壳比较活动的地带,这里火山、地震活动以及断裂、挤压褶皱、岩浆上升、地壳俯冲等频繁发生。

板块构造学说是指构成地球固态外壳的巨大板块的运动学说。板块运动常导致地震、火山和其他大地质事件。从本质上来讲,板块决定了地球的地质历史。地球是我们所知道的唯一一个适合板块构造学说的行星。地球板块运动被认为是生

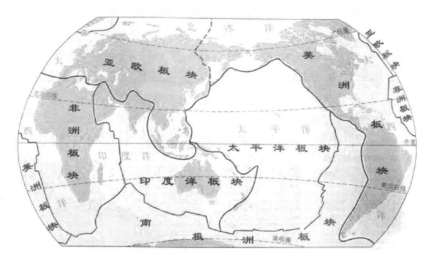

图 5-15　构成地球的六大板块

命进化的必要条件。

根据板块学说,大洋也有生有灭,它可以从无到有,从小到大;也可以从大到小,从小到无。大洋的发展可分为胚胎期(如东非大裂谷)、幼年期(如红海和亚丁湾)、成年期(如目前的大西洋)、衰退期(如太平洋)与终了期(如地中海)。大洋的发展与大陆的分合是相辅相成的。在前寒武纪时,地球上存在一块泛大陆。以后经过分合过程,到中生代早期,泛大陆再次分裂为南北两大古陆,北为劳亚古陆,南为冈瓦那古陆。到三叠纪末,这两个古陆进一步分离、漂移,相距越来越远,其间由最初一个狭窄的海峡,逐渐发展成现代的印度洋、大西洋等巨大的海洋。到新生代,由于印度已北漂到亚欧大陆的南缘,两者发生碰撞,青藏高原隆起,造成宏大的喜马拉雅山系,古地中海东部完全消失;非洲继续向北推进,古地中海西部逐渐缩小到现在的规模;欧洲南部被挤压成阿尔卑斯山系,南、北美洲在向西漂移过程中,它们的前缘受到太平洋地壳的挤压,隆起为科迪勒拉-安第斯山系,同时两个美洲在巴拿马地峡处复又相接;澳大利亚大陆脱离南极洲,向东北漂移到现在的位置。于是海陆的基本轮廓发展成现在的规模。

板块学说提出后,20 世纪 70 年代掀起对许多主要地质问题重新评价和解释的高潮,大陆上的盆地沉积、岩浆活动、造山带以及古生物地理等,特别是古板块的边界和古大陆再造等方面,成为地质学重要的研究内容。美国 C. L. 德雷克首先注意到大陆边缘地质;英国 J. F. 杜威把地槽造山带与板块学说结合,研究了欧美各大造山带;日本上田诚也提出了太平洋型的造山带,都城秋穗研究了日本板块,提出岛弧火山岩序列;英国 A. 海勒姆把古生物地理同板块构造联系起来;美国的 A.

M. 齐格勒和 C. R. 斯科泰塞根据古地磁、古气候等资料做出了古大陆系列再造图；K. C. 康迪以板块观点对全球构造作了综合论述。在 20 世纪 80 年代，他根据北美西部大陆边缘构造的研究，提出了地体概念，以原本不相连接的地体拼合增生，解释复杂的造山带，使板块构造取得进一步的发展。

地球科学革命和新概念的建立还表现在对生物史和地球史的认识方面。20 世纪 60 年代，纽厄尔分析了生物界在地质时期的大量绝灭问题。在生物演化方面，渐变与突变的关系及其相对重要性一直存在争论。20 世纪 70 年代美国的 N. 埃尔德雷奇和 S. J. 古尔德提出了间断平衡论，以突变和渐变的相互交替说明生物演化的总过程。德国的 O. H. 申德沃尔夫于 1963 年提出新灾变论，用地球以外的因素解释生物大量绝灭事件。地球以外因素的周期性规律也被用以解释地史发展中的旋回和阶段划分现象。

20 世纪 80 年代同位素测年技术不断取得古老的岩矿年龄值，将地质史的研究推向远古，引发了人们研究地球早期历史的兴趣。化石处理技术、地球物理探测和岩矿实验技术的提高，开拓了深部地质的研究领域，也为探讨地球早期生物界及环境条件提供了手段。美国的 J. W. 肖普夫对前寒武纪的生物界进行了总结，英国的 B. F. 温德利和加拿大的 A. M. 古德温对早期大陆地壳的发展作了综合的探讨，特别对高级变质区和花岗岩—绿岩带作了研究。德国的 A. 罗吕纳着重讨论了板块机制应用于早期地质的问题，认为与现代可相类比的板块运动大约开始于晚元古代。

板块构造学说证实了魏格纳当年提出的"大陆漂移说"，由于"大陆漂移说"凭借板块运动，于是很长时间里被视为待揭之谜的原动力问题迎刃而解。然而板块构造学说并没有搞清所有的地球活动，板块构造学说证实的只是历经 46 亿年的地球历史中最近 2 亿年的事实，此前的地球活动仍然作为重要的研究课题留至今天，而且导致板块运动的地幔深处的活动，还需要进一步的观测和研究。对于地球的下部地幔和地核的活动，20 世纪 80 年代以来，科学家采用被称为"地震学 X 射线断层摄影法"的技术，利用地震波研究了地球内部的不均匀构造，这种科学手段使研究得到进展。研究结果表明，曾被认为是板块运动原动力的地幔对流的实际状态似乎可以触摸了。对于地球板块构造是从地球演化史的哪一时刻开始形成的，科学家将对部分比 2 亿年前更古老的海底地壳进一步研究，长达 46 亿年的地球演化史的细节也将不断被揭开。

第六章

生物学发展历史

一、生物学的起步

❶ 神话时代的生命解释

人类对天和地的认识，自然要扩展到对人自身的认识以及对一切"活"的东西的认识上。其实在人类的早期，人们对有生命和没有生命的东西是不加区分的，天底下的东西都被认为是活的，包括树木、动物，甚至石头。古人还发现了一个明显的事实：一切东西有繁殖的趋势，在原始人看来，就连石头似乎也能"生育"小卵石，当然，现在看来很荒唐，但人的认识在任何时代都是逐渐形成的，更何况认识复杂的生物现象呢！人类自从有了自我意识起，我是谁？我从哪里来？就一直是古代先人或当时的智者要回答的问题。

对这个问题早期的回答无疑都与幻想和传说有关。关于人类起源的神话传说，各民族都相当丰富，有"呼唤而出""原本存在""植物变的""动物变的"和"泥土造的"等多种传说。埃及神话说人类是神呼唤而出的。埃及人认为远在埃及于世界上出现之前，全能的神"努"就已存在，他创造了天地的一切，他呼唤"苏比"，就有了风；呼唤"泰富那"，就有了雨；呼唤"哈比"，尼罗河就流过埃及。他一次次呼唤，万物一件件出现，最后，他道出"男人和女人"，转眼间，埃及就住满许多人。造物工作完成，努就将自己变成男人外形，成为第一位法老王，统治大地人类。

认为人类是植物所变的为日耳曼神话，它说天神欧丁有一天和其他的神在海边散步，看到沙洲上长了两棵树，其中一棵姿态雄伟，另一棵姿态绰约，于是下令把两棵树砍下,分别造成男人和女人,欧丁首先赋予其生命,其他的神分别赋予其理智、语言、血液、肤色等,成为日耳曼人的祖先。人类是由动物变的这类神话也相当常见。澳大利亚神话中说人是蜥蜴变的;美洲神话则说人是山犬、海狸、猿猴等变的;希腊神话也说某族人是天鹅变的,某族人是牛变的。我们由这种"动物变人"的神话中,可以发现很接近进化论的说法,尤其是美洲神话中说人是猿猴变的,就完全与进化论相吻合,这种巧合,很耐人寻味。

我国神话论及人类起源的有数种,比较早的说法是《淮南子·精神篇》:"有二神(阴、阳二神)混生,经天营地……类气为虫(混浊的气体变成虫鱼鸟兽),精气为人(清纯的气体变成人)。"这种说法并未受多大重视。晚一点的说法则指盘古垂死化为万物之时,身上的寄生虫变为人类。盘古神话叙事见于《三五历纪》《五运历年记》《述异记》等。如《五运历年纪》说:"(盘古)身之诸虫,因风所感,化为黎甿(人)。"此种说法也没有流传开来。另一种说法是指人类由黄帝所造,然后由其他的神上骈和桑林赋予四肢五官,见《淮南子·说林篇》:"黄帝生阴阳,上骈生耳目,桑林生臂手……"这种说法很有趣,和日耳曼所述的很相似,可惜"上骈"和"桑林"是什么样的神,在其他古籍中并无叙述。

在所有神话中,"泥土造人"的说法最多,也最广为流传。如新西兰神话说人是天神滴奇用红土和自己的血制成;美拉尼西亚人也这样说;希腊神话说神从地球内部取出土与火,派普罗米修斯和埃皮米修斯兄弟,分别创造动物与人类,并赋予人类种种个性和智慧。在所有神话里,最引人入胜的泥土造人故事,要数我国的女娲造人和《圣经》里的上帝造人。

传说盘古开辟天地之后,不知经过多少年,忽然在天地间出现女娲。女娲在这荒凉天地中感到寂寞,有一天,她对着水,照见了自己,心想要是天地间能有几个长得像自己一样的,彼此说说话,该有多好!她不自觉地抓泥土,和上了水;照自己的形体捏出泥偶,放在地上,迎风一吹,便成为活跳跳的东西,于是起名为"人"。最初女娲一个接一个继续不停地造人,但进度缓慢,终于感到吃力,为快速造人,以填补辽阔的大地,她背靠山崖,顺手摘下藤条,懒懒地在和了水的泥浆里搅着,然后一甩藤条,洒落许多泥点,这些泥点落在地上,经风一吹,都变成了人,于是不停地挥动藤条,大地上的人也不断的增多了。

《圣经》里的上帝造人故事记载在

图6-1　女娲造人

旧约的创世纪之中,说上帝花了五日时间创造了天地万物,到第六日他说:"我们要照着我们的形象,按着我们的样式造人……"于是用地上的尘土造人,将生气吹进人的鼻孔后,就成为活生生的男人,取名亚当。不久便取下亚当的"一条肋骨",造出了夏娃。

当然,神话毕竟是对自然界无法解释的事物和现象的一种想象,并不是科学。作为自然科学的分支领域,生物学的概念直到 19 世纪才出现。据考证,现代意义上生物学(Biology)一词在 1800 年才被独立使用。在使用该词之前,有很多术语被用于动物和植物的研究。在西方,一度博物学盛行。博物学(Natural History)是一个很广泛的概念,除指生物学的描述外,也包括矿物学和其他非生物领域。此外,当时的自然哲学(Natural Philosophy)和自然神学(Natural Theology)也包含生物学概念及动植物生命的形而上学基础,描述了为什么生物存在和它们行为的问题,虽然这一主题通常也包括现在的地质学、物理学、化学及天文学。而生殖生理学(Physiology)和(植物)药物学在当时还属于医学的范畴。

图 6-2　神话传说中的伊甸园

18～19 世纪,植物学(Botany)、动物学(Zoology)以及(在化石的情况下)地质学(Geology)已经出现,并逐渐取代了博物学和自然哲学。按照现在人们对生物学的理解,生物学是从分子、细胞、机体乃至生态系统等不同层次研究生命现象的本质、生物的起源进化、遗传变异、生长发育等生命活动规律的科学。其包含的范畴相当广泛,包括形态学、微生物学、生态学、遗传学、分子生物学、免疫学、植物学、动物学、细胞生物学、环境化学等。

尽管现代意义的生物学诞生较晚,但人们对生物规律的探索早就存在,并依附于传统医学等学科,经历了从萌芽期到发展成熟的过程。原始人就已开始栽培植物、饲养动物,并有了原始的医术,这一切成为生物学发展的启蒙。到了奴隶社会后期和封建社会,人类进入了铁器时代。随着生产的发展,出现了原始的农业、牧业和医药业,有了生物知识的积累,植物学、动物学和解剖学进入搜集事实的阶段,人们在搜集资料的同时也进行了初步的整理。

❷ 古希腊的生物学

生物学的英文单词 Biology 来自于古希腊语,由古希腊语的 βíos（bios）（意为"生命"）加上后缀"-logy"（意为"科学""……的知识"或"……的学问"）。即希腊人认为生物学是关于生命的学问。对古代生物学研究做出贡献的学者有亚里士多德（研究形态学和分类学）和古罗马的盖仑（研究解剖学和生理学），他们的学说整整统治了生物学领域 1 000 多年。

亚里士多德对研究动、植物有浓厚的兴趣。他一生研究了 500 多种动物,并至少亲自解剖、观察了 50 多种动物。由于亚里士多德运用观察和解剖方法研究动物,从而掌握了丰富的动物知识,并通过对经验知识的归纳和整理,大大推动了生物科学研究的发展。他对动物分类、动物的形态解剖构造、动物的繁殖与胚胎发育等方面都作出了概括性描述。在亚里士多德之前,西方没有人进行过动物的系统分类,而亚里士多德对生物学的最大贡献,是他提出了一个动物的分类系统。

亚里士多德根据动物体内的血液颜色将动物分为有红色血液动物与无红色血液动物两大类。有红色血液动物相当于现在的脊椎动物,属于高等动物,而"无血动物"有类似于血的体液,但无色无热,属于低等动物,无红色血液的动物。他还指出,"一切有红色血液的动物,其身体都具备有某种形式的脊骨。或由骨组成,或由刺组成。"他又将有血动物分为四类,即:(1)胎生四足兽类,包括全部哺乳动物。亚里士多德正确地将蝙蝠和鲸也列为哺乳动物;(2)卵生四足动物,包括爬虫类和两栖类动物;(3)鸟类;(4)鱼类。无红色血动物也分为四类,即:(1)软件动物类(相当于现在代分类中头足类);(2)软甲动物类(相当于现在的甲壳动物);(3)介壳动物类(相当于现在的软体动物类);(4)虫类(包括现在的昆虫纲、蜘形纲、多足纲类动物)。在生物学历史上,亚里士多德被认为是分类学之父。他的"有血的"和"无血的"分类一直被人们沿用了很长一段时间,直到后来拉马克将它改名为"脊椎动物"和"无脊椎动物"。

亚里士多德对多种动物的胚胎发育进行了研究。他认为动物的生殖方式和初生时成熟程度,可作为区别动物的标志。他正是由解剖观察了鲸是胎生的并是肺呼吸的,所以尽管鲸外形像鱼,但他仍然将它放在四足类(哺乳类)中。亚里士多德比较了沙鱼卵、鸟卵、蛙以及各种虫卵的发育情况,他们虽然都是卵生的,但又各不相同。亚里士多德不仅注意到动物构造上的差异,而且也注意到它们之间的联系。他发现在自然中,不存在一种动物同时具备有长牙和角。他认为这是因为野兽不需兼具角和长牙来保护自己。他还发现,反刍动物有一种多重胃,就是为补偿他们不发达的牙齿。亚里士多德的解释,往往带有目的论色彩,但他的观察确实是细致和敏锐的。他的器官相关学说对后来生物学的发展有很大的影响。

亚里士多德对有些动物习性的观察也是很精细的。例如,他对麻醉鱼的捕食行为作了这样的描述:"对于它所要捕捉的生物,先使用它身上所具有的震动性能,使之麻木,然后吃掉它。它也隐身于泥沙的浑水中,捞取所有游近而进入它能使麻震范围以内的生物。"这里提到的麻醉鱼就是现在的电鳐。它能释放出电流,电麻周围鱼类。亚里士多德当时虽不知道电为何物,但他已相当准确地描述电鳐的习性,这显然是细致观察的结果。亚里士多德曾考察过一种大鲶鱼的繁殖情况。他发现这种大鲶鱼从卵中生长特别缓慢,因此雄鱼得伺守四十至五十天,以防止其卵被其他鱼类吞食。后来人对亚里士多德有关大鲶鱼的观察描述,曾持怀疑态度。因为学者们发现欧洲的鲶鱼不像亚里士多德所描述的那样,雄的要伺守着鱼卵。到 19 世纪已有人发现,美洲的鲶鱼确有类似情况,不仅如此,1856 年,人们终于在希腊的一条流入科林斯湾的阿凯鲁斯河中看到雄性大鲶鱼伺守鱼卵的情况,证实了亚里士多德的正确观察,其描述并非虚言。

事实上,科学的生物学分类是由瑞典生物学家卡尔·冯·林奈完成的。1735 年在他重要的著作《自然系统》一书中,自然界被划分为三个界:矿物、植物和动物。1753 年他出版了《植物种志》,建立了动植物命名的双名法,他首先提出界、门、纲、目、科、属、种的物种分类法,至今被人们采用。在林奈之前,命名一个物种需要很长的包括许多单词的名称,其中包括了对物种的描述,并且这些名称不固定。林奈将物种名称统一成两个单词的拉丁文名称,即学名,由此分开了命名法和分类法。

③ 中国古代的生物学

中国古代生物学,更侧重于研究农学和医药学。大约成书于北魏末年(公元 533~544 年)的《齐民要术》是一部综合性农书,位居中国古代五大农书之首,其作者为贾思勰。该书记述了黄河流域中下游地区的农业生产,概述农、林、牧、渔、副等部门的生产技术知识,其中包含大量的生物学思想。比如,提出了选育良种的重要性以及生物和环境的相互关系问题。贾思勰认为,种子的优劣对作物的产量和质量有举足轻重的作用。以谷类为例,书中共搜集谷类 80 多个品种,并按照成熟期、植株高度、产量、质量、抗逆性等特性进行分析比较,同时说明了如何保持种子纯正、不相混杂,种子播种前应做哪些工作,以期播种下去的种子能够发育完好,长出的幼芽苗壮健康。

书中记载了许多关于植物生长发育和有关农业技术的观察资料。如种椒,书中讲述了椒的移栽,说椒不耐寒,属于温暖季节作物,冬天时要把它包起来;又如种梨,书中说梨的嫁接"用根蒂小枝,树形可喜,五年方结子。鸠脚老枝,三年即结子而树丑"。书中还有许多类似记载,其中最为可贵的是栽树,书中描述果树开花期于园中堆置乱草、生粪、温烟防霜的经验。书中认为下雨晴后,若北风凄冷,则那天晚上一定有霜，据此人们可以预防作物被冻坏，从而避免损失。另外还可采用放火产生烟，从而可以防霜。

此外，书中叙述了养牛、养马、养鸡、养鹅等方法，指出如何使用畜力，如何饲养家畜等，还提出如何搭配雌雄才恰到好处。书中还记载了兽医处方48例，涉及外科、内科、传染病、寄生虫病等，提出了及早发现、及早预防、发现后迅速隔离、讲究卫生并配合积极治疗的防病治病措施。

另外，宋代科学家沈括在其著作《梦溪笔谈》中，有关生物学的条目近百条，记载了生物的形态、分布等相关资料。中国古代对动植物的分类、关于遗传育种的研究、医药学方面都有很多成就。两部古典的中医名著中有对人体的认识，以及对中国医学独特的针灸、脉诊等技术的描述。

我们的祖先在长期的辛勤劳动中，总结出许多关于动植物方面的朴素知识。《诗经》提到的植物有143种，动物有109种。当时人们并没有自觉地对动植物进行分类，不过已经有了动植物品种的概念。当时，人们还对树木进行简单分类，如《小雅·伐木》中记载"出自幽谷，迁于乔木"，《周南·葛覃》中出现"黄鸟于飞，集于灌木"诗句。这些诗句中出现的"乔木""灌木"植物术语，一直沿用至今。

春秋战国时期，首先出现了"动物""植物"两个词语。如《周礼·地官·司徒》中已经将常见的生物分为动物和植物两大类，又根据生物的外在形体特征和生长环境将动物分为"毛物""鳞物""羽物""介物"和"赢物"5大类，将植物相应地分为"皂物""膏物""覈物""荚物"和"丛物"。其次人们又进一步将动物分为"大兽"和"小虫"两大类。为了祭祀祖先的需要，人们将大兽分为五种，主要指脊椎动物。根据行走的形态和鸣叫的器官，大部分昆虫又被分为12个小品种。

秦汉时期，我国对动植物的分类有了比较完整的认识，这主要体现在《尔雅》最后7篇：《释草》《释木》《释虫》《释鱼》《释兽》《释鸟》和《释畜》，即将植物分为草、木2类，动物分为虫、鱼、鸟、兽4类。有的分类也比较科学，如《释兽》中列举的60多种动物，均属于兽类，与现在生物分类学上的兽类相吻合。有的分类则不妥当，如《释鱼》中记录的动物虽以鱼类为主，但还包括了爬行类、两栖类动物、软体动物等。大致相当于鱼类、两栖类、爬行类。

关于药用动植物的分类，南北朝时陶弘景在《神农本草经》(原书已佚)基础上编成的《神农本草经集注》，按照药用动植物的用途分为玉石、草、木、虫、兽、果菜、米食等七类，这是动植物分类的重大发展。明代著名医药学家李时珍历经27个寒暑，三易其稿，于1590年完成了192万字的巨著《本草纲目》，这本本草学巨著，在动植物分类方法上，在继承前人基础上有所突破。采取以纲统目、析族区类的综合分类法。以16部为纲，60类为目。药用动物分为虫、鳞、介、兽、人等类，基本上沿袭了《考工记》中所反映的分类方式,但是在排列次序上都表现了动物由低级向高级的发展顺序,这是一大进步。植物部分按照草、谷、菜、果、木排列,体现"从微至巨"的原则,注重生态特征。在各部中,又分别按照生殖方式、形态特点、生态环境、实用价值进行进一步分类。并把各类中外在形态相近物种排列在一起,表示族或属的存在。从分类等级上已经区别出界、纲、目、类、种五级,在当时处于世界上先进水平。此外,李时珍对脉学及奇经八脉也有研究,著述有《奇经八脉考》《濒湖脉学》等多种。

④ 古代医学对人的生物学探索

被西方尊为"医学之父"的古希腊著名医生希波克拉底,他提出了"体液学说",认为人体由血液、黏液、黄胆和黑胆四种体液组成,这四种体液的不同配合使人有不同的体质。他把疾病看作是发展着的现象,认为医生所应医治的不仅是病而是病人,从而改变了当时医学中以巫术和宗教为根据的观念。希波克拉底主张在治疗上注意病人的个性特征、环境因素和生活方式对患病的影响。重视卫生饮食疗法,但也不忽视药物治疗,尤其注意对症治疗和预后。他对骨骼、关节、肌肉等都很有研究。他的医学观点对以后西方医学的发展有巨大影响。因为那时,古希腊医学受到宗教迷信的禁锢。巫师们只会用念咒文、施魔法、进行祈祷的办法为病人治病。这自然是不会有什么疗效的,病人不仅被骗去大量钱财,而且往往因耽误病情而死去。

公元前 430 年,雅典发生了可怕的瘟疫,许多人突然发烧、呕吐、腹泻、抽筋,身上长满脓疮,皮肤严重溃烂。患病的人接二连三地死去。没过几日,雅典城中便随处可见来不及掩埋的尸首。对这种索命的疾病,人们避之唯恐不及。但希波克拉底却冒着生命危险前往雅典救治。他一边调查疫情,一边探寻病因及解救方法。不久,他发现全城只有每天和火打交道的铁匠没有染上瘟疫。他由此设想,或许火可以防疫,于是在全城各处燃起火堆来扑灭瘟疫。

希波克拉底在西方还被人们尊为"医学之父",他留给后世的还有著名的"希波克拉底誓言",这是希波克拉底警诫医生职业道德的圣典,是向医学界发出的行业道德倡议书,是从医人员入职第一课要学的重要内容,也是所有医护人员言行自律的要求,而且要求正式宣誓。其中部分内容如下:"我以阿波罗及诸神的名义宣誓:我要恪守誓约,矢忠不渝。对传授我医术的老师,我要像父母一样敬重。对我的儿子、老师的儿子以及

图 6-3 希波克拉底誓言

我的门徒,我要悉心传授医学知识。我要竭尽全力,采取我认为有利于病人的医疗措施,不给病人带来痛苦与危害。我不把毒药给任何人,也决不授意别人使用它。我要清清白白地行医和生活。无论进入谁家,只是为了治病,不为所欲为,不接受贿赂,不勾引异性。对看到或听到不应外传的私生活,我决不泄露。如果我违反了上述誓言,请神给我以相应的处罚。"

古罗马时期也出现了一位有影响的医学大师,他名叫盖伦。盖伦也是解剖学家。他一生专心致力于医疗实践解剖研究。盖伦的最基本的理论是生命来自于"气"。盖伦提出脑中的"动气"决定运动、感知和感觉,心的"活气"控制体内的血液和体温,肝的气控制营养和新陈代谢。他认识到人体有消化、呼吸和神经等系统。

盖伦的最重要成就是建立了血液的运动理论和对三种灵魂学说的发展。盖伦认为肝是有机体生命的源泉,是血液活动的中心。已被消化的营养物质由肠道被送入肝脏,营养物在肝脏转变成深色的静脉血并带有自然灵气。带有自然灵气的血液从肝脏出发,沿着静脉系统分布到全身。它将营养物质送至身体各部分,并随之被吸收。肝脏不停地制造血液,血也不断地被送至身体各部分并大部分吸收,而

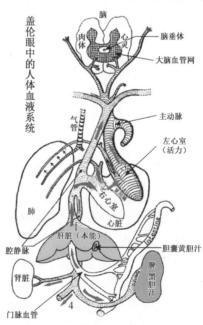

1. 血液在肝脏中产生;
2. 血液从肝脏流往右心室;
3. 血液通过室间隔进入左心室并流往脑部;
4. 血液流往全身各器官并随之消失。

图6-4 盖伦设想的人体血液系统

不是循环运动。盖伦认为心脏右边是静脉系统的主要分枝。从肝脏出来进入心脏右边（右心室）的血液，有一部分自右心室进入肺，再从肺转入左心室。另有部分可以通过所谓心脏间隔小孔而进入左心室。流经肺部而进入左心室的血液，排除了废气、废物并获得了生命灵气，而成为颜色鲜红的动脉血。带有生命灵气的动脉血，通过动脉系统，分布到全身，使人能够有感觉和进行各种活动，有一部分动脉血经动脉而进大脑，在这里动脉血又获得了动物灵气，并通过神经系统而分布到全身。盖伦认为血液无论是在静脉或是动脉中，都是以单程直线运动方法往返活动的，它犹如潮汐一样一涨一落，朝着一个方向运动，而不是作循环的运动。

盖伦的这些观点无疑是错误的，但他在描述性生物学方面作出了重要贡献，他对人体许多系统解剖结构的系统描述以及结合解剖构造对血液运动的系统论述，都在生物学史上产生了很大的影响。

二、细胞学说的产生

❶ 显微镜下的生物世界

1590 年，在荷兰的米德尔堡有一位名叫詹森的眼镜商。一天晚上，詹森做了两个圆筒，一个圆筒的一端嵌着一块双凸透镜，另一个圆筒的一端嵌着一块双凹透镜。他拿着这两个圆筒，左右比试着。突然，他发现从双凹透镜前看自己放在双凸透镜一端的手指好像粗了很多，他又去捉了一只小甲虫放在下面观察，小甲虫确实也变大了！于是，詹森开始琢磨起新式放大镜。经过一段时间的研制，他终于造出了一台能够看清很小物体的显微镜。当然，当时还不叫显微镜，因为它只是一件有趣的玩具，初期都用来观察昆虫，所以最初人们叫它"蚤眼镜"。

显微镜不像望远镜那样，发明后立即在科学上做出了重大发现而引起人们的重视。它能够放大的倍数并不高，即使做得放大倍数高了，所看到的东西却变了形，而且边缘还有颜色。改进显微镜并将它用于科学研究的工作自然而然地落到了后人的肩上。

1665 年，30 岁的英国科学家罗伯特·胡克在波义耳的实验室里当助手，工作之余，改制显微镜便成了胡克的一个业余爱好。他用改制后的显微镜来观察各种物体的放大形象。一天晚上，胡克拿出一片软木塞片放到了显微镜下观察。他发现软木塞片有着其他物体所没有的微观结构——它表面全都是多孔多洞的，如许多规则的小室，很像一只蜜蜂的蜂窝。于是胡克把这些"小室"称为 cell（中文译名"细胞"）。胡克所指的"细胞"当然与现在的细胞不同，它们实际是那些一度被活的物质所占据过的小格子。但以后的科学家沿用了胡克的概念,用"细胞"一词描述生命的基本结构单位。所以,在英文里,细胞与蜂房的巢室是同一个词汇。

胡克又用这个显微镜观察过萝卜、芜菁等其他植物,也观察到了它们所具有的类似的细胞结构。只是胡克本人是物理学家,对生物学兴趣不大,因此很快他就不再对细胞进行深入研究了。不过,胡克对显微镜的改制,使得显微术广为流传开来;他还将他观察到的许多东西汇编成一本书,书名叫《显微图志》。这本书记录下了人类最早发现细胞的许多珍贵资料。

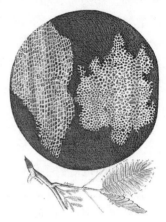

图 6-5　胡克在显微镜下看到的多孔多洞的"小室"

几乎与胡克同时期还有个名叫列文虎克的荷兰人,他由于从小就有磨制镜片的训练,因此也对显微镜进行了许多改进。他将磨好的镜片夹在两层钻有小孔的铜片之间并将铜片铆在一起,在铜片上还有微调器可以调节焦距。据说,他最好的显微镜可以把物体放大 270 倍。列文虎克就是使用这种自制的显微镜于 1674 年开始进行科学观察。他是第一个真正观察到活细胞的科学家。

这一年,他通过显微镜首先发现了原生动物:轮虫、滴虫、细菌等,它们的长度虽然很小,但是,它们确实是活的,是有生命的东西。他还对红细胞和动物精子进行了精确的描述。以后,他又观察牙齿缝中积留的牙垢的水溶液,发现了微生物。他将蝌蚪的尾巴放在显微镜下,观察到了 50 多处微细血管中的血液回流,证明了动脉与静脉实际上是一根连续的血管……列文虎克的这些发现,在生物学史上开辟了一个崭新的研究领域,他成了在显微镜下观察到微生物和原生动物的第一人。

② 施莱登建立细胞学说

在胡克发现细胞后的近 170 年中,人们用光学显微镜相继发现了一些不同类型的细胞,但对细胞的认识基本上没什么新的进展。直到 19 世纪 30 年代,显微镜制造技术有了明显的改进,分辨率提高到 1 微米以内;同时还由于切片机的制造成功,从而对细胞的观察有了许多新的进展,细胞核、核仁、细胞的原生质等被揭示,人们才真正认识到细胞的生物学意义。

1938～1939 年,德国植物学家施莱登和解剖学家、生理学家施旺通过各自的研究工作,指出细胞是动植物的基本结构和生命单位,建立了细胞学说。这是1665 年英国的胡克发现细胞以来,第一次进行的理论性概括,它阐明了植物界与动物界在生命本质上的统一性,成为人们认识自然界的一次重大飞跃。

施莱登于 1804 年生于德国汉堡,他早年在海德堡大学学习法律,毕业后回家乡从事律师工作,曾经因为工作不顺利,精神抑郁而自杀未遂。1831 年,他放弃律师工作去哥廷根大学学医,1835 年以后,施莱登相继在柏林大学和耶拿大学学习医学和植物学。直到 1839 年,在他 35 岁的时候,才在耶拿大学获得博士学位,之后他便开始在耶拿大学教授植物学。施莱登是一位性情古怪却很有才干和创造力的科学家。他才思敏捷,善于抓住问题的本质,这使他在科学上获得很大成就。但他为人傲慢,易于激动,看问题常带主观片面性,也使他在工作中出现不少错误。

施莱登对当时植物学界的林奈学派主要从事植物标本的采集、分类、鉴定、命名,而忽视植物的结构、功能、发育、受精和生活史的研究感到不满。他主张植物学应该以一切可能的手段研究生命有机体,研究植物的构造、生长和发育。他以对科学的敏感性,从布朗发现的而未被人们重视的细胞核入手,观察早期花粉细胞、胚珠和柱头组织内的细胞核,发现幼小的胚胎细胞内有细胞核存在,联想到细胞核一定与细胞发育有密切关系,进一步考虑细胞的产生和形成问题。

根据观察和研究,他提出所有的植物,不论其复杂程度如何,都是由各种不同的细胞组成的。这些细胞又是以相同的方式产生的。因此细胞是一切植物结构的基本生命单位,一切植物都是以细胞为实体发育而成的。在植物体内,细胞的生命现象有两重性,一方面是独立性,能独立地维持其自身的生长和发育,另方面是附属性,是构成植物体的一个综合的组成部分。1838 年,还是学生的施莱登在弥勒主编的《解剖学和生理学文献》杂志上,发表了著名的《论植物发生》一文。在这篇文章中,他系统阐述了细胞学说。

尽管施莱登对细胞的原生质流动有过精确的描述,但他根据对各种显花植物胚囊的观察研究,主张细胞自由形成说,他认为细胞是由存在于细胞内或细胞间的液体或胶状的"芽基"或"细胞形成质",经过浓缩先形成核仁,再形成细胞核,最后形成包围着细胞核的细胞质而成的,就像一种结晶过程。他的这个主张以及把花粉管看成是雌性生殖器官,都是错误的。正是由于他的观点在许多方面还不成熟和完整,对后来的学者的思想才更有激发作用。施莱登对于植物细胞的基本认识,经过施旺扩大到动物界,进一步建立了细胞理论。

❸ 施旺的进一步发展

施旺于 1810 年生于德国的诺伊斯,早年在维尔茨堡及柏林学医,1834 年毕业后,成为柏林解剖研究所著名生理学家缪勒的助手。在缪勒的鼓励下,他在组织学、生理学、微生物学等方面,都有重要的贡献。例如,他发现了包围神经纤维的鞘，后来称施旺鞘。他在研究消化过程时发现的酶，称胃蛋白酶。他研究鸡胚的呼吸，发现也需要氧。他的发酵实验，否定了自然发生说，认为发酵是有机体引起的。

1834~1839 年，他从事动物和植物细胞的显微镜研究，于 1839 年出版《关于动植物结构与生长一致性的显微镜研究》，提出细胞理论。施旺在德国一直没有接受教授的职务。1839 年，他来到比利时，在卢万大学任教授，几年后去列日，一直工作到 1882 年去世。

尽管早在 19 世纪初，就有许多学者试图说明植物界与动物界在基本结构方面的一致性，但由于动植物间从外部形态到内部结构，都有很大差异，特别是动物细胞形式多样，在当时的显微镜下观察比较透明，又没有植物细胞所特有的细胞壁，因此，难以确定其共同性。施莱登曾在缪勒的实验室工作过，并在那里与施旺相识。有一次，施莱登与施旺共进午餐时，谈到细胞核在细胞发育中起着重要的作用。施旺立即想起在研究蛾的神经时，在脊索细胞内见到过类似核的物体。他意识到证明细胞核在脊索细胞和植物细胞的发育中起同样作用这项工作的重要意义。他们一起去施旺的实验室，共同考察了脊索细胞的核。施莱登认为与植物细胞的核很相似。于是，施旺抓住这种动物细胞与植物细胞的相似性，进行深入研究，形成了细胞理论的基础。

施旺与施莱登一样，均坚持细胞自由形成说这一错误的观点。随着显微镜的改进，19 世纪 40 年代，冯·莫尔、冯·耐格里以及克里克尔等学者通过观察研究，发现新细胞是通过分裂形成的。首先是细胞核在母细胞内分裂，然后母细胞分成两个子细胞。1855 年，德国病理学家微耳和又总结了细胞分裂的普遍性，提出"所有的细胞来自细胞"的名言，从而纠正了施莱登和施旺的错误，使细胞理论建立在更科学的基础上。细胞学说对生物学发展具有重大贡献，恩格斯将质量守恒定律、进化论和细胞学说并称为 19 世纪的三大自然科学发现。

从 20 世纪初到 20 世纪中叶，细胞的实验研究和生物化学的结合以及电子显微镜的应用，开辟了细胞学发展的新时代，许多悬而未决的问题都逐个迎刃而解。1933 年德国科学家鲁斯卡在西门子公司设计制造出第一台电子显微镜。电子显微镜的放大倍数比光学显微镜高得多，可达几十万倍。电镜的发明将细胞研究带入一个新的发展时期，人们利用电镜先后观察了细胞各种超微结构，如内质网、叶绿体、高尔基体、核膜、溶酶体、线粒体、核糖体、单位膜等。人们在电镜下所观察到的各种细胞的结构比在光学显微镜下看到的形态要复杂得多。同时，人们还通过超速离心和 X 射线衍射等新方法将细胞内结构和组分分离出来进行研究，将细胞内形态结构和相应功能联系起来，从超微观水平上开展了对细胞的探索。

三、对微生物的认识

❶ 微生物被人类所运用

个体难以用肉眼观察的一切微小生物都统称为微生物（Microorganism）。微生物包括细菌、病毒、真菌以及一些小型的原生生物、显微藻类等在内的一大类生物群体，它们个体微小、种类繁多、与人类关系密切，涵盖了有益与有害的众多种类，广泛涉及食品、医药、工农业、环保等诸多领域。

微生物学作为一门科学诞生于 1674 年，那年荷兰布料商人列文虎克利用自己发明的显微镜去观察事物，透过这个简单的放大镜，他首次看到了微生物。后来，在给伦敦皇家学会的信中，列文虎克这样描述自己所见："在我镜片下有很多微小的生物，一些是圆形的，而其他大一点的是椭圆形的。我看见在近头部的部位有两个小腿，在身体的后面有两个小鳍。另外的一些比椭圆形的还大一些，它们移动得很慢，数量也很少。这些微生物有各种颜色，一些白而透明；一些是绿色的带有闪光的小鳞片；还有一些中间是绿色，两边是白色的；还有灰色的。大多数的这些微生物在水中能自如运动，向上或向下，或原地打转。它们看上去真是太奇妙了！"

如今，人们生活离不开酒，而酿酒可追溯到非常久远的古代。但古人不知道酿酒就是利用微生物发酵来生产含一定浓度酒精饮料的过程，更不会知道，发酵是人们借助微生物在有氧或无氧条件下的生命活动来制备微生物菌体本身或者直接代谢产物或次级代谢产物的过程。今天"发酵"一词几乎家喻户晓，这个词汇在生活中往往使人联想到发面制作大饼、油条、馒头、包子，或者联想到食品酸败、物品霉烂。今天，工业生产上笼统地把一切依靠微生物的生命活动而实现的工业生产均称为"发酵"。

没有微生物理论并不妨碍古人的实践摸索。在据今大约一万多年前，地球上的人类还处于原始社会，在很偶然的情况下，人们发现煮熟的谷类在存放之后会产生一种具有独特香味和甜味的液体，这种液体喝起来十分甜美，在剩余粮食越来越多的时候，人们开始大量生产这种液体，这就是最早的酒。但那时人们并不知道到底是什么因素产生了酒。据考古出土的距今 5 000 多年的酿酒器具表明：传说中的黄帝时期、夏禹时代就存在酿酒这一行业，而酿酒之起源还在此之前。远古时人们可能先接触到某些天然发酵的酒，然后加以仿制。在西方，考古学家在挖掘埃及遗迹时也发现当时用来制作酵母面包的磨石和焙烤室，还发现了 4 000 年前的面包房及酿酒厂的图纸。据考证，我国龙山文化时期酿酒是较为发达的行业。酿酒原料不同,所用微生物及酿造过程也不一样。酒曲酿酒是中国酿酒的精华所在。《齐民要术》记载的制曲方法一直沿用至今,后世也有少量的改进。有一种传说酿酒始于杜康(为夏朝时期的人)。杜康造酒的说法是杜康"有饭不尽,委之空桑,郁结成味,久蓄气芳,本出于代,不由奇方"。译成白话文就是说,杜康将未吃完的剩饭,放置在桑园的树洞里,剩饭在洞中发酵后,有芳香的气味传出。现在可以确定是在殷商时期,古代中国人就利用酵母酿制白酒。汉朝时期,中国人开始用酵母制作馒头、饼等面点。

"发酵"现象早已被人们所认识,但当时人们并不知道其本质。他们只知道要发酵就要有促成发酵的"母体",这也许就是"酵母"一词的来由。酵母就是一些单细胞真菌,也称酵母菌,是人类实践中应用比较早的一类微生物。我国的宋代,人们有了"酵"的提法,所谓的"酵"就是人们在酒缸中把发酵旺盛的酒液表面的浮游物质捞起来,风干后制作成的一种物质,它可以作为下次酿酒用的"酒母",或者叫"酵母"。

1680年,列文虎克首次用显微镜观察到酵母。他成了第一位看清酵母结构的科学家,他还画出了酵母的结构图。此后,法国著名生物学家巴斯德揭开了酿酒的秘密,原来酒精发酵是由活的酵母菌引起的,人们终于认识到了酵母菌的神奇作用。如今,发酵应用范围甚广,涵盖了食品发酵(如酸奶、干酪、面包、酱腌菜、豆豉、腐乳、发酵鱼肉等),酿造(如啤酒、白酒、黄酒、葡萄酒等饮料酒以及酱油、酱、醋等酿造调味品等),以及工业品(如酒精、乳酸、丙酮、丁醇等)等。发酵技术已发展成为一门工程学科和独立的技术。

食品发酵类型众多,若不加以控制,就会导致食品腐败变质。控制食品发酵过程的主要因素有酸度、酒精含量、菌种的使用、温度、通氧量和加盐量等。这些因素同时还决定着发酵食品后期贮藏中的微生物生长的类型,这些技术一方面需要科学给予支持,另一方面其成熟的实践成果也促进了微生物学的发展。近百年来,随着科学技术的进步,发酵技术发生了划时代的变革,已经从利用自然界中原有的微生物进行发酵生产的阶段进入按照人的意愿改造成具有特殊性能的微生物以生产人类所需要的发酵产品的新阶段。

② 巴斯德的著名实验

生命起源于哪里? 这个古老的问题一直困扰着人类。对于个体而言,生命来自一个细胞的分裂,但对于生命群体而言,世界最早的生命来自哪里呢? 这个问题常常与人类的起源问题交织在一起。历史上,关于生命起源,存在几种假说:一是创世说(神创论),认为地球上的一切生命都是上帝设计创造的,或者是由于某种超自然的力量干预产生的,这种假说没有证据证实。二是自然发生说(自生论),认为生命可以在一定条件下从非生命物质或另一种生命形式结束后产生或转化出来，如"腐草生萤""腐肉生蛆"，这种假说已被巴斯德的实验证实是错误的。三是生物发生说（生源论），认为生命的种类和形成只能来自生命，但不能解释地球上最初的生命起源。四是宇宙发生说（宇生论），认为地球上最初的生命来自宇宙间其他星球，如某些生物的孢子可以附着在星际尘埃颗粒上到达地球，使地球具有了初始的生命形式。但至今这一说法还缺少有力的证据。五是化学进化学说（新自生论），认为地球上的原始生命是在地球历史的早期，即原始地球条件下，由非生命物质经过长期化学进化过程而产生的。

人们对生命起源的研究也间接或直接地促进了微生物学的发展，这其中最重要事件就是关于自然发生说的争论。生命起源的"自然发生说"一度特别流行，这一学说又称"自生论"或"无生源论"。它认为生命是从无生命物质自然发生的。如，我国古代认为的"腐草生萤"（即萤火虫是从腐草堆中产生的）、腐肉生蛆等。在西方，亚里士多德就是一个自然发生论者，有的人还通过"实验"证明，将谷粒、破旧衬衫塞入瓶中，静置于暗处，21天后就会产生老鼠，并且让他惊讶的是，这种"自然"发生的老鼠竟和常见的老鼠完全相同。

1688年，意大利宫廷医生佛罗伦萨实验科学院成员F.雷迪率先对"自然发生说"发起了挑战。雷迪对"腐草为萤，腐肉生蛆"这些"事实"深表怀疑。他想：如果以实验摧毁这些显而易见的"事实"，那么"自然发生说"将不攻自破。于是雷迪做了一系列实验。他的实验比较简单，即设置对照组，一组用熟肉汤暴露在空气中，另一种则用一种透气但可阻止苍蝇进入的布料封住瓶口。实验结果可想而知。后来他又做了一系列从老鼠到黄蜂的实验，最终的结论只有一个，就是物种不可能自然发生。

甲　　乙　　丙　　丁

图6-6　雷迪的实验装置

但由于他未能正确解释虫瘿与肠道蠕虫的来源，人们认为低等动物仍可自然发生。当时科学家对微生物的认识还非常肤浅，微生物可以自然发生的信念反而活跃起来，并于18、19世纪达到了顶峰。1745年，英国神父、显微镜学家尼达姆用实验证明即使用各种浸泡液经消毒后，仍有微生物产生，于是他坚持自然发生说。尼达姆由于受到法国博物学家布丰的支持，其观点曾在科学界轰动一时。1775年，意大利生理学家斯帕兰扎尼发现，将肉汤置于烧瓶中加热，沸腾后让其冷却，如果将烧瓶开口放置，肉汤中很快就繁殖生长出许多微生物，但如果在瓶口加上一个棉塞,再进行同样的实验,肉汤中就没有微生物繁殖。这说明微生物是封盖不严所造成,因而确信微生物是从空气带入的。斯帕兰扎尼认为,肉汤中的小生物来自空气,而不是自然发生的。斯帕兰扎尼的实验为科学家进一步否定"自然发生论"奠定了坚实的基础。斯帕兰扎尼的观点在当时已接近胜利,但他的批评者宣称,由于他使浸出液在密闭管内煮沸了45分钟,杀死了管内空气中的"活力",因而影响了自然发生。同时,法国化学家盖·吕萨克证明发酵和腐烂都必需有氧,也使反对意见得到支持,斯帕兰扎尼的观点未能取胜。

1837年,施万改进了斯帕兰扎尼的实验,通入事前经过加热或"焙烧"的空气,并以青蛙仍能在其中生活,证明并未影响"活力"的存在。但施万的实验由于存在某些技术问题,结果并不稳定。其后一些学者采取措施消除空气中的微生物,但也未能保证实验取得成功。因而自然发生的观点仍旧屹立不倒。

1859年,达尔文《物种起源》发表,震惊了当时学术界,这给法国微生物学家路易·巴斯德一个重要的启示,生命是逐渐进化的,现代的生物是以前的生物演变来的。那么自然发生论就可能有问题。1860年,巴斯德设计了一个简单但令人信服的实验,彻底否定了自然发生说。

巴斯德用两种瓶子(曲颈瓶、直颈瓶),里面分别放着肉汁,带有弯曲细管的瓶中,弯管是开口的,空气可无阻地进入瓶中(这就使那些认为斯帕兰扎尼的实验使空气变坏的人无话可说),而空气中的微生物则被阻而沉积于弯管底部,不能进入瓶中。巴斯德分别用火加热,将瓶中液体煮沸,即将肉汁及瓶子杀菌,使液体中的微生物全被杀死,然后放冷静置,放在曲颈瓶里煮过的肉汁,由于不再和空气中的细菌接触,瓶中不发生微生物。结果肉汁经过4年,还没有腐败。另一放在直颈瓶的肉汁,很快就变坏了。这就好比将曲颈管打断,使外界空气不经"沉淀处理"而直接进入营养液中,不久营养液中就出现微生物了。

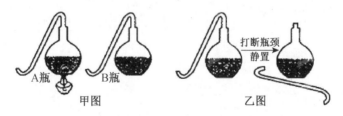

图 6-7　巴斯德的实验装置

巴斯德的这个实验表明,微生物不是从营养液中自然发生的,而是来自空气中原已存在的微生物(孢子)。这些都可以解释万物都不是自然会发生的,即使细菌也是如此,细菌不是自然发生的,而是由原来已经存在的细菌产生。巴斯德的实验与见解，很快得到大众的信服。也因为巴斯德的这个发现，人们才知道伤口的腐烂和疾病的传染，都是细菌在作怪。消毒与预防的方法就在医学界盛行起来。后人称巴斯德为"微生物学之父"。

❸ 巴斯德对微生物学的贡献

1822 年，路易·巴斯德生于法国东部洛尔，1843 年，考入著名的巴黎高等师范学校，攻读化学和物理教学法。在 26 岁那年，巴斯德大学毕业进入著名化学家巴莱（溴的发明人）的实验室，一方面当助手，一方面成为博士研究生。巴莱给予他的学生很大的自由，任凭他们选择学习的方法和方向。他注重学生的原创力和想象力，不希望他们使用既有的实验器材，如果他们必须使用器材，只能自行设计。为了待在巴莱的实验室，巴斯德欣然接受这个特别的要求。一年以后（1847 年），巴斯德论文通过，取得理学博士学位。之后他陆续担任物理和化学课程的教授工作。

巴斯德在巴莱的实验室时还一心想使自己成为化学家，但阴差阳错他开拓性地进入到了微生物的领域。当时，法国的啤酒、葡萄酒在欧洲很有名气，但啤酒、葡萄酒常常会变酸，整桶的芳香可口啤酒时常变成酸得让人不敢闻的粘液，只得倒掉，这使酒商叫苦不迭，有的甚至因此而破产。1856 年，里尔一家酿酒厂厂主请求巴斯德帮助寻找原因，看看能否找到防止葡萄酒变酸的方法。

巴斯德答应研究这个问题，他在显微镜下观察，发现未变质的陈年葡萄酒，其液体中有一种圆球状的酵母细胞，当葡萄酒和啤酒变酸后，酒液里有一根根细棍似的乳酸杆菌，巴斯德敏锐地发现，就是这种"坏蛋"在营养丰富的葡萄酒里繁殖，使葡萄酒"变酸"的。他把封闭的酒瓶放在铁丝篮子里，再泡到水里加热到不同的温度，试图既杀死这乳酸杆菌，而又不把葡萄酒煮坏，经过反复多次的试验，他终于找到了一个简便有效的方法：只要把酒放在摄氏五六十度的环境里，保持半小时，就可杀死酒里的乳酸杆菌。这就是著名的"巴斯德杀菌法"（又称低温灭菌法）。这个方法至今仍在使用，市场上出售的消毒牛奶就是用这种办法消毒的。

巴斯德没有将自己发明的灭菌法申请专利，而是把它公开了。他认为利用研究成果获利是学者的耻辱，这种信念，终其一生都没有改变。1867 年 5 月，在"万国博览会"中，巴斯德因灭菌法的成就获得杰出奖。

巴斯德还研究了发酵现象，发现了酵母菌、乳酸菌。1854 年，法国教育部委任巴斯德为里尔工学院院长兼化学系主任，在那里，他对酒精工业发生了兴趣，而制作酒精的一道重要工序就是发酵。当时里尔一家酒精制造工厂遇到技术问题，请求巴斯德帮助研究发酵过程，巴斯德深入工厂考察，把各种甜菜根汁和发酵中的液体带回实验室观察。经过多次实验，他发现，发酵液里有一种比酵母菌小得多的球状小体，它长大后就是酵母菌。过了不久，在菌体上长出芽体，芽体长大后脱落，又成为新的球状小体,在这循环不断的过程中,甜菜根汁就"发酵"了。巴斯德继续研究,弄清发酵时所产生的酒精和二氧化碳气体都是酵母使糖分解得来的。这个过程即使在没有氧的条件下也能发生,他认为发酵就是酵母的无氧呼吸并控制它们的生活条件,这是酿酒的关键环节。

1870年,普法战争爆发,法国战败投降。面对普鲁士军队的暴行,巴斯德愤慨地将德国波恩大学颁发给他的医学博士学位证书退还,以示抗议。战争毁坏了城市、学校,他的家乡也被德国占领了。这时意大利愿意给他一栋住宅,一个实验室和丰富的薪酬,请他到意大利去搞研究,但却被巴斯德拒绝了,他觉得国家在受难中,不能因为个人生活的舒适,便离开苦难的故乡。

当时法国的啤酒比不上德国的啤酒,巴斯德携家去法国南部的库列尔蒙,在那里的啤酒厂从事啤酒防腐研究。他从啤酒的酵母菌开始研究,发现啤酒里如果掺杂有其他细菌,就会使啤酒败坏。原因找出后,法国啤酒的品质大大提升了。

巴斯德后来将其研究方向转向医学,他试图揭示一个医学奥秘:人和动物的某些疾病,是否也有微生物参与?1873年,他50岁时被选为法国医学科学院的院士。当时医学还很落后,施行的外科手术,患者常因败血症而死亡。医生格兰怀疑伤口化脓与空气中的微生物有关,他邀请巴斯德一同研究。巴斯德用实验证明传染病和化脓症的真正原因是因为微生物,他建议将外科手术器具放在火焰上灼烧,以杀灭微生物,但当时大多数医生仍不承认巴斯德的学说。

巴斯德因对蚕病和酵母菌的研究而获国民议会的国民奖。1876年,他又开始从事炭疽病的研究。炭疽病毒主要感染牛、羊等牲畜,偶尔人类也会被感染,得此病后95%的会遭受到皮肤性炭疽病,此时感染的伤口上会呈现1～3厘米直径的无痛溃疡,中央有黑色坏死的焦痂,故称炭疽病。1877年,法国东部炭疽病蔓延。巴斯德当时是索邦大学教授,他在调查鸡霍乱时,偶然发现与空气接触的旧培养菌的毒性会变弱。根据他的经验,这种菌可能有免疫作用,可解决法国正在流行的炭疽病。他于是在得炭疽病而死亡的动物身上,抽出这种细菌,且在试管培养这些细菌,使它们的毒性减得很弱。他尝试着把这些毒性减弱的细菌注射到健康动物的身上。然后过些时候,又把毒性强的细菌注射到同一只动物身上。结果发现,这只动物居然没有得病。而跟这只动物同在一群的其他动物,却有不少得了炭疽病死亡。这证明注射过的那只动物得到了抵抗这种疾病的能力。巴斯德发明了预防炭疽病的方法,成功地打败了炭疽病。1881年,他因为这个贡献,得到杰出十字奖章。

❹ 疫苗的诞生

疫苗接种,是将疫苗制剂接种到人或动物体内的技术,使接受方获得抵抗某一特定或与疫苗相似病原的免疫力,借由免疫系统对外来物的辨认,进行抗体的筛选和制造,以产生对抗该病原或相似病原的抗体,进而使受注射者对该疾病具有较强的抵抗能力。这种预防和抵御疾病的方式是人类大胆的创新,最初是从天花疫苗接种开始的。

天花是一种烈性传染病,是几千年来危害人类最严重的疾病。健康人一旦接触患者便被感染,几乎无一例外。即使侥幸不死,也免不了在脸上长满麻点。据有关资料记载,16～18世纪,欧洲每年死于天花的人数达50万人,亚洲达80万人。爱德华·琴纳出生在英国的一个小乡村里,1762年,琴纳正好13岁,那一年,他所在的小镇天花肆虐,他眼睁睁地看着几位亲人相继去世,痛苦无比。作为牧师的父亲为了让他活下来,把他悄悄地送到离家百里之外的亲戚那里。也就在这个时候,幼小的琴纳在心中立下了学医的梦想,他发誓要征服这个可怕的"恶魔"。几个月后,他开始跟着一名外科医生学医。他凭着勤奋好学,很快便懂得了许多医学常识。21岁那年,他大学毕业,幸运地得到了当时最著名的医学家约翰·亨特的青睐。亨特的精湛医术和勇于献身的精神给琴纳极大的影响,他坚定地支持琴纳投身于天花的防治工作。

26岁那年,琴纳做出一个让所有人不解的决定,他回到了阔别已久的家乡当了一名乡村医生,开始在家乡行医。他一边行医,一边研究治疗天花病的方法。有一次,有位主管公共卫生的官员让琴纳统计一下几年来村里因天花而死亡或变成麻脸的人数。他挨家挨户了解,几乎家家都有天花的受害者。但奇怪的是,养牛场的挤奶女工中,却没人死于天花或脸上有麻子。他问挤奶女工奶牛生过天花没有,挤奶女工告诉他,牛也会生天花,只是在牛的皮肤上出现一些小脓疱,叫牛痘。挤奶女工给患牛痘的牛挤奶,也会传染而起小脓疱,但很轻微,一旦恢复正常,挤奶女工就不再得天花病了。琴纳发现,凡是得过天花的人,就不会再得天花。他想,或许得过一次天花,人体就产生免疫力了。挤奶女工得了一次轻微的天花,就有了对天花的免疫力了。于是,他开始尝试用牛痘来预防天花,其方法是从牛身上获取牛痘脓浆,接种到人身上,使人像挤奶女工那样也得轻微的天花,从此就不患天花了。

可这是一个危险的想法。如果在实验者身上不成功,他就会成为一名杀人犯!起初,没人愿去冒险成为"试验品"。琴纳本想拿自己来实验,可他害怕一旦失败,自己的命也没有了,可能这项研究就停滞了。关键时刻,琴纳的妻子凯瑟琳站了出来,她曾得过天花,虽然侥幸活下来,却一脸麻子,她理解并支持丈夫从事的崇高事业。她想到,她已得过天花,以后不会再得,在她身上做实验没有意义,她思来想去,决定让丈夫在他们刚满一岁半的孩子身上做实验。琴纳为了人类的医学事业,含泪同意了妻子的决定。于是,他去牧区提取牛痘,把牛痘浓液接种在儿子胳膊上。幸运的是,接种以后,儿子没有任何不良反应,只是胳膊上有了疤花。一年后,他所在的村庄天花蔓延,许多孩子因此而死去,唯有他们的儿子安然无恙。琴纳成功了,人类用牛痘预防天花的实验走出了第一步。琴纳没有停止研究,他又在附近村庄为多个孩子做牛痘接种,结果这些孩子均没有感染天花。

琴纳无私地把他的接种方法奉献给世界。1967 年,世界卫生组织发起推广接种、消灭天花的运动,患天花的人数从 5 000 万人迅速降低到 1 000 多万人。1979 年 10 月 26 日,世界卫生组织宣布:天花传染病被彻底消灭。

狂犬病也是一种可怕的传染病。人和家畜被病犬咬伤之后,也会患狂犬病。它每年要夺走数万人的生命。1882 年,法国微生物学家巴斯德当选为法兰西科学院院士,同年开始研究狂犬病。当时没有疫苗,也没有免疫球蛋白,对付狂犬病,人们只能使用烧红的铁棍。19 世纪的欧洲人相信,火焰与高温可以净化任一切事物,包括肉眼所看不见的细菌。当时只要是被动物咬伤的人们,都会被村庄中的壮汉送至打铁铺,请铁匠用烧红的铁棍去烙烫伤口,想藉此"烧"死看不见的病原,但如此原始、残酷的做法并不能治疗狂犬病,常常只是加速病人的死亡。

1880 年底,一名兽医带着两只病犬来拜访巴斯德,请求帮助。在细菌学说占统治地位的年代,巴斯德并不知道狂犬病是一种病毒引发的疾病,但从科学实践中他知道有侵染性的物质经过反复传代和干燥,会减少其毒性。巴斯德和助理们冒着危险采集狂犬的唾液,然后注射到健康犬的脑中,健康的犬果然马上发病死亡。历经过数次的动物实验,巴斯德推论出狂犬病病毒应该都

图 6-8　巴斯德在实验室工作

集中于神经系统,因此他大胆地从因狂犬病而死亡的兔子身上取出一小段脊髓,悬挂在一支无菌烧瓶中,使其"干燥"。他发现,没有经过干燥的脊髓,是极为致命的,如果将未经干燥的脊髓研磨后将其和蒸馏水混合,注入健康的犬体内,犬必死无疑;相反的,将干燥后的脊髓和蒸馏水混合注入犬体内,犬却都神奇的活了下来。巴斯德于是推断干燥后的脊髓的病毒已经死了,至少已经非常微弱。于是,他将含有病原的狂犬病的脊髓组织磨碎加水制成疫苗,并多次注射给兔子后,再将这些减小毒性的液体注射到犬只脑中,再让打过疫苗的犬,接触致命的病毒。经过反复实验后,接种疫苗的犬,即使脑中被注入狂犬病毒,也都不会发病了,以后犬就能抵抗正常强度的狂犬病毒的侵染。就这样,巴斯德的狂犬病疫苗研发成功了!

1885 年,一个几乎绝望的母亲,带着被狂犬咬伤的 9 岁小男孩约瑟芬,来到了巴斯德实验室门口,哀求巴斯德救救她的孩子。为了不眼睁睁看着小男孩死去,巴

斯德决定为约瑟芬打下人类的第一针,这时距离约瑟芬被狗咬伤已经四五天了;巴斯德在10天中连续给小男孩注射了十几针不同毒性的疫苗,1个月后,这名小男孩健康如常,安然返回家乡。在1886年,巴斯德还救活了另一名在抢救被狂犬袭击的同伴时被严重咬伤的15岁牧童朱皮叶,如今记述着该少年见义勇为和巴斯德丰功伟绩的雕塑就坐落的巴黎巴斯德研究所外。

络绎不绝的患者蜂拥而至,巴斯德和助手日夜忙碌。长年的过度工作,严重损害巴斯德的健康。1887年10月23日上午,他脑溢血发作,倒在写字台上……

1888年,"巴斯德研究所"竣工,法国时任总统和各界人士都出席了隆重的落成典礼。望着宽敞的实验室和良好的设备,梦寐以求的愿望终于实现了,不能言语的巴斯德感到莫大的喜悦。

⑤ 人类与细菌的战争

20世纪40年代以前,人类一直未能掌握一种能高效治疗细菌性感染且副作用小的药物。当时某人若患了肺结核,就意味着此人不久于人世。为了改变这种局面,科研人员进行了长期探索,然而在这方面所取得的突破性进展却源自一个意外发现,弗莱明由于一次幸运的过失而发现了青霉素。

亚历山大·弗莱明是英国微生物学家。1881年出生于苏格兰基马尔诺克附近的洛克菲尔德。由于意外地得到姑父的一笔遗产,他进入伦敦大学圣玛丽医学院学习,1906

图6-9　青霉素发明人弗莱明

年毕业后留在母校的研究室,帮助导师赖特博士进行免疫学研究。1918年,弗莱明在圣玛丽医学院开始从事细菌的研究工作。1922年,他发现了一种叫"溶菌酶"的物质,发表了《皮肤组织和分泌物中所发现的奇特细菌》的报告。

1928年夏,弗莱明外出度假时,他实验室里的培养皿中正培养着细菌,他忘记了清洗培养皿就离开了。3周后当他回到实验室时,注意到一个与空气意外接触过的金黄色葡萄球菌培养皿中长出了一团青绿色霉菌。在用显微镜观察这只培养皿时,弗莱明发现,霉菌周围的葡萄球菌菌落已被溶解。这意味着霉菌的某种分泌物能抑制葡萄球菌。经细致研究,上述霉菌为点青霉菌,因此弗莱明将其分泌的抑菌物质称为青霉素。

1929年,弗莱明在《不列颠实验病理学杂志》上发表了《关于霉菌培养的杀菌作用》的研究论文,但未被人们引起注意。弗莱明指出,青霉素将会有重要的用途,然而遗憾的是弗莱明一直未能找到提取高纯度青霉素的方法，于是他将点青霉菌菌株一代代地培养着，正是因为无法找到提纯青霉素的技术，致使此药十几年一直未得以使用。1935年，英国牛津大学生物化学家钱恩和物理学家弗罗里对弗莱明的发现大感兴趣。弗莱明于1939年将菌种提供给准备系统研究青霉素的这两位科学家。钱恩负责青霉菌的培养和青霉素的分离、提纯和强化，使其抗菌力提高了几千倍，弗罗里负责对动物观察试验。至此，青霉素的功效得到了证明。

通过一段时间的反复实验，钱恩和弗罗里终于用冷冻干燥法提取了青霉素晶体。之后，弗罗里在一种甜瓜上发现了可供大量提取青霉素的霉菌，并用玉米粉调制出了相应的培养液。这两位科学家在1940年用青霉素重新做了实验。他们给8只小鼠注射了致死剂量的链球菌，然后给其中的4只用青霉素治疗。几个小时内，只有那4只用青霉素治疗过的小鼠还健康活着。此后一系列临床实验证实了青霉素对链球菌、白喉杆菌等多种细菌感染的疗效。青霉素之所以既能杀死病菌，又不损害人体细胞，原因在于青霉素所含的青霉烷能使病菌细胞壁的合成发生障碍，导致病菌溶解死亡，而人和动物的细胞则没有细胞壁。但是青霉素会使个别人发生过敏反应，所以在应用前必须做皮试。在这些研究成果的推动下，美国制药企业于1942年开始对青霉素进行大批量生产。人类在与细菌的战争中取得了决定性的胜利。

到了1943年，制药公司已经发现了批量生产青霉素的方法。这种新的药物对控制伤口感染非常有效。到1944年，药物的供应已经足够治疗第二次世界大战期间所有参战的盟军士兵。当时的宣传画上有这样一句话：感谢青霉素，伤兵可以安然回家。

1945年，诺贝尔生理学或医学奖授予了3位英国人：弗莱明、钱恩和弗罗里。弗莱明的贡献是他在1928年发现了青霉素及其治疗效果，钱恩和弗罗里的贡献是在1940年发明了青霉素的生产技术。

青霉素是一种高效、低毒、临床应用广泛的重要抗生素。它的研制成功大大增强了人类抵抗细菌性感染的能力，带动了抗生素家族的诞生。它的出现开创了用抗生素治疗疾病的新纪元。通过科学家数十年的完善，青霉素针剂和口服青霉素已能分别治疗肺炎、肺结核、脑膜炎、心内膜炎、白喉、炭疽等病。继青霉素之后，链霉素、氯霉素、土霉素、四环素等抗生素不断产生，增强了人类治疗传染性疾病的能力。但与此同时，部分病菌的抗药性也在逐渐增强。为了解决这一问题，科研人员目前正在开发药效更强的抗生素，探索如何阻止病菌获得抵抗基因，并以植物为原料开发抗菌类药物。

虽然人类在与细菌的战争中取得了胜利，但还有个可怕的敌人让我们无比头疼和恐惧，它就是小小的病毒。拿流感病毒来说，流感病毒发病急，起初人对流感病毒还没有抵抗力的时候,可以说人接触到流感病毒必死无疑。

病毒是一种非常微小,以纳米为测量单位的结构极其简单的生命形式。它具有高度的寄生性,完全依赖宿主细胞的能量和代谢系统,获取生命活动所需的物质和能量。离开宿主细胞,病毒只是一个大化学分子,停止了活动,变为一个非生命体。然而只要遇到宿主细胞它又会通过吸附、进入、复制、装配、释放子代病毒显示其典型的生命特征。可以说,病毒是介于生物与非生物之间的一种原始的生命体,具有非常顽强的生命力。

可怕的是,病毒在自然界分布广泛,能够感染细菌、真菌、植物和包括人类在内的动物,引起宿主发病甚至死亡(在许多情况下,病毒也可与宿主共存而不引起明显的疾病)。更可怕的是简单渺小的病毒和所有生物一样,具有遗传、变异、进化的能力。当我们的医学战胜了某种病毒,它就会悄然变异成另外一种新的危害力更大的病毒,继续在人体内兴风作浪,或暂时潜伏下来,伺机再损害我们的健康和生命。也就是说,尽管现代医学疲于奔命般地对付和围剿病毒,而它们始终和人类捉迷藏,始终牵着人类的鼻子走。从这个意义说,病毒是人类永远摆脱不了的敌人和恶梦,也是一个我们可能永远无法彻底战胜的对手。微生物学的研究仍然任重而道远。

四、生理学分支的发展

❶ 血液生理学的进步

生理学(Physiology)是生物科学的一个分支,是以生物机体的生命活动现象和机体各个组成部分的功能为研究对象的一门科学。生物机体包括最简单的微生物到最复杂的人体。生理学包括的学科有:循环生理学、血液生理学、呼吸生理学、消化生理学、泌尿生理学、内分泌生理学、特殊环境生理学、生殖生理学、年龄生理学等。

在人体生理学中,血液的运动规律占有重要的地位,对它的正确认识有助于进一步了解人体的其他机能。古代人们对于血液运动的认识极为模糊,古希腊的医生虽然知道心脏与血管的联系,但是他们认为动脉内充满了由肺进入的空气,因为他们解剖的尸体中动脉中的血液都已流到静脉。古罗马医生盖仑在解剖活动物时,将一段动脉的上下两端结扎,然后剖开这段动脉,发现其中充满了血液,从而纠正了古希腊流传下来的错误看法。盖仑创立了一种血液运动理论,但都是以单程直线运动方式往返活动的,它犹如潮汐一样一涨一落朝着一个方向运动,而不是作循环的运动。盖仑的血液运动理论是错误的,但是他的学说从 2 世纪一直到 16 世纪都被奉为"圣经",不可逾越。

16 世纪,比利时医生、解剖学家维萨里在自己的解剖实验中发现,盖仑关于左心室与右心室相通的观点是错误的。维萨里以大无畏的精神违反当时教会的禁令,向盖仑的理论提出挑战。教会迫使他去耶路撒冷朝圣赎罪,结果他不明不白地死于旅途中。

之后西班牙医生塞尔维特经过实验研究发现,血液从右心室经肺动脉进入肺,再由肺静脉返回左心室,这一发现称为肺循环。塞尔维特朝发现血液循环的道路上迈出了第一步。他的这一发现首先发表在 1553 年秘密出版的《基督教的复兴》一书中。但塞尔维特的发现触犯了当时被教会奉为权威的盖仑学说。他在 1553 年被宗教法庭判处火刑,被活活烧死,而且他在被烧死之前还被残酷地烤了两个小时。意大利解剖学家法布里修斯在 1574 年的著作中详细描述了静脉中瓣膜的结构、位置和分布。静脉瓣膜的发现在血液循环学说的建立上是一重大进步。但是法布里修斯没能认识到这些瓣膜的意义,他仍然信奉盖仑学说。科学的血液循环学说的建立还是留待他的一个学生在他逝世 9 年后来完成,这个学生就是英国人哈维。

哈维于 1578 年生于英国一个富农之家。他在 1594 年取得剑桥大学的医学学士学位后周游欧洲。他在意大利帕多瓦大学向法布里修斯学习解剖学。帕多瓦大学素以政策开明、学术自由著称。维萨里开创的亲自动手做解剖学实验的教学方法,为这所大学的医学院吸引了一大批热情好学的青年。哈维留学期间,伽利略正在帕多瓦大学任教,这位近代实验科学大师所倡导的实验——数学方法和机械自然观,对许多学科领域产生了很大的影响,哈维也获益匪浅。他懂得了无论是教解剖学或是学解剖学,都应以实验为依据,而不应以书本为依据。1602 年,哈维获得帕多瓦大学的医学博士学位,同年回到伦敦开业行医。行医之余,哈维继续从事解剖学研究,特别对心血管系统进行了认真的研究。

哈维曾对 40 余种动物进行了活体心脏解剖、结扎、灌注等实验,同时还做了大量的人体尸体解剖。他积累了很多观察和实验记录的材料,并开始怀疑盖仑的血液运动理论。哈维深入地研究了心脏的结构和功能,他发现心脏的左右两边各分为两个腔,上下腔之间有一个瓣膜相隔,它只允许上腔的血液流到下腔,而不允许倒流。哈维接着研究静脉与动脉的区别,他发现动脉壁较厚,具有收缩和扩张的功能;而静脉壁较薄,里面的瓣膜使得血液只能单向流向心脏。结合心脏的结构,这意味着生物体内的血液是单向流动的。为了证实这一点,哈维做了一个活体结扎实验。当他用绷带扎紧人手臂上的静脉时,心脏变得又空又小;而当扎紧手臂上的动脉时,心脏明显胀大。这表明静脉里的血确实是心脏血液的来源,而动脉则是心脏向外供血的通道。体内血液的单向流动实验,证明了盖仑学说的静脉系统双向潮汐运动的观点是错误的。哈维的另一个定量实验更否定了盖仑的理论。他进行心脏解剖时，以每分钟心脏搏动 72 次计算，每小时由左心室注入主动脉的血液流量相当于普通人体重的 4 倍。这么大量的血不可能马上由摄入体内的食物供给，肝脏在这样短的时间内也绝不可能造出这么多的血液来，唯一的解释就是体内血液是循环流动的。

　　哈维在 1628 年发表了《动物心血运动的解剖研究》，他在书中系统地总结了他所发现的血液循环运动的规律及其实验依据。这本只有 72 页的小书是生理学史上划时代的著作。哈维的血液循环论指出，血液从左心室流出，经过主动脉流经全身各处，然后由腔静脉流入右心室，经肺循环再回到左心室。人体内的血液是循环不息地流动着的，这就是心脏搏动所产生的作用。哈维把实验方法引入生物学，这是他另一个历史性的功绩。所以，恩格斯评价说："哈维由于发现了血液循环而把生理学确立为科学。"

　　在当时的条件下，由于受到工具的限制，哈维并不能清楚地了解血液是怎样由动脉流到静脉的，以及动脉与静脉之间是怎样连接的，他只能依靠臆测，认为动脉血是穿过组织的孔隙而通向静脉。在他逝世后，显微镜才得到改进。意大利的解剖学家马尔比基在 1661 年发现了动脉与静脉之间的毛细血管，从而完善了哈维的血液循环学说，确立了循环生理的基本规律。

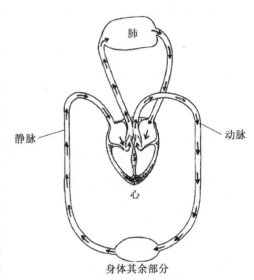

图 6-10　哈维的人体血液循环图

❷ 消化生理学的发展

　　1773 年，意大利科学家斯帕兰扎尼设计了一个巧妙的实验：将肉块放入小巧的金属笼中，然后让鹰吞下小笼。过一段时间他解剖这只鹰将小笼取出，发现肉块消失了。于是，他推断鹰的胃液中一定含有消化肉块的物质。但这物质是什么，他不清楚。1833 年，法国的培安和培洛里将磨碎麦芽的液体作用于淀粉，结果发现淀粉被分解，于是他们将这个分解淀粉的物质命名为 Diastase，也就是现在所称的淀粉酶。后来，Diastase 在法国成为用来表示所有酶的名称。1836 年，德国科学家施旺从胃液中提取出了消化蛋白质的物质，这就是胃蛋白酶，从而解开了消化之谜。

"酶"（Enzyme）这个名称的使用，始于19世纪后半期，是1872年由居尼所提出的。1926年，美国科学家萨姆纳从刀豆种子中提取出脲酶的结晶，并通过化学实验证实脲酶是一种蛋白质。20世纪30年代，科学家们相继提取出多种酶的蛋白质结晶，并指出酶是一类具有生物催化作用的蛋白质。20世纪80年代，美国科学家切赫和奥特曼发现少数RNA也具有生物催化作用。

酶是一类生物催化剂，生物体内含有数千种酶，它们支配着生物的新陈代谢、营养和能量转换等许多催化过程，与生命过程关系密切的反应大多是酶催化反应。酶的这些性质使细胞内错综复杂的物质代谢过程能有条不紊地进行，使物质代谢与正常的生理机能互相适应。若因遗传缺陷造成某个酶缺损，或其他原因造成酶的活性减弱，均可导致该酶催化的反应异常，使物质代谢紊乱，甚至发生疾病，因此酶与医学的关系十分密切。

生物体由细胞构成，每个细胞由于酶的存在才表现出种种生命活动，体内的新陈代谢才能进行。酶是人体内新陈代谢的催化剂，只有酶存在，人体内才能进行各项生化反应。人体内酶越多，越完整，其生命就越健康。当人体内没有了活性酶，生命也就结束。人类的疾病，大多数均与酶缺乏或合成障碍有关。酶使人体所进食的食物得到消化和吸收，并且维持内脏所有功能包括：细胞修复、消炎排毒、新陈代谢、提高免疫力、产生能量以及促进血液循环。

俄国生理学家巴甫洛夫被誉为现代消化生理学的奠基人。在此之前，消化系统内部工作机制一直是科学家眼中的一个谜。1891年，他开始研究消化生理，在"海登海因小胃"基础上，他制成了保留神经支配的"巴甫洛夫小胃"，并创造了一系列研究消化生理的实验方法（如唾液瘘、食道瘘、胃瘘、胰腺瘘等），揭示了消化系统活动的一些基本规律。在1904年，巴甫洛夫因发现消化系统的内部工作机制获得诺贝尔生理学或医学奖。

❸ 神经生理学的发展

17世纪，法国哲学家笛卡儿首先将反射概念应用于生理学，认为动物的每一活动都是对外界刺激的必要反应，刺激与反应之间有固定的神经联系，他称这一连串的活动为反射。反射概念直至19世纪初期，由于脊髓背根司感觉和腹根司运动的发现，才获得结构与功能的依据。这一概念为后来神经系统活动规律的研究开辟了道路。

20世纪前半期，生理学研究在各个领域都取得了丰富的成果。英国的谢灵顿对于脊髓反射的规律进行了长期而精密的研究，为神经系统的生理学奠定了牢固的基础，于1903年出版了他的名著《神经系统的整合作用》。与此同时，巴甫洛夫从消化液分泌机制的研究，转到以唾液分泌为客观指标对大脑皮层的生理活动规律的研究上，提出了著名的条件反射概念和高级神经活动学说。

条件反射是动物个体生活过程中适应环境的变化，在非条件反射基础上逐渐形成的。巴甫洛夫用狗做实验，当狗吃食物时会引起唾液分泌，这是非条件反射。如果给狗以铃声，则不会引起唾液分泌。但如果每次给狗吃食物以前就出现铃声，这样结合多次之后，铃声一响，狗就会出现唾液分泌，铃声本来与唾液分泌无关，属于无关刺激，由于多次与食物结合，铃声已具有引起唾液分泌的作用，即铃声已成为进食的信号了，所以这时，铃声已转化成信号刺激，即条件刺激，这种反射就是条件反射。巴甫洛夫发现，形成条件反射的基本条件就是无关刺激与非条件刺激在时间上的结合，这个过程就叫强化。要形成条件反射除需要多次强化外，还需要神经系统的正常活动。在巩固的条件反射基础上能形成新的条件反射，在巩固的条件反射基础上建立的条件反射称为二级条件反射。动物愈高级，建立的条件反射级愈多，人类由于掌握了语言，能形成无数级的条件反射。

巴甫洛夫根据神经系统的实验研究，指出了关于条件反射脑机制的假设，他认为暂时神经联系很可能是在皮层内接通的，当动物进食时，味感受器的冲动沿着传入神经输入到延脑的唾液中枢，由此产生神经发放，传至唾液腺，引起唾液分泌，这是非条件反射的途经，同时在反射弧的传入选径上有侧支向上，经丘脑到大脑皮层，巴甫洛夫称之为非条件刺激的皮层代表点或兴奋灶。条件反射建立时，中性刺激经上行传导通路到达听觉皮层，即条件刺激兴奋灶，暂时联系的接通就发生在两个兴奋灶之间。但是，条件反射的反射弧究竟在何处形成以及怎样形成的问题，至今尚未解决。

巴甫洛夫及其学派所研究的条件反射，称为经典性条件反射。另一种条件反射叫操作性（工具性）条件反射。美国心理学家斯金纳把一只饥饿的小白鼠放入实验箱内，当它偶然踩在杠杆上时，即喂食以强化这一动作，经多次重复，鼠即会自动踩杠杆而得食。在此基础上还可以进一步训练动物只对某一个待定信号，如灯光、铃声出现后，作出踩杠杆的动作，才给以食物强化，这类必须通过自己的某种活动（操作）才能得到强化所形成的条件反射，称为操作性条件反射或工具性条件反射。操作性条件反射和经典性条件反射的基本原理是相同的，它们都以强化和神经系统的正常活动为基本条件，两者都是在一定条件下建立起来的反射，都需要强化；不强化就消退，消退后又可以自然恢复；都可以建立初级强化，都存在泛化和分化。

❹ 内分泌生理学的发展与胰岛素的发现

早在 1888 年，俄国著名的生理学家巴甫洛夫就发现，如果把盐酸放进狗的十二指肠，可以引起狗的胰液分泌明显增加。他认为，这个现象是由于神经反射造成的。可是，实验中切除狗的神经以后，进入十二指肠的盐酸照样能使狗的胰液分泌增加。巴甫洛夫认为是神经没有去除干净的原因。当时还有好几个科学家也发现了类似的现象。但由于他们都拘泥于巴甫洛夫"神经反射"这个传统概念的框框，最终失去了一次发现真理的机会。

英国生理学家斯塔林对这个问题也怀有极大兴趣，而且他思想开放，不迷信权威。1900年，他以崭新的方法设计了一个实验：他把一条狗的十二指肠黏膜刮下来，过滤后注射给另一条狗，结果这条狗的胰液分泌量明显增加，无论如何总不能说两条狗之间也有什么神经联系吧。但对这个实验，也有不少人持不同意见，巴甫洛夫就强烈反对。但是斯塔林不畏压力，又经过2年实验，1902年他终于和贝利斯一起证实了促胰液激素的存在。当酸性食糜（食糜是指食物被磨碎后像粥一样的物质或呕吐物）进入十二指肠，肠黏膜细胞即分泌促胰液素，通过血液的运送促使胰腺分泌更多的胰液。

促胰液素是生物学史上一个伟大的发现。它不仅使人类发现了一个新的化学物质，而且发现了调节机体功能的一个新概念、新领域，动摇了机体完全由神经调节的思想。它指出，除神经系统外，机体还存在着一个通过化学物质的传递来调节远处器官活动的方式，即体液调节。为了寻找一个新名词来称呼这类"化学信使"，斯塔林于1905年采纳了同事哈代的建议，创用了"Hormone"（激素）一词，用来指促胰液素这类无导管腺分泌的特殊化学物质。Hormone源于希腊文是"刺激""兴奋""奋起发动"的意思。从此，便产生了"激素调节"这个新概念。不久，另一位学者庞德又创用了"内分泌"一词。当然，从字义上讲，"激素"这一术语今天看来并不完全令人满意，因为许多激素除了具有兴奋作用之外，还具有抑制作用。

斯塔林并不满足于已有的成就，继续对激素深入地开展实验研究。他发现，当把一条狗的十二指肠黏膜刮下来，过滤后注射给另一条狗，这条狗在胰液分泌明显增加的同时，还会出现血压骤然下降。原因是什么呢？不久，他终于把黏膜滤液中的组胺与促胰液素分离开来，发现组胺使血管扩张，外周阻力降低，所以有降压作用。这样，他终于得到了纯净的促胰液素，使激素的体液调节作用学说更具说服力。

自从1902年斯塔林和贝利斯发现第一种激素以后，世界上出现了一个寻找激素的热潮，并由此揭开了人类探索激素这类微量物质的序幕。在这股热潮中，最引人瞩目的成果是胰岛素的发现。胰岛素是机体内唯一降低血糖的激素，也是唯一同时促进糖原、脂肪、蛋白质合成的激素。它能够降低血糖，从而控制糖尿病。1922年，一位叫弗雷德里克·格兰特·班廷的加拿大人，发现了一种称为胰岛素的物质。班廷在多伦多大学的英籍生理学家麦克劳德的帮助和支持下，与另外两位助手一起对胰岛素进行了提取、鉴定和制备。

1891年，班廷出生于加拿大的阿里斯顿。班廷的母亲在生他时留下了病根，一直卧床不起。母亲的病痛在他幼小的心灵留下了深深的伤痕。他立志要成为一名出色的医生，来医治母亲的病。1916年，班廷从多伦多大学医学院毕业，当时正值第一次世界大战爆发，班廷应征入伍。战争结束后，班廷离开军队，在多伦多儿童医院当了半年住院医生，后来决定自己开业行医。他搬到安大略省的小镇伦敦城里挂牌开业，由于诊所的生意甚是清淡，于是班廷在当地西安大略大学的医学院找到了兼课的工作，他对糖尿病的知识，也就是从备课时得来的。1920年，在任实验助教的班廷，为了准备给学生讲授胰腺机能而查阅文献。在这个过程中，他遇到了一些当时还无法解释的难题。在当时，已经有人推测糖尿病的病因可能与胰岛有关。但实验中口服胰腺制成的试剂却对治疗糖尿病毫无裨益，所以这种推测不成立。

糖尿病是历史悠久的慢性病，问题出在身体不能利用最重要的能源——葡萄糖，以致有大量的葡萄糖堆积在血液，造成血管病变及病菌滋生；同时过多的葡萄糖从尿液流失，带走大量水分，造成病人又饥又渴。就算吃喝不断，患者仍然不断消瘦（蛋白质及脂肪都分解用来制造更多的葡萄糖），增加饮食只会使情况变得更糟，因此中医称此疾为"消渴症"。在长期"饥饿"下，患者的身体组织开始利用酮体，而大量由脂肪及氨基酸生成的酮体带有酸性，而造成患者酸中毒。那时人们一谈及糖尿病，就如同今日人们谈及"艾滋病"一样，会谈病变色，胆战心惊。而当时医生最先进的治疗方法，就是控制饮食。成千上万的患者，为了延长生命时间，而不得不依靠残酷的慢性饥饿疗法来苟延残喘。

有关糖尿病病因的推测引起了班廷的兴趣，他进一步查阅资料，了解到胆结石阻塞胰导管会引起除胰岛之外所有胰腺萎缩，这种胰脏不能分泌消化液，却不会使机体患糖尿病。这一发现给了班廷很大的启示，它一方面证实了胰岛的特殊作用，另一方面也让班廷想到了这样一个假设：胰腺的提取物之所以对治疗糖尿病无效，可能是因为制剂过程中胰腺酶将这种抗糖尿病激素破坏了。另外口服的过程中，消化酶也会将激素分解。这一推测是否正确，只要用胰腺萎缩（不含胰酶，只有胰岛）的胰腺制成药剂，用注射来对糖尿病进行治疗，看结果是否有效即可证明。

1921年，经过班廷的多次求助，多伦多大学的生理学教授麦克劳德终于同意资助班廷进行实验。在助手白斯特帮助下，班廷开始了实验。他们先给狗作胰管结扎，使其发生和胆结石堵塞胰导管造成的相同的胰腺萎缩症状。接着，他们摘除了另一条健康狗的胰脏，造成实验性糖尿病。2个多月后，班廷从结扎的狗身上取出萎缩得只剩胰岛的胰腺，制成药剂，将其注入到除去胰脏而患病的狗身上。他们发现，狗血糖量迅速下降，经数天治疗后，狗的血糖恢复了正常。

在狗身上实验成功后，他们决定把实验从狗身上转到人身上。可由谁来做第一次实验呢？谁能担保在人身上做这一实验没有危险呢？最后，两人同时在自己身上做了人体实验,并证实了这种能救活狗的胰岛内的激素对人体无害。接下来的工作就是将这种从动物胰脏中提取得到的胰岛内的激素用于糖尿患者身上,进行临床试验。班廷的第一位病人是他少年时代的挚友和医学院读书的同班同学吉尔克里斯特,他患了严重的糖尿病,当吉尔克里斯特得知班廷需要一名患者作临床试验时,毅然来到了实验室,让班廷为他注射了胰岛内的激素。几针下来,吉尔克里斯特感觉到自己的头脑突然清醒了,两条腿也不再沉重了。班廷成功了! 多年来许多学术权威未办到的事,被两位无名的青年在一个暑假内做到了。他用自己的新方法医治了第一名糖尿患者。从那一刻起,有数千万糖尿病人因为它获得了新生。班廷将这种提取物命名为胰岛素。1923 年,班廷和麦克劳德因为发现胰岛素而荣获诺贝尔生理学或医学奖。

五、进化论的产生与发展

① 进化思想的萌芽

从文艺复兴开始,随着哥白尼"日心说"的胜利,自然科学在西方得到了迅速的发展。到 18 世纪,天文学、数学、物理学、力学已经从神学统治中解放出来,可生物学仍然禁锢在神学之中。神学世界观在生物学中具体表现为物种特创论和物种不变论。这两种观点主张:上帝是造物主,一切生物均为上帝所创造,地球上的各种生物从造物主那里获得永恒不变的构造与功能,包括生活习性。显然,所谓物种特创论与物种不变论实质上就是搬到自然科学中的基督圣经。

当时的生物科学只能是对《圣经》的注释,是"神学的婢女"。在这样一种不容置疑的社会思潮中,进化论思想的产生是多么不容易的事啊! 从 18 世纪末开始,有一批自然科学家树立了进化论的思想。他们当中的杰出代表有:法国科学家布丰、法国动物学家圣提雷尔、英国博物学家兼诗人伊拉兹马斯·达尔文(达尔文的祖父)、英国自然科学家华莱士、德国植物学家卡尔·尼古拉·弗腊斯、俄国动物学家路里耶等。

布丰以关于自然史的著作闻名,是最早对"神创论"提出质疑的科学家之一。他在从事比较解剖学研究中发现,许多动物具有不完善的没有用处的退化的器官,如果物种是万能的上帝创造的,那么这些不完善的器官怎么会存在呢? 布丰在他的百科全书式的巨著《自然史》中描绘了宇宙、太阳系、地球的演化。他认为地球是由炽热的气体凝聚而成的,地球的诞生比《圣经》创世纪所说的公元前 4004 年要早得多,地球的年龄起码有 10 万年以上。生物是在地球的历史发展过程中形成的,并随着环境的变化而变异。

布丰甚至大胆地提出，人应当把自己列为动物的一属，他在著作中写道："如果只注意面孔的话，猿是人类最低级的形式，因为除了灵魂外，它具有人类所有的一切器官。""如果《圣经》没有明白宣示的话，我们可能要去为人和猿找一个共同的祖先。"尽管布丰用的是假设的语气，并用造物主和神灵来掩盖自己的进化论，但还是遭到了教会的围攻。在压力下，布丰不得不违心地宣布："我没有任何反对《圣经》的意图，我放弃所有我的著作中关于地球形成的说法，放弃与摩西故事相抵触的说法。"直到 18 世纪，宗教还在顽固地维持着对科学的统治。

对于生物进化思想，达尔文的祖父伊拉兹马斯·达尔文曾这样说道："动物的变形，如由蝌蚪到蛙的变化，……人工造成的变化，如人工培育的马、狗、羊的新品种，……气候与季节条件造成的改变，……一切温血动物结构的基本一致，……使我们不能不断定它们都是从一种同样的生命纤维产生出来的。"这表明，物种在人工培育条件下和在不同外界环境作用下所发生的改变，这些自然界的事实启发他产生了物种变化的思想。

图 6-11　法国博物学家拉马克

历史上第一个提出比较系统的进化论理论的学者是法国博物学家拉马克。拉马克是一位博学的植物学家、动物学家和进化论者，一生建树颇丰。他是无脊椎动物学及无脊椎动物古生物学的创始人，并首次提出了"生物学"的名称。1809 年，拉马克出版了他一生中最重要的著作《动物学哲学》，系统阐述了自己的生物进化学说。拉马克生物进化学说的基本内容和主要观点如下：

第一，传衍理论。一切物种，包括人类在内，都是由其他物种变化、传衍而来，而物种的变异和进化又是一个连续、缓慢的过程。

第二，进化等级说。自然界中的生物存在着由低级到高级、由简单到复杂的一系列等级（阶梯），生物天生具有向上发展的内在趋势，这也是进化的动力和方向。拉马克根据动物历史发展的状况，提出了动物系统树，这是他对进化论的另一贡献。

第三，环境的改变使生物发生适应性的进化，环境的改变能够引起生物的变异，环境的多样性是生物多样性的主要原因。在一般情况下，外界环境对植物和无神经系统的低等动物具有直接的影响，使它们发生直接变异，即"环境→机能→形态构造"。对于有神经系统和习性复杂的动物，环境对它们的影响则是间接的，即"环境→需要→习性→机能→形态结构"。在拉马克看来，变异和适应是等同的，环境变化直接导致变异发生，称之为直接适应论。

第四,对于有神经系统和习性复杂的动物产生变异(适应)的原因,除环境变化和杂交外,更重要的是通过用进废退和获得性状遗传。后者是拉马克论述动物进化原因的两条著名法则。所谓用进废退,即经常使用的器官就发达,不使用就退化;而所谓获得性状遗传,即上述的变化(后天获得的性状)是可遗传的。

第五,最原始的生物源于自然发生。例如,纤毛虫、水螅、蠕虫等,都可短期内直接由非生物产生出来,之后通过持久的斗争以趋于完善,从而逐渐向高等动物过渡。显然,这是一种生物进化多元论的观点。

总的说来,拉马克学说主观推测较多,引起的争议也多。但这种理论具有相对较完整性和较系统性,对后世产生了较大的影响。

❷ 达尔文创立进化论

1859 年,英国博物学家达尔文正式出版了《物种起源》一书,系统阐述了他的进化学说,成为进化论诞生的标志。

1809 年,达尔文出生在英国的施鲁斯伯里。祖父和父亲都是当地的名医,家里希望他将来继承祖业,他 16 岁时便被父亲送到爱丁堡大学学医。达尔文从小就热爱大自然,尤其喜欢打猎、采集矿物和动植物标本。进到医学院后,他仍然经常到野外采集动植物标本。父亲认为他"游手好闲""不务正业",一怒之下,于 1828 年又送他到剑桥大学,改学神学,希望他将来成为一个"尊贵的牧师"。达尔文对神学院的神创论等谬说十分厌烦,他仍然把大部分时间用在听自然科学讲座,自学了大量的自然科学书籍,热心于收集甲虫等动植物标本,对神秘的大自然充满了浓厚的兴趣。

1831 年,达尔文从剑桥大学毕业。他放弃了待遇丰厚的牧师职业,依然热衷于自己的自然科学研究。同年 12 月,英国政府组织了"贝格尔号"军舰去环球考察,达尔文经人推荐,以"博物学家"的身份,自费搭船,开始了漫长而又艰苦的环球考察活动。

对整个贝格尔号军舰上的考察生活,达尔文是这样回忆的:"贝格尔旅行是我平生最重要的一件事,它决定了我今后的整个事业。"达尔文十分钦佩的学者是剑桥大学植物学教授亨斯罗,在贝格尔号旅行前,亨斯罗建议达尔文把地质学家赖尔的《地质学原理》一书带在身边,说:"你这次旅行必须将赖尔的新著作带在身边,随时翻阅它,因为它十分有趣,你除了它所记载的事实以外,千万不可相信它,因为它的理论都是荒唐到极点的。"赖尔在书中阐述了地球地层是缓慢变化的,而地表环境的变化使生物也逐渐发生变化。赖尔的理论是对当时占统治地位的"灾变说"的批判,而亨斯罗是相信"灾变说"的。达尔文在途中仔细阅读了这部著作。在旅途开始时,他相信"生物是根据上帝的计划而创造出来的"——在旅途中,他曾这样回答军官们向他提出的这类问题。当他刚刚考察了第一个地点——佛得角群岛的圣特雅哥岛,发现地层越深,生物化石的结构越简单;地层越浅,生物化石越复杂,生物的演变不是记录在地层的发展史中吗? 在事实面前,达尔文不能不为赖尔的理论所征服。因此,他写道:"这次调查使我相信赖尔的观点远远胜过了我所知道的其他任何著作中提倡的观点。"

1935 年,厄瓜多尔政府在距其海岸 1 000 千米的加拉帕戈斯群岛上设立了达尔文纪念碑,纪念达尔文考察这一群岛 100 周年,碑文写着:"查理士·达尔文于 1835 年在加拉帕戈斯群岛登陆。他在研究当地动植物分布时,初次考虑到生物进化问题,从此开始了这个悬而未决的论题的思想革命。"达尔文在这个岛上发现了什么呢? 在他当时的考察日记中,达尔文是这样写的:该群岛"四周都是新的鸟类、新的爬行类、新的软体动物、新的昆虫、新的植物……为什么这些岛屿上的土著生物,无论在种类上或者在数目上都和大陆上的生物有不同的比例的联系,并且互相以不同的方式起作用呢? 为什么它们也按照美洲的生物组织形式被创造出来呢?"达尔文认为,他的全部思想起源于加拉帕戈斯群岛。在考察过程中,达尔文根据物种的变化,整日思考着一个问题:自然界的奇花异树,人类万物究竟是怎么产生的? 他们为什么会千变万化? 彼此之间有什么联系? 这些问题在他脑海里越来越深刻,逐渐使他对神创论和物种不变论产生了怀疑。

后来,达尔文又随船横渡太平洋,经过澳大利亚,越过印度洋,绕过好望角,于 1836 年 10 月回到英国。在历时 5 年的环球考察中,达尔文积累了大量的资料。回国之后,他一边整理这些资料,一边又深入实践,同时查阅大量书籍,为他的生物进化理论寻找根据。也许是希望这个思想更严谨,更充实,更令人信服,他又潜心研究论证了 20 年。

在这期间,病魔不断地折磨着他。在撰写书稿时,他常常工作不到半小时,头痛、痉挛等痛苦逼迫得他不得不停下手中的笔。但仅仅休息一会儿,他又重新奋笔疾书。一直到他生命的最后,他都坚持这样孜孜不倦顽强地工作着。1842 年,他写出了《物种起源》的简要提纲。1858 年,他的著作接近尾声时,另一位对进化感兴趣的英国动物地理学家华莱士寄给达尔文一篇他的短文《论变种无限的离开其原始模式的倾向》。达尔文震惊地发现,对于进化论,华莱士竟有与自己几乎一模一样的思想。起初,达尔文决定放弃发表自己的成果,但在胡克和赖尔的劝说下,于 1858 年 7 月在林奈学会杂志上同时发表了两人的论文。1859 年 11 月,《物种起源》正式出版,震动了整个科学界。在这部书里,达尔文旗帜鲜明地提出了"进化论"的思想,"过度繁衍、生存竞争、自然选择、适者生存"可谓是对此书精神的精辟概括。

达尔文总结、扬弃了前人的学说,并注意从其他学科的学术思想中吸取养料,经过多年辛勤的探索和深入的思考，达尔文提出了自然选择学说，以此来解释生物进化的事实。

达尔文学说的基本内容和主要观点如下。

第一，世界是进化的，物种不断变异，新种产生，旧种灭亡。第二，生物进化是逐渐和连续的，不存在不连续的变异和突变，即"自然界没有飞跃"。第三，关于适应的起源。按照达尔文的观点，适应是两步适应，也称间接适应，第一步是变异的产生，第二步是通过生存斗争的选择，即变异是不定向的，"变异＋选择＝适应"。第四，关于自然选择。任何生物产生的生殖细胞或后代的数目要远远多于可能存活的个体数目（繁殖过剩），因而生物必然要为生存而斗争。在后

图 6-12　达尔文

代中，那些具有最适应环境条件的有利变异的个体将有较大的生存机会，并繁殖后代，从而使有利变异可以世代积累，不利变异被淘汰。第五，生物间存在着一定的亲缘关系，渊源于共同的祖先。

总之，选择学说是达尔文学说的核心，这一理论经受了时代的考验，而生存斗争和适者生存是选择学说的核心，自然选择决定物种的适应方向和空间地位，是生物进化的动力。

达尔文学说是对进化论研究成果全面、系统的科学总结，是进化论发展史上划时代的里程碑，也是现代进化论的主要理论源泉。

但达尔文学说也有一些不足之处。例如，达尔文同意拉马克的获得性状遗传理论，这是没有根据的，因为只有遗传的变异才具有明显的进化价值；在变异、进化等问题上，达尔文较多地联系到个体，实际上进化是群体在长期内遗传上的变化，只有在群体范围内遗传变异才有进化意义；又如，达尔文比较注重个体存活的进化价值，但实际上适者生存主要是由于产生更多的后代，并不是去消灭竞争对手；再如，达尔文强调了物种形成的渐变方式，多次引用"自然界没有飞跃"的观点，这是不全面的。现在公认，骤变也是物种

图 6-13　达尔文的《物种起源》中译本

形成的重要方式。

《物种起源》的出版,在欧洲乃至整个世界都引起轰动。它沉重地打击了神权统治的根基,从反动教会到封建御用文人都狂怒了。他们群起攻之,诬蔑达尔文的学说"亵渎圣灵",触犯"君权神授天理",有失人类尊严。与此相反,以赫胥黎为代表的进步学者,积极宣传和捍卫达尔文主义。进化论轰开了人们的思想禁锢,启发和教育人们从宗教迷信的束缚下解放出来。

之后,达尔文又开始他的第二部巨著《动物和植物在家养下的变异》的写作,以无可争辩的事实和严谨的科学论断,进一步阐述他的进化论观点,提出物种的变异和遗传、生物的生存斗争和自然选择的重要论点,并很快出版了这部巨著。晚年的达尔文,尽管体弱多病,但他以惊人的毅力,顽强地坚持进行科学研究和写作,1871年,他又出版了《人类的起源与性的选择》一书,书中列举许多证据说明人类是由已经灭绝的古猿演化而来的。

1882年4月19日,这位伟大的科学家因病逝世,人们把他的遗体安葬在牛顿的墓旁,以表达对这位科学家的敬仰。

③ 进化论后续的发展

达尔文的进化论掀起了人类有史以来思想上最大的一次革命。可想而知,对于那些把自己看成是高贵化身的人来说,接受自己是由猴子变来的理论是何等的困难啊!1859年,达尔文把刚出版的《物种起源》寄给了在伦敦皇家矿业学院担任地质学和自然史教授的赫胥黎,这位34岁的博物学家立即看出了进化论的价值,并预料到它必将遭受保守派的强烈反对。他回信达尔文:"我正在磨牙利爪,以备保卫这一崇高的著作。"他甚至说,必要时"准备接受火刑"。赫胥黎捍卫达尔文的进化论,公开宣布:"我是达尔文的斗犬。"

任何事物总是很难一开始就十全十美的,达尔文的进化论这幢新建的大楼还有许多地方需要填补,它离完善还有很长一段路要走。达尔文的进化论在解放了整个科学界思想的同时,也留下了几个很棘手的问题。尤其是"性状遗传变异的物质基础是什么"这个问题,急需获得解决,否则无法从根本上驳倒拉马克的"用进废退"和基督教的"上帝特创论"。

18世纪末到19世纪初,人们从各时代地层中发现了大量的各种形态的生物化石,这些化石与现代生物既相似又不同,这表明地球历史上生存过许多现今不再存在的物种。《圣经》不能解释这些物种绝灭的事实,为了解释古生物学的发现而又不违背《圣经》,于是有了灾变论。

法国地质学家、古生物学家居维叶可以看作是那个年代灾变论的最有影响的代表。1821年,居维叶系统提出了灾变论。根据灾变论的观点,地球上的绝大多数变化是突然、迅速和灾难性地发生的。他认为,在整个地质发展的过程中,地球经常发生各种突如其来的灾害性变化,并且有的灾害是具有很大规模的。例如,海洋干涸成陆地,陆地又隆起山脉,反过来陆地也可以下沉为海洋,还有火山爆发、洪水泛滥、气候急剧变化等。当洪水泛滥之时,大地的景象都发生了变化,许多生物遭到灭顶之灾。每当经过一次巨大的灾害性变化,就会使几乎所有的生物灭绝。这些灭绝的生物就沉积在相应的地层,并变成化石而被保存下来。这时,造物主又重新创造出新的物种,使地球又重新恢复了生机。原来地球上有多少物种,每个物种都具有什么样的形态和结构,造物主已不记得十分准确了。所以造物主只是根据原来的大致印象来创造新的物种。这也就是新的物种同旧的物种有少许差别的原因。如此循环往复,就构成了我们在各个地层看到的情况。居维叶推断,地球上已发生过 4 次灾害性的变化,最近的一次是大约距今 5000 多年前的诺亚洪水泛滥。这使地球上生物几乎全部灭绝,因而上帝又重新创造出各个物种。最著名的例子无疑是《圣经·旧约》中所说的大洪水故事变成了地质学的例证。他的灾变论与神创论是相辅相成的。他还认为物种是固定形态的。德国古生物学家批评他说:"居维叶的这种灾变论必然会得出极端荒谬的结论,并导致走上迷信奇迹的邪途。"达尔文经过长期的科学考察,大胆地向居维叶的灾变论进行挑战,提出了生物进化论。他认为生物灭绝并不仅仅是灾变,还有其内在的原因。也就是说是由于生物之间的生存竞争造成的。例如:他在考察中发现,一个海岛上的龟,由于受到许多野猪和人为的捕杀,濒于灭绝。达尔文主张生物进化的趋势是逐渐进化的,从突变体到物种有一个长期的适应和发展过程(如图 6-14)。可见他并没有盲目否定突变。经研究确实发现,有些动植物为适应新环境,产生了一些能生存下去的突变体,经过几代繁殖.它们就成了新的物种。灾变论和进化论似乎各有其合理成分。但究竟哪种更符合事实,还有待进一步研究。

在达尔文去世前和去世后的一段时间,由于当时的生物学家在一些科学难题上没能做出令人满意的解答,自然选择学说越来越失去其吸引力。这种状况一直持续到 20 世纪三四十年代"现代综合理论"统一了进化论与遗传学为止,这个时期也被称为"达尔文主义的日食"。到 1900 年前后,自然选择学说的声誉跌到了低谷。大多数生物学家都支持别的学说,其中信奉者最多的是新拉马克主义。之所以称之为"新拉马克主义",这是为了与拉马克提出的其他显然已经不合时宜的进化理论有所区别。在 19 世纪末和 20 世纪初,新拉马克主义非常流行,甚至当时著名达尔文主义者斯宾塞、海格尔都认为只有把自然选择学说和新拉马克主义结合起来才能正确地解释进化论。

新拉马克主义者否认自然选择的真理性,或认为自然选择只是进化的辅助因素。该学派认为,生物具有很大的可塑性,环境发生变化时生物就会发生相应的变

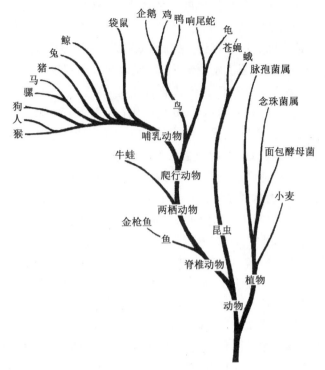

图 6-14　生物进化示意图

异,以适应新的环境条件。这样的变异被认为是定向变异,是生物在后天环境中所获得的,简称获得性状。该学派强调获得性状能够通过生殖细胞直接传递给后代,主张生物是通过获得性状及其遗传而进化的。但新拉马克主义者面临着用实验证明自己的难题。因为新拉马克主义者能够用来支持自己的实验很少,他们反复引用的实验也可以有别的解释。新拉马克主义学派对生物进化的原因,对获得性状遗传机制等重大问题作了种种研究和论述,这是达尔文主义所未能涉及的方面。该学派的研究有的相当深入,并从理论上作了某些有价值的说明。其中有些论点尽可能地运用物理、化学的原理揭示了先辈科学家的预言,有相当的说服力,对生物进化论的发展产生过积极的影响。

　　达尔文学说形成于生物科学尚处于较低水平的 19 世纪中叶,因而,伴随着生物科学的发展必然会暴露出其不足,理论本身就不断被修正和改造。后来,达尔文学说经历了两次大修正,第一次修正是对达尔文学说的一次"过滤",消除了达尔文进化论中除了"自然选择"以外的庞杂内容,如拉马克的"获得性状遗传说",布丰的"环境直接作用说"等,而把"自然选择"强调为进化的主要因素,把"自然选择"原理强调为达尔文学说的核心。这次修正的结果是形成了新达尔文主义。

④ 新达尔文主义

在新达尔文主义学派中，除了19世纪的魏斯曼、孟德尔、德弗里斯外，20世纪的主要代表是约翰森和摩尔根。作为新达尔文主义的创立者，德国动物学家魏斯曼曾用22世代连续切断小鼠尾巴而未见遗传的实验来反对拉马克的获得性状遗传的观点。他提出了种质学说，即生物体是由种质和体质组成的；种质是生殖细胞，体质是体细胞，因此新物种的形成是由种质产生的，两者不能转化；环境条件只能引起体质的改变而不能引起种质的变化，因此获得性状是不能遗传的。

奥地利遗传学家孟德尔提出了"遗传因子说"，即控制生物性状的遗传物质是以自成单位的因子（即后来的"基因"）存在着，它们可以隐藏不显，但不会消失；因子作为遗传单位在体细胞中是成双的，在遗传上具有高度的独立性；因此，在减数分裂形成配子时，成对因子互不干扰彼此分离并通过因子重组再表现出来（即分离定律和自由组合定律）。孟德尔的观点说明了支配遗传性状的是因子，而不是环境。这与达尔文获得性遗传的说法显然不同。

荷兰植物学家德弗里斯通过对月见草的研究，提出了"突变论"，认为进化并不一定通过微小变异（连续变异）而形成，变异可以是一种不连续的突变，由突变引起而直接产生新种。显然，在德弗里斯看来，自然选择在进化中的作用并不重要，只是对突变起过筛作用。"突变论"在历史上曾产生过很大影响，使许多学者对达尔文的进化论产生了怀疑。但后来细胞遗传学的研究表明，月见草产生变异体是由于染色体畸变（有的是数量变异如产生了四倍体或三倍体；有的是结构变异如发生了易位）。出现的是一些变异体，还不能说是新种，因为这些变异体之间往往还能杂交产生后代，而且这种现象在自然界比较罕见，不能据此就推翻达尔文的种系渐变论。尽管如此，他的"突变"一词却为摩尔根所采用而保留下来，但已转用于十分不同的遗传现象。

1909年，丹麦学者约翰森发表了"纯系说"（Pure Line Theory）。在这一学说中，他首先提出了基因型和表现型的概念，并明确把孟德尔的遗传因子称为"基因"。按照这一学说，生物的变异可以区分为可遗传变异——基因型和不遗传变异——表现型；在一个基因型混杂的群体中选择是有效的；而在纯系内，不同个体所表现的差异是表现型的，不能遗传，所以在纯系内选择并无效果。

1926年，美国细胞遗传学家摩尔根发表了他的名著《基因论》，创立了"基因论"，并因此在1933年获得了诺贝尔生理学或医学奖。他认为基因在染色体上呈直线排列，从而确立了不同基因与性状之间的对应关系，使得人们可以根据基因变化来判断性状的变化；同时，他还认为，生物的基因重组是按一定的频率必然要发生的，它的发生与外界环境没有必然的联系，并认为这种变异已经发生就以新的状态稳定下来。因此,获得性状是不遗传的。

魏斯曼的种质学说、孟德尔的"遗传因子说"和德弗里斯的"突变论",从不同侧面引入了骤变进化的模式,并强调了遗传变异的作用。而作为新达尔文主义在20世纪成就的集中反映,约翰森的"纯系说"和摩尔根的"基因论"通过对基因的研究,揭示了遗传变异的机制,克服了达尔文学说的主要缺陷;同时,又通过遗传学的手段从事进化论的研究,为进化论进入现代科学行列奠定了基础。

但是,新达尔文主义是在个体水平上,而不是在群体范畴内研究生物进化的,因此,用这一学说解释生物进化在总体上会有一定的局限性。同时,这一学派中的多数学者漠视自然选择在进化中的重要地位,因此他们不可能正确地解释进化的过程。

❺ 现代达尔文主义

达尔文学说第二次大修的结果是现代达尔文主义。现代达尔文主义也称综合进化论(包括后来的新综合理论),是达尔文主义选择论和新达尔文主义基因论两者综合和提高的产物。该学派是现代进化论中最有影响的一个学派,其中最突出的是美籍苏联学者杜布赞斯基。1937年,杜布赞斯基出版了《遗传学和物种起源》一书,标志着综合进化论的形成。

现代综合进化论主要包括以下几个方面的内容:(1)自然选择决定进化的方向,遗传和变异这一对矛盾是推动生物进化的动力;(2)种群是生物进化的基本单位,进化机制的研究属于群体遗传学范畴,进化的实质在于种群内基因频率和基因型频率的改变及由此引起的生物类型的逐渐演变;(3)突变、选择、隔离是物种形成和生物进化的机制。突变是生物界普遍存在的现象,是生物遗传变异的主要来源。在生物进化过程中,随机的基因突变一旦发生,就受到自然选择的作用,自然选择的实质是"一个群体中的不同基因型携带者对后代的基因库做出不同的贡献"。但是,自然选择下群体基因库中基因频率的改变,并不意味着新种的形成。还必须通过隔离,首先是空间隔离(地理隔离或生态隔离),使已出现的差异逐渐扩大,达到阻断基因交流的程度,即生殖隔离的程度,最终导致新种的形成。

进入20世纪70年代,以杜布赞斯基《进步过程的遗传学》一书的出版(1970年)为标志,在原来综合理论的基础上,出现了现代达尔文主义的新综合理论。新综合理论也称分子水平的综合理论,其成就主要表现在对进化的选择机制的研究方面,它回答了原来的综合理论难以解答的问题。在选择机制的研究中,杜布赞斯基的工作表明,自然群体是极其异质的,即存在明显的多态现象。他认为,生物之所以会在杂合状态中保留许多有害的、致死的等位基因,是因为在自然界中存在着多种选择模式。其中有消除有害等位基因的"正常化选择",在位点上保留不同等位基因的"平衡性选择",促使有利突变等位基因频率增加的"定向选择"。

在现代综合进化论看来,自然选择是连接物种基因库和环境的纽带。基因的突变是偶然因素,与环境没有必然的联系;而选择是反偶然的因素,它自动地调节突变和环境的相互关系,把偶然性纳入必然的轨道,由此产生了适应和上升的进化。从这个意义上说,自然选择不仅起过筛的作用,而且在物种形成中有创造性的意义。

现代达尔文主义重申了达尔文自然选择学说在生物进化中的主导地位,并用选择的新概念("选择模式")解释达尔文进化论中的许多难点,否定了获得性状遗传是进化普遍法则等流行很久的假说,使生物进化论进入现代科学行列。但是,这一学说的实验性工作基本上限于小进化(种内进化)领域,对于大进化(种间进化)基本上未超出类推的范围。同时该理论对一些比较复杂的进化问题(如新结构、新器官的形成;生物适应性的起源;变异产生的原因问题;分子水平上的恒速进化现象;生物进化中出现的大爆炸、大绝灭等)还不能做出有说服力的解释。

七、遗传学的奠基与发展

❶ 奇妙的"三比一"

变异现象是达尔文思想的源泉。在《物种起源》中,他描述了大量的变异,并以人工条件下的变异为基础,阐述了进化过程中自然选择所起的推动作用。达尔文更多的只是在说明这个变异的过程,至于寻根究底到变异的原因,他也一筹莫展,只在书中有一章含糊混乱的表述。

他试图利用"泛生论"来解决这个问题,他认为,生物体的各部分都是由一种称为"微芽"的基本粒子发育而成的,而生物的遗传也就是将这些"微芽"集中在生殖细胞内,传给后代。从而后代获得了两个亲本的微芽,在一定的条件下微芽发育成其对应的器官,当微芽在正确的部位、正确的时间长出正确的器官时,生物也就完成了发育;当微芽发生了变化时,生物也就产生了变异。但是,这些微芽是什么,他一直没能回答。不过,在这些含糊的表述中,有一点是有价值的,即包含着遗传是以某种颗粒为基础的观点。正是沿着这个研究方向,诞生了一门重要的生物学分支——遗传学。

1965年夏天的一个傍晚,在捷克布尔诺的摩拉维亚镇的一座教堂里,曾举行过一次盛大的纪念会。参加这次纪念会的大部分人并非教徒,而是应捷克科学院邀请而来的各国遗传学家。他们怀着崇敬而又惋惜的心情来纪念一位为遗传学奠定了基础,而其成果又被埋没 35 年之久的伟大生物学家。他就是格里戈·孟德尔,1965 年这年正是他的研究成果发表一百周年。

孟德尔 1822 出生于当时属于奥匈帝国的海因申多夫(现捷克境内,称为海因西斯)。孟德尔的父亲是位农民,酷爱养花。因此,孟德尔自幼养成了养花弄草的兴趣。孟德尔的童年较为寒苦,整个小学可以说是在半饥半饱中念完的。中学毕业后,他主要靠妹妹准备做嫁妆的钱,读了欧缪兹学院的哲学系。大学毕业后,21岁的孟德尔在老师的建议下,进了奥古斯丁派的修道院当了一名修士。孟德尔不满意于修道院的单调、古板的修士生活,于是他兼任了布尔诺一所实验学校代课教师的职务。在这期间他还到维也纳大学旁听了植物生理学、数学和物理学等课程。好学勤奋和充满进取的孟德尔利用业余时间在修道院的花园里开始了长达 12 年的植物杂交试验工作。

遗传性不同的亲本杂交,其杂种第一代常常在一些性状上超出双亲的现象,叫杂种优势。在生物界中,这是一个普遍的现象。早在 1760 年,德国植物遗传育种家科尔鲁特,用早熟的普通烟草和较晚熟的心叶烟草进行种间杂交,得到了早熟、品质优良的烟草杂种,所以在孟德尔的时代,研究植物杂交并不稀奇。他之所以选择豌豆做研究,因为豌豆是严格的自花传粉,自花授粉的植物,在自然状态下获得的后代均为纯种。豌豆的不同性状之间差异明显、易于区别,如高茎、矮茎,而不存在介于两者之间的第三高度。孟德尔还发现,豌豆的这些性状能够稳定地遗传给后代。用这些易于区分的、稳定的性状进行豌豆品种间的杂交,实验结果很容易观察和分析。同时,豌豆花

图 6-15　孟德尔

大易于做人工授粉。豌豆一次能繁殖产生许多后代,因而人们很容易收集到大量的数据用于分析。

孟德尔选用了 22 个豌豆品种,按种子的外形是圆的还是皱的,子叶是黄的还是绿的等特征,把豌豆分成了 7 对相对的性状(如图 6-16)。孟德尔通过人工授粉使高茎豌豆跟矮茎豌豆互相杂交,结果第一代杂种(子 1 代)全是高茎的,矮茎的性状消失了。他又通过自花授粉(自交)使子 1 代杂种产生后代,结果子 2 代的豌豆中矮茎的性状又神奇般出现了,而且在数量上非常有规律,有 3/4 是高茎的,1/4是矮茎的,高茎与矮茎数量的比例为 3∶1。孟德尔对所选的其他 6 对相对性状,也一一地进行了上述的实验,结果子 2 代都得到了性状分离 3∶1 的比例。

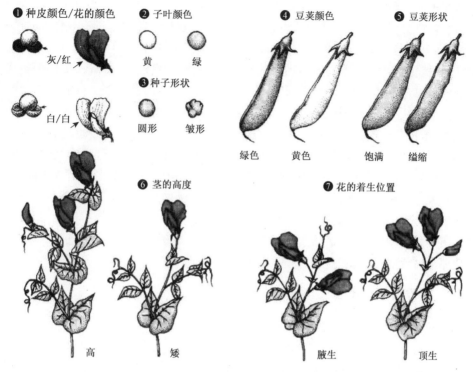

种皮颜色/花的颜色

灰/红

白/白

子叶颜色

黄　　绿

种子形状

圆形　皱形

豆荚颜色

绿色　黄色

豆荚形状

饱满　缢缩

茎的高度

高　　矮

花的着生位置

腋生　顶生

图 6-16　孟德尔研究的豌豆的 7 种不同性状

　　孟德尔又用具有两对相对性状的豌豆作了杂交实验,结果发现,黄圆种子的豌豆同绿皱种子的豌豆杂交后,子 1 代都是黄圆种子;子 1 代自花授粉所生的子 2 代,出现 4 种类型种子。在 556 粒种子里,黄圆、绿圆、黄皱、绿皱种子之间的比例是 9∶3∶3∶1。

　　通过上述实验结果,孟德尔天才地推出了如下两个遗传原理。

　　第一,分离定律:孟德尔假定,高茎豌豆的茎所以是高的,是因为受一种高茎的遗传因子(DD)来控制。同样,矮茎豌豆的矮茎受一种矮茎遗传因子(dd)来控制。杂交后,子 1 代的因子是 Dd,因为 D 为显性因子,d 为隐性因子,故子 1 代都表现为高茎。子 1 代自交后,雌雄配子的 D、d 是随机组合的,因此子 1 代在理论上应有大体相同数量的 4 种结合类型:DD, Dd, dD, dd. 由于显性隐性关系,于是形成了高、矮 3∶1 的比例。孟德尔根据这些事实得出结论:不同遗传因子虽然在细胞里是互相结合的,但并不互相掺混,是各自独立可以互相分离的。后人把这一发现,称为分离定律。

　　第二,自由组合定律:对于具有两种相对性状的豌豆之间的杂交,也可以用上述原则来解释。如设黄圆种子的因子为 YY 和 RR,绿皱种子的因子为 yy 和 rr。

两种配子杂交后,子 1 代为 YyRr,因 Y,R 为显性,y,r 为隐性,故子 1 代都表现为黄圆的。自交后它们的子 2 代就将有 16 个个体,9 种因子类型。因有显性、隐性关系,外表上看有 4 种类型:黄圆、绿圆、黄皱、绿皱,其比例为 9∶3∶3∶1。据此孟德尔发现,植物在杂交中不同遗传因子的组合,遵从排列组合定律,后人把这一规律称为自由组合定律。

　　孟德尔从 1856 年开始,经过 8 年的专心研究,得出了上述两个定律并写成一篇题为《植物杂交实验》的论文,在好友耐塞尔(一个气象学家)的鼓励支持下,他于 1865 年 2 月在布尔诺学会举行的自然科学学术会议上,提交了这一论文,与会者很有兴致地听取了他的报告,但大概并不理解其中的内容。因为既没有人提问题,也没有人进行讨论。不过该会还是于 1866 年在自己的刊物《布尔诺自然科学研究会会报》上全文发表了这篇论文。但是,刊物也好,论文也好,都如石沉大海,没有得到热烈的反响。这样,孟德尔为遗传学奠定了基础的、具有划时代意义的发现,竟被那个时代的人们所忽视和遗忘,被埋没达 35 年之久。

❷ 遗传因子是什么

　　1900 年是对生物学发展具有重要意义的一年。这一年,有 3 人几乎同时重新作出了孟德尔那样的发现。第一个人是荷兰植物学家雨果·德·弗里斯,其论文名为《杂种的分离律》;第二个人是德国植物学家卡尔·考伦斯,其论文名为《关于品种间杂种后代行为的孟德尔定律》;第三个人是奥地利植物学家埃里克·冯·丘歇马克,其论文名为《豌豆的人工杂交》,这 3 篇论文相继在《柏林德国植物学会》杂志第 18 卷上发表。这样,3 位来自不同国度的植物学家通过各自独立的植物杂交实验,并在研究论文发表的前夕都查阅有关文献,几乎同时重新发现了孟德尔早在 1866 年发表的论文——《植物杂交试验》。科学史上把这一重大事件称为孟德尔定律的重新发现。

　　1866 年孟德尔发表自己的论文时,正值达尔文的《物种起源》发表的第 7 个年头。这期间各国的生物学家,特别是著名生物学家都把兴趣转到了生物进化问题上,而物种杂交问题自然就不是人们瞩目的中心问题了。这一事实也许对孟德尔的工作所遭到的命运起到了更为决定性的作用。其次,由于历史条件的限制,当时学术资料不能广泛地交流也是一个原因。如,对杂交问题搜集资料较多的达尔文,就没有看到过孟德尔的论文。同时,还有很多人怀疑以至完全不相信这是一项新发现。因为孟德尔发表他的新发现时,当时只是一名普普通通的修道士,至于他从事植物杂交的研究,只被人们看作"不过是为了消遣,他的理论不过是一个有魅力的懒汉的唠叨罢了。"的确,在一个专业学者的眼里,孟德尔还够不上一名地道的生物学家,因为他既没有生物学专业的学历,也没有博士、教授的头衔。因此,他的具有挑战性的发现,自然不易被人们所相信。

孟德尔的发现本身,在一定程度上超出了当时的流行观念。在当时,传统的遗传学观点是融合遗传理论,而孟德尔的思想则是粒子遗传;其次,当时在生物学领域主要的研究方法是定性的观察和实验,而孟德尔用的是定量的数学统计分析。所以,即使是认真地看过他的文章,如果跳不出传统框架,也不一定能理解其重要意义。有些人认为孟德尔的发现是早产儿,它超越了时代的认识水平,因此被埋没是必然的。然而,孟德尔的发现被埋没主要应归咎于传统观念的束缚,而孟德尔的成功,正由于他跳出传统框架,所以才能冲破当时的研究方法和流行的观念。

孟德尔的晚年是在愁云惨雾中度过的。他孑然一身,无妻无子,孤苦伶仃。又因拒绝缴纳当局对修道院征收的一笔税金,而遭受着与当局僵持之苦。学志未酬而又愤懑填膺的孟德尔,于 1884 年 1 月 6 日因患肾炎不治而与世长辞,享年只有62 岁。

孟德尔提出了生物的性状是由遗传因子控制的观点,但这仅仅是一种逻辑推理。自从孟德尔的遗传定律被重新发现以后,人们又提出了一个问题:遗传因子是不是一种物质实体?为了解决遗传因子是什么的问题,人们开始了对细胞进一步展开深入研究。早在 1879 年,德国生物学家弗莱明把细胞核中的丝状和粒状的物质,用染料染红,观察发现这些物质平时散漫地分布在细胞核中,当细胞分裂时,散漫的染色物体便浓缩,形成一定数目和一定形状的条状物,到分裂完成时,条状物又疏松为散漫状。1888 年,这种物质正式被命名为染色体。现在人们已经知道,染色体是细胞内具有遗传性质的遗传物质深度压缩形成的聚合体。在显微镜下呈圆柱状或杆状,主要由 DNA 和蛋白质组成,在细胞发生有丝分裂时期容易被碱性染料(例如龙胆紫和醋酸洋红)着色,因此而得名。

1902 年,美国生物学家沃尔特·萨顿和鲍维里在研究中发现,孟德尔假设的遗传因子的分离与减数分裂过程中同源染色体的分离非常相似,并由此提出了遗传因子(基因)位于染色体上的假说。1909 年,丹麦遗传学家约翰逊在《精密遗传学原理》一书中正式提出"基因"概念。1910 年,美国进化生物学家、遗传学家和胚胎学家摩尔根根据他的大量实验,发现了基因的连锁互换定律,人们称之为遗传学的第三定律。他还证明基因在染色体上呈线性排列,为现代遗传学奠定了细胞学基础。1933 年,摩尔根获得诺贝尔生理学或医学奖。

摩尔根将研究方向转到了遗传学领域时,起初他相信孟德尔提出的几个定律,因为它们是建立在坚实的实验基础上的。但后来,许多问题使摩尔根越来越怀疑孟德尔的理论。当时德·弗里斯的突变论却越来越使他感到信服,他开始用果蝇进行诱发突变的实验。他的实验室被同事戏称为"蝇室",里面培养了千千万万只果蝇的几千个牛奶罐。1910 年 5 月,他的妻子兼实验室的实验员发现了一只奇特的雄蝇,它的眼睛不像同胞姊妹那样是红色,而是白的。这显然是个突变体,这只果蝇注定会成为科学史上最著名的昆虫。

摩尔根极为珍惜这只果蝇,将它装在瓶子里。首先,摩尔根把这只果蝇与另一只红眼雌果蝇进行交配,在下一代果蝇中产生了全是红眼的果蝇,一共是 1240 只。后来摩尔根让一只白眼雌果蝇与一

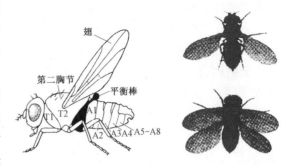

图 6-17　摩尔根研究的果蝇

只正常的雄果蝇交配。却在其后代中得到一半是红眼、一半是白眼的雄果蝇,而雌果蝇中却没有白眼,全部雌性都长有正常的红眼睛。摩尔根对此现象如何解释呢?他认为,眼睛的颜色基因(R)与性别决定的基因是结在一起的,即在 X 染色体上。或者像我们现在所说那样是链锁的,那样得到一条既带有白眼基因的 X 染色体,又有一条 Y 染色体的话,即发育为白眼雄果蝇。

1911 年,他提出了"染色体遗传理论"。果蝇给摩尔根的研究带来如此巨大的成功,以致后来有人说这种果蝇是上帝专门为摩尔根创造的。摩尔根发现,代表生物遗传秘密的基因的确存在于生殖细胞的染色体上。而且,他还发现,基因在每条染色体内是直线排列的。染色体可以自由组合,而排在一条染色体上的基因是不能自由组合的。摩尔根把这种特点称为基因的"连锁"。到 1925 年摩尔根的团队已经在这个小生物身上发现它有四对染色体,并鉴定了约 100 个不同的基因。摩尔根在长期的试验中发现,由于同源染色体的断离与结合,而产生了基因的互相交换。不过交换的情况很少,只占 1%。连锁和交换定律是摩尔根发现的遗传第三定律。他创立的著名的基因学说,揭示了基因是组成染色体的遗传单位,它能控制遗传性状的发育,也是突变、重组、交换的基本单位。

但基因这种遗传物质到底是由什么物质组成的呢?这在当时还是个谜。这个谜激励着后来的科学家们去揭开。其实早在 1868 年,人们就找到了揭开这个谜的钥匙,只是阴差阳错地错过了,这就是发现了核酸。在德国化学家霍佩·赛勒的实验室里,有一个瑞士籍的研究生名叫米歇尔,他对实验室附近的一家医院扔出的带脓血的绷带很感兴趣,因为他知道脓血是那些为了保卫人体健康,与病菌"作战"而战死的白细胞和被杀死的人体细胞的"遗体"。于是他细心地把绷带上的脓血收集起来,并用胃蛋白酶进行分解,结果发现细胞遗体的大部分被分解了,但这对细胞核不起作用。他进一步对细胞核内物质进行分析,发现细胞核中含有一种富含磷和氮的物质。于是他便给这种从细胞核中分离出来的物质取名为"核素",后来人

们发现它呈酸性,因此改叫"核酸"。从此人们对核酸进行了一系列卓有成效的研究。

20世纪初,德国科赛尔和他的两个学生琼斯和列文的研究,弄清了核酸的基本化学结构,认为它是由许多核苷酸组成的大分子。核苷酸是由碱基、核糖和磷酸构成的。其中碱基有4种(腺嘌呤、鸟嘌呤、胸腺嘧啶和胞嘧啶),核糖有两种(核糖、脱氧核糖),因此把核酸分为核糖核酸(RNA)和脱氧核糖核酸(DNA)。

列文急于发表他的研究成果,他错误地认为4种碱基在核酸中的量是相等的,从而推导出核酸的基本结构是由4个含不同碱基的核苷酸连接成的四核苷酸,以此为基础聚合成核酸,提出了"四核苷酸假说"。事实上,这个错误的假说,对认识复杂的核酸结构起了相当大的阻碍作用,也在一定程度上影响了人们对核酸功能的认识。人们认为,虽然核酸存在于有复杂结构的细胞核中,但它的结构太简单,很难设想它能在遗传过程中起什么作用,遗传物质一定存在于蛋白质中。

蛋白质的发现比核酸还早30年,进入20世纪时,组成蛋白质的20种氨基酸中已有12种被发现,到1940年则全部被发现。1902年,德国化学家费歇尔提出氨基酸之间以肽链相连接而形成蛋白质的理论。1917年他合成了由15个甘氨酸和3个亮氨酸组成的18个肽的长链。于是,有科学家设想,很可能是蛋白质在遗传中起主要作用。如果核酸参与遗传作用,也必然是与蛋白质连在一起的核蛋白在起作用。因此,那时生物界普遍倾向于认为蛋白质是遗传信息的载体。

1928年,美国科学家格里菲斯用一种有荚膜、毒性强的和一种无荚膜、毒性弱的肺炎双球菌对老鼠做实验。他把有荚病菌用高温杀死后与无荚的活病菌一起注入老鼠体内,结果他发现老鼠很快发病死亡,同时他从老鼠的血液中分离出了活的有荚病菌。这说明无荚菌竟从死的有荚菌中获得了什么物质,使无荚菌转化为有荚菌。这种假设是否正确呢?格里菲斯又在试管中做实验,发现把死了的有荚菌与活的无荚菌同时放在试管中培养,无荚菌全部变成了有荚菌,并发现使无荚菌长出蛋白质荚的,正是已死的有荚菌壳中遗留的核酸(因为在加热中,荚中的核酸并没有被破坏)。格里菲斯称该核酸为"转化因子"。

1944年,美国细菌学家艾弗里从有荚菌中分离得到活性的"转化因子",并对这种物质做了检验蛋白质是否存在的试验,结果为阴性,并证明"转化因子"脱氧核糖核酸(即DNA)。但这个发现没有得到广泛的承认,人们怀疑当时的技术不能除净蛋白质,或许残留的蛋白质起到转化的作用。美籍德国科学家德尔布吕克的噬菌体小组对艾弗里的发现坚信不移,因为他们在电子显微镜下观察到了噬菌体的形态和进入大肠杆菌的生长过程。噬菌体是以细菌细胞为寄主的一种病毒,个体微小,只有用电子显微镜才能看到它。它像一个小蝌蚪,外部是由蛋白质组成的头膜和尾鞘,头的内部含有DNA,尾鞘上有尾丝、基片和小钩。当噬菌体侵染大肠杆菌时,先把尾部末端扎在细菌的细胞膜上,然后将它体内的 DNA 全部注入到细菌细胞中去,蛋白质空壳仍留在细菌细胞外面,再没有起什么作用了。进入细菌细胞后的噬菌体 DNA,就利用细菌内的物质迅速合成噬菌体的 DNA 和蛋白质,从而复制出许多与原噬菌体大小形状一模一样的新噬菌体,直到细菌被彻底解体,这些噬菌体才离开死了的细菌,再去侵染其他的细菌。

1952 年,噬菌体小组主要成员赫尔希和他的学生蔡斯用先进的同位素标记技术,做噬菌体侵染大肠杆菌的实验,这个实验证明 DNA 有传递遗传信息的功能,即 DNA 是遗传物质,而蛋白质则是由 DNA 的指令合成的。这一结果立即为学术界所接受。几乎与此同时,奥地利生物化学家查加夫对核酸中的 4 种碱基的含量的重新测定取得了成果。在艾弗里工作的影响下,查加夫认为如果不同的生物种是由于 DNA 的不同,则 DNA 的结构必定十分复杂,否则难以适应生物界的多样性。因此,他对列文的"四核苷酸假说"产生了怀疑。在 1948—1952 年 4 年时间内,他利用了比列文时代更精确的纸层析法分离 4 种碱基,用紫外线吸收光谱做定量分析,经过多次反复实验,终于得出了不同于列文的结果。实验结果表明,在 DNA 大分子中嘌呤和嘧啶的总分子数量相等,其中腺嘌呤 A 与胸腺嘧啶 T 数量相等,鸟嘌呤 G 与胞嘧啶 C 数量相等。说明 DNA 分子中的碱基 A 与 T,G 与 C 是配对存在的,从而否定了"四核苷酸假说",并为探索 DNA 分子结构提供了重要的线索和依据。

❸ 分子生物学诞生

1953 年 4 月 25 日,英国的《自然》杂志刊登了美国生物学家沃森和英国生物学家克里克在英国剑桥大学合作的研究成果:DNA 双螺旋结构的分子模型。这一成果后来被誉为 20 世纪以来生物学方面最伟大的发现,标志着分子生物学的诞生。

沃森 1928 出生在美国芝加哥,在中学时代就极其聪明,15 岁便进入芝加哥大学学习。在大学期间,沃森在遗传学方面的正规训练并不多,但他自从阅读了薛定谔的《生命是什么——活细胞的物理学观》一书后,有了去"发现基因的秘密"的强烈愿望。沃森 22 岁取得博士学位,然后被送往欧洲从事博士后研究。为了完全搞清楚一个病毒基因的化学结构,他到丹麦哥本哈根大学从事噬菌体的研究。有一次他与导师一起到意大利那不勒斯参加一次生物大分子会议,有机会听到英国物理生物学家威尔金斯的演讲,看到了威尔金斯展示的 DNA 的 X 射线衍射照片。从此,寻找解开 DNA 结构的钥匙的念头在沃森的头脑中回绕,于是他又到英国剑桥大学卡文迪什实验室学习,在此期间沃森认识了克里克。

克里克 1916 出生在英国的北汉普顿,1937 年毕业于伦敦大学学院(UCL),他大学主修物理专业,第二次世界大战中断了他的学术研究,他被分配到英国海军制造水雷。第二次世界大战后克里克大量阅读各学科书籍,对"生物与非生物的区别"产生了浓厚兴趣,开始自修生物学。1947年从海军退役后克里克进入剑桥大学,不久顺利进入卡文迪什实验室攻读生物学博士。1951年,克里克与沃森在卡文迪什实验室相识。当时克里克比沃森大12岁,还没有取得博士学位,但他们谈得很投机,并很快达成一致,认定解决DNA分子结构问题是打开遗传之谜的关键,同时只有借助精确的X射线衍射资料,才能更快地弄清DNA的结构。为了搞到DNA这一生物大分子的X射线衍射资料,克里克请威尔金斯到剑桥来度周末。在交谈中威尔金斯接受了DNA结构是螺旋型的观点,还谈到他的合作者富兰克林以及实验室的科学家们,也在苦苦思索着DNA结构模型的问题。

从1951年11月至1953年4月的18个月中,沃森、克里克同威尔金斯、富兰克林之间有过几次重要的学术交往。1951年11月,沃森听了富兰克林关于DNA结构的较详细的报告后,深受启发,具有一定晶体结构分析知识的沃森和克里克认识到,要想很快建立DNA结构模型,只能利用别人的分析数据。他们很快就提出了一个三股螺旋的DNA结构的设想。1951年底,他们请威尔金斯和富兰克林来讨论这个模型时,富兰克林指出他们把DNA的含水量少算了一半,于是第一次设立的模型宣告失败。有一天,沃森又到国王学院威尔金斯实

图6-18 沃森和克里克

验室,威尔金斯拿出一张富兰克林最近摄制的"B型"DNA的X射线衍射的照片。沃森一看照片,立刻兴奋起来,心跳都加快了,因为这种图像比以前得到的"A型"简单得多,只要稍稍看一下"B型"的X射线衍射照片,再经简单计算,就能确定DNA分子内核苷酸链的数目了。克里克请数学家帮助计算,结果表明嘌呤有吸引嘧啶的趋势。根据这一结果和从查加夫处的结论,他们形成了碱基配对的观点。因为在1952年,奥地利生物化学家查加夫测定了DNA中4种碱基的含量,发现腺嘌呤与胸腺嘧啶的数量相等,鸟嘌呤与胞嘧啶的数量相等。沃森、克里克苦苦地思索4种碱基的排列顺序,一次又一次地在纸上画碱基结构式,摆弄模型,一次次地提出假设,又一次次地推翻自己的假设。

有一次,沃森又在按着自己的设想摆弄模型,他把碱基移来移去寻找各种配对的可能性。突然,他发现由两个氢键连接的腺嘌呤—胸腺嘧啶对竟然和由3个氢键连接的鸟嘌呤—胞嘧啶对有着相同的形状,于是精神为之大振。因为嘌呤的数目为什么和嘧啶数目完全相同这个谜就要被解开了。查加夫规律也就一下子成了

DNA双螺旋结构的必然结果。因此,一条链如何作为模板合成另一条互补碱基顺序的链也就不难想象了。那么,两条链的骨架一定是方向相反的。

　　沃森和克里克经过紧张连续的工作,很快就完成了DNA金属模型的组装。在这一模型中,DNA由两条核苷酸链组成,它们沿着中心轴以相反方向相互缠绕在一起,很像一座螺旋形的楼梯,"两侧扶手"是两条核苷酸链的糖—磷基因交替结合的骨架,而"楼梯的踏板"就是碱基对。由于缺乏准确的X射线资料,他们还不敢断定模型是完全正确的。下一步就是把根据这个模型预测出的衍射图与X射线的实验数据作一番认真的比较。他们又一次打电话请来了威尔金斯。不到两天工夫,威尔金斯和富兰克林就用X射线数据分析证实了双螺旋结构模型是正确的,并写了两篇实验报告同时发表在英国《自然》杂志上。1962年,沃森、克里克和威尔金斯获得了诺贝尔生理学或医学奖,而富兰克林因患癌症于1958年病逝而未被授予该奖。

　　DNA双螺旋结构被发现后,极大地震动了学术界,启发了人们的思想。从此,科学家们以遗传学为中心开展了大量的分子生物学的研究。首先是围绕着4种碱基怎样排列组合进行编码才能表达出20种氨基酸为中心开展实验研究。1967年,遗传密码全部被破解,基因从而在DNA分子水平上得到新的概念。它表明:基因实际上就是DNA大分子中的一个片段,是控制生物性状的遗传物质的功能单位和结构单位。在这个单位片段上的许多核苷酸不是

图6-19　双螺旋结构模型

任意排列的,而是以有含意的密码顺序排列的。一定结构的DNA,可以控制合成相应结构的蛋白质。蛋白质是组成生物体的重要成分,生物体的性状主要是通过蛋白质来体现的。因此,基因对性状的控制是通过DNA控制蛋白质的合成来实现的。

　　为了研究真核细胞中基因的调控,先必须获得足够量的特定DNA片段。如果能在DNA长链上分离出需要的DNA片段,并把它导入细菌,则可以达到大量增殖的目的。但是,这并非是简单的技术。20世纪60年代末,瑞士生物学家阿尔伯发现了一种能够切割DNA的酶,并首次分离出这种酶,命名为DNA限制性内切酶。1970年美国约翰霍普金森大学微生物学家史密斯成功地分离出专一性更强的DNA限制性内切酶,能够识别特定的DNA片段(即特定基因)。这一发现不仅推动了基因的基础研究,同时也为DNA重组技术提供了必要的工具,从而开辟

了广泛的应用前景。1972年美国斯坦福大学的生物化学家 P. 伯格取得了第一批重组 DNA。1973年美国斯坦福大学 S. N. 科恩和 H. W. 博耶等从大肠杆菌里取出两种不同的质粒。质粒是细菌体内比染色体更小的环形 DNA。这种环状 DNA（质粒）上只有几个基因能自由进出细菌的细胞。科恩把这两种各自具有一个抗药基因，分别对抗不同的药物质粒上的不同抗药基因"裁剪"下来，再把这两个基因"拼接"成一个叫"杂合质粒"的新的质粒。当这种"杂合质粒"进入大肠杆菌体内后，这些大肠杆菌就能抵抗两种药物了，而且这种大肠杆菌的后代都具有双重抗药性，这表示"杂合质粒"在大肠杆菌的细胞分裂时也能自我复制了。这一成果标志着基因工程的首次胜利。

1977年，在博耶实验室里完成了利用重组 DNA 技术生产出人丘脑分泌的生长激素释放抑制因子。1978年在美国哈佛大学又成功地用此法生产了胰岛素，不久就在旧金山附近一个工厂投产。P. 伯格也在这一年成功地把兔子的血红蛋白基因移植到猴体内。1980年初，在瑞士和美国都报道了科学家利用重组体 DNA 技术使细菌生产干扰素。

重组 DNA 技术的建立使分子生物学开始了一个新时代。重组 DNA 技术或称"基因技术"成为当代新产业革命的一个重要组成部分。在此基础上相继产生了基因工程、酶工程、发酵工程、蛋白质工程等，这些生物技术的发展必将使人们利用生物规律造福于人类。现代生物学的发展，愈来愈显示出它将要上升为带头学科的趋势。

④ 人类基因组计划

1985年，美国科学家率先提出了人类基因组计划（Human Genome Project，HGP），计划于1990年正式启动。美国、英国、法国、德国、日本和我国科学家共同参与了这一预算达30亿美元的科学计划。按照这个计划的设想，在2005年，要把人体内约2.5万个基因的密码全部解开，同时绘制出人类基因的图谱。换句话说，就是要揭开组成人体的2.5万个基因的30亿个碱基对的秘密。人类基因组计划与曼哈顿原子弹计划和阿波罗登月计划并称为当代三大科学计划，被誉为生命科学的"登月计划"。截止到2005年，人类基因组计划的测序工作已经完成。其中，2001年人类基因组工作草图的发表（由公共基金资助的国际人类基因组计划和私人企业塞雷拉基因组公司各自独立完成，并分别公开发表），被认为是人类基因组计划成功的里程碑。人类基因组计划对医学、生物技术，基因工程药物、诊断和研究试剂产业、推动细胞工程以及对社会经济发展均产生重要的影响。

当然这项研究也不可避免地带来负面作用，基因专利战、基因资源的掠夺战、基因与个人隐私暴露等问题逐渐出现。事实上，近年来，克隆技术、干细胞技术和基因工程等飞速发展,由此引发的伦理道德之争从未止息。该研究引发的更深层次伦理争议还表现在哲学层面。当人类成为和大自然并驾齐驱的"造物主",创造出自然世界中本身不存在的DNA、进而创造全新生命,人类究竟该如何看待自身在宇宙中的位置?如果说,合理应用尚有措施可控,那么这些关乎人类存在本质的终极命题,将在更广范围内引起讨论。

　　20世纪的生物学属于现代生物学的范畴,随着科学技术的进一步发展,生物学向理论(包括生物进化)和实践(主要是植物育种)两个方面深入发展。与此同时,由于物理学、化学和数学对生物学的渗透及许多新的研究手段的应用,一些新的边缘学科如生物物理、生物数学应运而生,随着分子生物学和分子遗传学的发展及形态研究的深入,细胞学也进入分子水平,出现了细胞生物学。现代生物学正向微观和综合方向深入。宏观方面,从研究生物体的器官、整体到研究种群、群落和生物圈,以生态学为典型代表。现代生态学是研究生物有机体与生活场所的相互关系的科学,也有人称之为研究生物生存条件、生物与环境相互作用过程及规律的科学,其目的是指导人与生物圈,即自然资源与环境的协调发展。第二次世界大战以后,人类社会经济与科技飞速发展,工业废物、农药化肥残毒、交通工具尾气、城市垃圾等造成了环境污染,破坏了自然生态系统的自我调节和相对平衡。全球变暖、臭氧层破坏、水土流失、沙漠扩大、水源枯竭、气候异常、森林消失等生态危机都是人类不适当的活动造成的。根据生态学中物种共生、物质再生循环及结构与功能协调等原则,以人与自然协调关系为基础、高效和谐为方向,将生态应用于废水污水资源化处理、湖泊富营养化控制、作物种植、森林管理、盐场管理、水产养殖、土地改良、废弃地开发和资源再生等方面,收到了显著的效果。

　　微观方面,如"细胞生物学""分子生物学""量子生物学"的发展,以分子生物学为其中典型代表。现代分子生物学是通过研究生物大分子(核酸、蛋白质)的结构、功能和生物合成等方面阐明各种生命现象本质的科学。其目的是在分子水平上,对细胞的活动、生长发育、消亡、物质和能量代谢、遗传、衰老等重要生命活动进行探索。分子生物学的研究关系到人类的方方面面。如不同种类生物间的亲缘关系,过去主要根据不同种类生物在形态构造上的异同确定,这对形态结构较为简单的生物如细菌操作起来就很困难。通过对不同种类生物的蛋白质或核酸分子的测定,可以克服上述困难,并能更客观地反映生物间的亲缘关系。分子生物学与医学、农业、生物工程等方面的关系十分密切。分子生物学的研究成果使不同生物体之间的基因转移成为可能,在农业上开辟了育种的新途径,在医学上有可能治疗某些遗传性疾病,在工业上形成了以基因工程为基础的新兴工业,从而有可能生产出许多用常规技术从天然来源无法得到或无法大量得到的生物制品。目前的克隆技术只是分子生物学的一个应用,可以想象未来随着研究的深入及分子生物学的进一步发展,人类的生活必将更美好。

    21世纪不但要认识世界、改造世界,而且要保护世界,对生物学的深层探讨和研究必将会带来丰厚的社会、经济和生态效益,生物学正成为新的科技革命的重要推动力。然而无论累积了多少生物学知识,已知的与未知的相比,不过是沧海一粟。时代在演变,科学技术在发展,人类对世界的认识也不断前进,随着历史的发展,生物学必将翻开崭新的篇章。

后　记

　　2005 年，我撰写的《科学精神启示录》一书由上海科学普及出版社出版，当年被列为上海读书节的推荐书目。该书之所以能从一年来出版的成百上千本书的筛选中脱颖而出，在于社会已经认识到科学精神的传播和普及的重要性，越来越多的读者已经对此产生了更大的兴趣。2008 年，我撰写的《大众技术史》一书出版，也同样产生了一定的反响，这更加鼓励和鞭策我完成"大众化"的方式叙述科学技术历史的思路。历时四年多的酝酿和资料收集，这本《大众科学史》终于"千呼万唤始出来"。尽管出版时间有些晚，但毕竟对上述计划有一个完满的交代，但愿未来的《大众工程史》《大众科普史》《大众科学与社会史》等会以更快的速度奉献给读者。

　　法国政治家克雷孟梭有一句名言："战争太重要了，不能单由军人去决定。"美国科普作家阿西莫夫仿此句型，道出又一名言："科学太重要了，不能单由科学家来操劳。"他的意思是说，全社会、全人类都必须切实地关心科学，才有可能推动科学事业的发展。在当今中国，需要有一大批热衷于科学普及的社会志愿者，与科学家、教师等群体，共同参与向公众普及科学知识、弘扬科学精神、传播科学思想的行动，引导公众对科学有正确的理解。这样才能进一步形成全社会支持科技创新，以创新带动创业的良好氛围，从而为科学家从事科学研究创造良好的社会条件。在许多科学家传记中，我们大多能捕捉到这样的细节：读到或听到一位科学家的故事或者是对一个奇异自然现象的着迷，让一个少年痴迷上了科学研究，从此走上了攀登科学高峰的道路。后来，这位少年成为举世瞩目的科学家，他的成功故事被写成书，又激励着下一代青少年前赴后继。科学事业中的这种"缘分"不是偶然的，社会还真得感谢那些无怨无悔的科普工作者和他们的科普作品。

　　回想起来提笔撰写本书真有点"无知者无畏"的感觉，因为将数百年甚至上千年人类科学发展的历史用短短的 20 多万字来描述，难度可想而知。以标准的历史书的编年体形式写作又显得死板，失去趣味；以讲故事的形式写作增加了趣味又显得支离破碎，难以系统化；以由史带论的形式写作有利于阅读，可在规定篇幅内可能连历史的一半也述说不完；突出重点固然会精彩，却又可能遗漏许多方面，面面俱到自然具有科学性，却可能成了大事年表；顾及历史往往忽视现代，顾及现代科学又失去了作为历史读物的意义，历史和现代的界限实在难以划分；面向学者，每章的题目和每一句文字都应该严谨，而面向大众又要通俗有趣味性。因此，严格地讲，这本书难以归为科学史之类，而只能算是一本通俗的科学普及著作。

我非常欣赏英国伟大哲学家弗朗西斯·培根的那句名言："读史使人明智，读诗使人聪慧，数学使人精密，哲理使人深刻，伦理学使人有修养，逻辑修辞使人善辩。总之，知识能塑造人的性格。"历史是过去和今天的对话，我们描述历史和阅读历史，绝不仅仅是为了缅怀过去，而更多是为了关照当下和昭示未来。正如德国历史学家耶格尔在他一本著作中所指出的那样："历史意识并非只瞄向过去，历史恰恰是为了未来而回顾往事。"从这个意义上说，写《大众科学史》之类的书，比单纯的介绍现代科学技术的进展有更大的科普价值和传播意义，也有更大的吸引力和读者群。

每个人在人生旅途中都会遇到这样那样的问题和困惑而苦于抉择，于是我们最好的方式就是回顾历史，历史已经指示出我们未来之路的方向，历史已经暗示出未来之路的暗礁所在，我们中的许多人之所以常常犯同样的错误，那只能说明对历史不够重视。把我们个体的人生之路和科学技术的历史发展做类比可能不够恰当，但至少说明一点，那就是历史所具有的功能是一致的。

衷心期望越来越多的普及科学技术历史的书籍出版，也衷心期望将来能看到越来越多的将科技史与哲学等人文科学、科技史与社会学等社会科学结合起来的著作问世。由于时间匆促，尽管知道"一事不知，儒者之耻"的道理，但写作该书也都是业余时间匆忙完成的，深深感到在内容选材、取舍和分析表述等方面还有许多不足之处，恳请读者见谅并欢迎提出宝贵意见，以便以后弥补不足，不断趋近完美。在这个几多回首与万番感慨的时候，真诚感谢在写作中给予我大力支持的上海科学普及出版社和王佩英、丁楠责任编辑的辛勤工作！对书中参阅的文献及引用的一些图片资料的作者给予的支持和帮助表示衷心的感谢！

王　滨

2017 年 5 月于同济大学

电子信箱：wangbin@tongji.edu.cn

主要参考文献

[1] 丹皮尔(英). 科学史及其与哲学和宗教的关系(上下). 北京:商务印书馆,1997.

[2] 陈宏喜. 简明科学技术史讲义. 西安:西安电子科技大学出版社,1992.

[3] 邹海林,徐建培. 科学技术史概论. 北京:科学出版社,2004.

[4] 鲍尔加尔斯基(苏). 数学简史. 上海:知识出版社,1984.

[5] 郭奕玲,沈慧君. 物理学史. 北京:清华大学出版社,1993.

[6] 王渝生. 百年诺贝尔奖启示录. 北京:农业读物出版社,2002.

[7] 远德玉,丁云龙. 科学技术发展简史. 沈阳:东北大学出版社,2000.

[8] 吕贝尔特(法). 工业化史. 上海:上海译文出版社,1996.

[9] 单志清. 发明的开始. 济南:山东人民出版社,1983.

[10] 杨政,吴建华. 世界大发现. 重庆:重庆出版社,2000.

[11] 胡学海. 科学家成功之路. 南京:江苏人民出版社,1982.

[12] 梅森(英). 自然科学史. 上海:上海人民出版社,1977.

[13] 贝尔纳(英). 历史上的科学. 北京:科学出版社,1983.

[14] 王鸿生. 世界科学技术史. 北京:中国人民大学出版社,1996.

[15] 黄恒正. 世界发明发现总解说. 台北:远流出版事业股份有限公司,1983.

[16] 瑞德尼克(苏). 量子力学史话. 北京:科学出版社,1979.

[17] 霍夫曼(美). 量子史话. 北京:科学出版社,1979.

[18] 王一川. 世界大发明. 西安:未来出版社,2000.

[19] 李佩珊,许良英. 20 世纪科学技术简史(第二版). 北京:科学出版社,1995.

[20] 郭良. 网络创世纪——从阿帕网到互联网. 北京:中国人民大学出版社,1997.

[21] 哈柏(美). 20 世纪科学发展大事记. 北京:科学文献出版社,2000.

[22] 陆心贤,罗祖德. 地学史话. 上海:上海科学技术出版社,1979.

[23] 赵奂辉. 电脑史话. 杭州:浙江文艺出版社,1999.

[24] 何常. 物理世界探险录. 北京:科学出版社,1998.

[25] 金秋鹏. 中国古代科技史话. 北京:商务印书馆,2000.

[26] 李约瑟(英). 中国科学技术史(1—5 卷). 北京:科学出版社,1975—1978.

［27］申漳. 简明科学技术史话. 北京:中国青年出版社,1981.

［28］刘洪涛. 中国古代科技史. 天津:南开大学出版社,1991.

［29］陈久金. 天文学简史. 北京:科学出版社,1987.

［30］王莉江,苑华毅. 基因的故事. 北京:北京大学出版社,2000.

［31］方励之. 从牛顿定律到爱因斯坦相对论. 北京:科学出版社,1984.

［32］杨沛霆. 科学技术史. 杭州:浙江教育出版社,1986.

［33］卞毓麟. 星星离我们多远. 北京:科学普及出版社,1980.

［34］刘以林. 世界科学演义(上、下). 长春:吉林文史出版社,1999.

［35］梁衡. 科学发现演义(上、下). 济南:山东科学技术出版社,1991.

［36］朱克曼. 科学界的精英. 北京:商务印书馆,1982.

［37］杨基芳. 物理学发展简史. 北京:知识出版社,1981.

［38］G·狄博斯(美). 科学与历史:一个化学论者的评论. 石家庄:河北科学技术出版社,2000.

［39］丽贝卡·鲁普(英). 水气火土——元素发现史话. 北京:商务印书馆,2008.